油烟净化技术

杜　峰　主编

科学出版社

北　京

内 容 简 介

餐饮油烟作为一种量多面广的污染源，是大气污染物的重要来源之一。餐饮油烟中可检测出多达数百种挥发性有机物，这些污染物排放到大气环境或室内空气中，直接危害人体健康。此外，油烟凝聚物具有强烈的致癌、致突变作用，因此油烟净化已成为整个社会都在关注的问题。本书从油烟的产生机理、组成、控制标准及其危害展开论述，并针对这类污染物的净化技术，如机械净化、高压静电净化、湿式(液体吸收)净化、吸附净化、光催化净化、复合净化等技术内容分章节予以详细论述。同时结合市场上已应用的油烟净化技术以及产学研进展就油烟净化的发展动向提出建议。

本书旨在提供一个全面了解油烟污染及其净化技术的窗口，不仅适合材料、环境、机械等专业的高校科研院所师生参阅，而且适合作为面向社会大众的科普读物。

图书在版编目(CIP)数据

油烟净化技术/杜峰主编. —北京：科学出版社，2020.10

ISBN 978-7-03-066363-4

Ⅰ. ①油…　Ⅱ. ①杜…　Ⅲ. ①饮食业- 空气净化　Ⅳ. ①TU834.8

中国版本图书馆 CIP 数据核字(2020)第 197093 号

责任编辑：惠　雪　蒋　芳/责任校对：杨聪敏

责任印制：张　伟/封面设计：许　瑞

科 学 出 版 社 出版

北京东黄城根北街 16 号

邮政编码：100717

http://www.sciencep.com

北京九州迅驰传媒文化有限公司 印刷

科学出版社发行　各地新华书店经销

*

2020 年 10 月第　一　版　开本：720×1000　1/16

2021 年 1 月第二次印刷　印张：16 3/4

字数：335 000

定价：129.00 元

(如有印装质量问题，我社负责调换)

前　言

“绿水青山”和“蓝天白云”是整个社会的共同追求。中国科学院于 2012 年 9 月启动的 “大气灰霾追因与控制”专项研究结果显示，餐饮油烟是 $PM_{2.5}$ 的重要来源，并且油烟排放量有快速上升趋势，因此油烟净化开始成为社会关注的热点。2002 年 1 月开始实施的国家标准《饮食业油烟排放标准(试行)》(GB 18483—2001)规定了饮食业单位的油烟最高允许排放浓度和油烟净化设施最低去除效率。近年来全国各地多个省份也相继出台了地方性的饮食业油烟排放标准，并将非甲烷总烃、颗粒物和臭气纳入检测范围，同时地方标准也收紧了污染物排放限值。2017 年科技部启动了“十三五”国家重点研发计划“油烟高效分离与烟气净化关键技术与设备”，旨在推动高效油烟分离与净化技术的研究与推广。2018 年 6 月 27 日，国务院发布《打赢蓝天保卫战三年行动计划》(以下简称《行动计划》)。《行动计划》目标指标：经过 3 年努力，大幅减少主要大气污染物排放总量，协同减少温室气体排放，进一步明显降低细颗粒物($PM_{2.5}$)浓度，明显减少重污染天数，明显改善环境空气质量，明显增强人民的蓝天幸福感。因此，餐饮油烟的治理已经成为全社会的共识，油烟净化具有重要的现实意义。

本书对油烟的产生机理、组成、控制标准及其危害进行归纳总结，重点介绍多种油烟净化技术，包括机械净化、高压静电净化、湿式(液体吸收)处理净化、吸附净化、光催化净化、复合净化等技术的相关内容。本书对促进油烟净化技术的发展和油烟净化设备的升级具有重要意义，同时对向社会公众普及油烟净化相关知识也具有重要作用。

全书由杜峰负责书稿架构、统筹编辑。第 1 章、第 3 章、第 5 章、第 6 章、第 8 章和后记由杜峰编写，第 2 章由王涛编写，第 4 章由甘德宇编写，第 7 章由曹祥编写。

由于油烟净化涉及面广，加之编者水平有限，书中疏漏或不妥之处在所难免，敬请广大读者批评指正。

杜　峰

2020 年 8 月于南京

目　录

1 绪 论

研究表明，餐饮油烟对大气环境质量、室内空气质量和人们身体健康的影响日趋显著[1]。特别是近年来，随着我国城市化的发展和产业结构的调整，餐饮行业快速发展，食用油的消费量日益增加。有统计数据表明，我国食用油人均年消费量从 1996 年的 7.7kg 上升至 2018 年的 27.3kg[2]，2018 年全国植物油消费总量已高达近 3850 万 t [3]。

此外，由于餐饮业基本分布在人口较密集的居民区，或在商住楼底层，或靠近住宅楼，且油烟净化效率还有待提高，因此餐饮业油烟污染问题已成为当前社会关注的热点。相关调查显示，国内许多大城市餐饮油烟污染的投诉已占所有环保投诉的四成左右[4-6]。

1.1 油烟的基础知识

1.1.1 油烟的产生机理

根据国家标准《饮食业油烟排放标准(试行)》(GB 18483－2001)定义，油烟是指食物烹饪、加工过程中挥发的油脂、有机质及其加热分解或裂解产物。具体来说，包括在烹调过程中油脂及食物本身发生热氧化分解或裂解反应的产物，食物中的碳水化合物、蛋白质、氨基酸及其他物质发生美拉德反应的产物，上述中间产物或最终产物之间相互作用发生二次反应生成的物质以及室内含尘气体等，是一种烟雾状混合物，含有气体、液体、固体三种状态的污染物，这三相混合形成的分散体系也被称为气溶胶，气溶胶的颗粒直径大多在 0.01～10μm[7-12]。

油烟的产生与食用油及烹饪温度密切相关，食用油是一种混合物，无固定沸点，可分为植物油和动物油两类。植物油的主要成分为不饱和脂肪酸甘油酯，不饱和脂肪酸包括单不饱和脂肪酸(如油酸、菜籽油酸等)和多不饱和脂肪酸(如亚油酸、花生四烯酸等)[13]；动物油的主要成分为饱和脂肪酸甘油酯(如硬脂酸、软脂酸等)[14]。油脂由多种化合物组成，主要成分是脂肪酸甘油酯。脂肪酸甘油酯包括单脂肪酸甘油酯、双脂肪酸甘油酯和三脂肪酸甘油酯，即由一分子甘油与一个、两个和三个脂肪酸分子发生酯化反应而成，油脂中脂肪酸甘油酯占主要地位，通常占油脂的 90%以上[15]。

当油温在 100℃以下时，油面有轻微热气上升，这是食用油中低沸点化合物和水发生气化，此时并无明显的烟雾。温度上升至100～270℃时，食用油中较高沸点组分开始气化，形成肉眼可见的油烟，主要是由直径约10μm以上的小油液滴组成；温度高于270℃后，高沸点的食用油组分开始气化，形成大量“青烟”，并伴有刺鼻的气味，主要是由直径范围为10^{-3}～10μm不为肉眼所见的微小油滴组成[15,16]。这时如果加入食材，食物中所含水分急剧气化上升，其中部分冷凝成雾滴和油烟一起形成可见的油烟雾。油烟雾主要为水雾，仅在上部夹有少量与水雾互不浸润的油气、油烟。最后，上述各阶段所形成的混合气体在上升过程中与周围空气分子、颗粒物碰撞，温度迅速下降至60℃以下，形成含冷凝物的气溶胶，最终与含烟尘气体一起形成烹调油烟气排入周围大气中。

油脂在空气中受热发生的化学反应可归为4种，分别是热氧化反应、热分解反应、热聚合反应和热缩合反应。

1) 热氧化反应

当氧气存在时，油脂在受热时会发生氧化反应，可分为一级、二级和三级氧化过程。其中，一级氧化是指高温下不饱和脂肪酸中的双键与氧气反应形成氢过氧化物，温度越高，反应速率越快；二级氧化是指氢过氧化物在高温下的分解，产生醇、环氧化合物、羰基化合物和酸类等挥发性小分子物质，不饱和醛经历自动氧化生成二醛，如丙烯醛被氧化为丙二醛；三级氧化过程是指二级氧化产物的聚合，经历三级氧化反应后的油脂黏度增加，流动性变差，颜色加深，聚合过程主要发生在富含不饱和脂肪酸的油脂中[17-20]。一般情况下，饱和脂肪酸甘油酯不易被氧化，但如果油温达到一定温度时，饱和油酯也会被空气中的氧气氧化。油温高于150℃时，油脂与空气中的氧气发生氧化反应得到醛、酮、酸、醇和γ-内酯[21]。

油脂热氧化反应的程度与油温以及与氧气的接触情况有关，有些金属，尤其是铁和铜等都可以促进油脂的热氧化，即使铁和铜的含量为百万分之一也能促进油脂热氧化。

2) 热分解反应

油脂在高温下的热分解产物包括酮、醛、游离酸、不饱和烃及一些挥发性化合物，油温在260℃以下时油脂热分解并不十分明显，当油温达到290～300℃或长时间加热后，油脂热分解反应速率明显加快。油脂的热分解严重影响油脂的质量，不仅使油脂的营养价值降低，而且会产生大量对人体健康有害的物质。

3) 热聚合反应

油脂在加热条件下不仅可以与氧气发生热氧化反应或热分解反应，而且能发生热聚合反应，油脂的热聚合是指脂肪酸分子受热后聚合形成环状化合物的过程。热聚合产物主要是由不饱和脂肪酸分子键合形成的，包括不饱和脂肪酸分子间的聚合成环，也包括不饱和脂肪酸分子在高温下分子内成环反应[22]。该过程以非自由基历程为主，产生单体环、二聚体和高聚物，类似油脂的第三级氧化过程[23,24]。反应形式主要是共轭双键与单双键之间的 Diels-Alder 反应[25-28]。有氧条件下发生的热氧化聚合速度更快、途径更多，并且金属催化剂可催化热氧化聚合反应。氧化聚合的连接形式主要有碳碳键的连接和氧氧键的连接，因此产物也更复杂多样，如花生四烯酸油脂可形成多种环状化合物[29]。此外油脂被氧化后可能会转变为自由基，进而发生聚合反应得到氧化聚合产物[30]。

热聚合反应的结果是油脂色泽变暗，黏度增加，起泡性增加，且泡沫的稳定性增强，聚合度过高时热聚合产物冷却后会出现凝固现象。热聚合和氧化聚合不同，它不会产生难闻的气味，人们不易发现它们的存在，因此其危害更大。

4) 热缩合反应

在水存在的条件下加热油脂时，油脂非常容易水解。水解产物有游离脂肪酸和甘油，而甘油的羟基之间又可脱水缩合成相对分子质量更大的醚类化合物。这就是油脂的热缩合反应，热缩合反应需要经历水解—脱水—缩合三个过程。

上述 4 种化学反应在实际过程中并不是独立发生的，而是有可能多个同时发生，而且反应产物之间也可能再次反应，这就使得油烟中的组分很复杂，既有挥发性组分，也有非挥发性组分。

1.1.2 油烟的成分组成

从形态组成上来看，油烟包括固态颗粒物、液态颗粒物和气态污染物，异味主要来源于气态污染物。北京市地方标准《餐饮业大气污染物排放标准》(DB 11/1488—2018) 关于颗粒物的定义如下：餐饮服务单位在食物烹饪过程中，油脂、各类有机物质经过物理或化学变化形成并排放的液态和固态颗粒物以及烹饪燃料燃烧产生的颗粒物。这些液态和固态颗粒物以及烹饪燃料燃烧产生的颗粒物悬浮于气体介质中形成均匀分散体系，以气溶胶的形式存在[31]。

近年来，我国大部分城市都面临着霾害严重、空气 $PM_{2.5}$ 污染超标的困境。$PM_{2.5}$ (细颗粒物) 的主要来源有自然源和人为源两种，其中后者的危害尤为巨大。据文献[32]报道，与雾霾形成密切相关的大气细颗粒物组分中约 10%来自自然界的排放源，90%来自人为排放源。人为排放源包括机动车尾气排放、燃料燃烧、工业生产和地面扬尘等，现在餐饮油烟对颗粒物排放的"贡献"也受到国家环保部门、卫生单位和专家学者的普遍关注[33-35]。餐饮油烟中的 $PM_{2.5}$ 一旦未经油烟净化系统有组织地处理而直接排放，就会对大气造成严重危害。$PM_{2.5}$"基因谱"(污染源对 $PM_{2.5}$ 的贡献率) 显示，某些城市油烟废气对大气中整体 $PM_{2.5}$ 的"贡献率"甚至高于地面扬尘[36,37]。

油烟中颗粒物根据其粒径大小基本可以分为两类[38]：

(1) 可沉降颗粒物：一般是指粒径在 10μm 以上的颗粒物。这类颗粒物由于重力作用，能够克服空气浮力而沉降到地面，不会对大气造成持久性污染。

(2) 可吸入颗粒物：通常是指粒径在 10μm 以下的颗粒物。这类颗粒物进入大气后其自身重力不能克服空气浮力，因此会长期稳定存在于大气中。可吸入颗粒物会随着空气的运动而到处飘浮，对人体健康和大气能见度的影响都很大。

油烟中气态污染物主要包含两类[39,40]，一类是燃料燃烧时产生的一氧化碳(CO)、二氧化碳(CO_2)、氮氧化物(NO_x)等，另一类是食材、油脂等受热后产生的有机物，主要是非甲烷总烃。国家环境保护局科技标准司《大气污染物综合排放标准详解》[41]明确非甲烷总烃是指除甲烷以外所有碳氢化合物的总称，主要包括烷烃、烯烃、芳香烃和含氧烃等组分。油烟中所包含的物质成分较多，约有 300 种[42]，并且不同物质之间还会发生反应形成新的物质。此外，油烟中有些物质还具有强致癌、致突变性，如多环芳烃、杂环芳胺、苯并芘、丙烯醛等，对人体危害极大[43-46]。表 1-1[47]列举了部分文献[48-52]中报道的烹饪油烟中非甲烷总烃的组成。

表 1-1　烹饪油烟中非甲烷总烃的组成[47]　　(单位：种)

烷烃	烯烃	脂肪酸	醛	酮	醇	酯	芳香烃	文献来源
13	16	79	38	21	15	27	9	文献[48]
9	24	11	22	8	8	4	5	文献[49]
12	10	9	25	21	13	—	1	文献[50]
50	21	23	35	9	8	18	21	文献[51]
7	31	—	18	6	4	—	6	文献[52]

吴鑫[53]考察了不同食用油产生的油烟中非甲烷总烃的组成和分布情况，结果显示，7 种食用油产生的油烟中非甲烷总烃的浓度相对稳定，对 7 种食用油油烟成分中挥发性有机物(volatile organic compounds, VOCs)的成分和含量测定结果表明，植物油和动物油脂产生的油烟中 VOCs 种类有明显差别：猪油产生的油烟中苯系物含量最高，花生油产生的油烟中苯系物含量最低，植物油产生的油烟中正己烷含量相对较高，猪油产生的油烟中烷烃和卤代烃种类较少。

Hopiu[54]的研究结果表明，不同种类的食用油在高温下的热解产物达 200 多种，主要有醛类、酮类、烃、脂肪酸、芳香族化合物及杂环化合物等，其中，羰基化合物是一类能够参与大气光化学反应的活性物质[55]。崔彤等[56]对北京市主营烧烤、中式快餐、西式快餐、川菜和浙菜的几家典型餐饮单位排放油烟中的挥发性有机物进行了浓度和组分检测，结果表明餐饮单位排放的油烟中均含有醛类、酮类、醇类和烷烃类有机物，其中主营烧烤的餐饮单位排放的油烟中 VOCs 浓度最高，达到 12.22mg/m^3，主要组分有丙烯、1-丁烯和正丁烷等；主营非烧烤的餐饮单位排放的油烟中 VOCs 浓度为 3.93～5.70mg/m^3，主要组分有乙醇、丙酮和丙烯醛等，其中主营浙菜的餐饮单位排放的油烟中 VOCs 浓度最低。

Sjaastad 等[57]实验发现，煎牛排过程中容易产生大量挥发性醛类，包括甲醛、乙醛、丙醛、丁醛、异丁醛、异戊醛、辛醛、壬醛和癸醛。

张春洋和马永亮[45]利用气质联用色谱仪分析了 5 家中餐馆油烟中非甲烷总烃的成分，结果表明采样餐馆油烟中非甲烷总烃的基准排放浓度为 9.13～1.42mg/m^3，其中烷烃、烯烃和芳香烃占主要部分，比例分别为 28.4%～47.9%，8.9%～58.3%和 10.8%～50.4%。烷烃中丙烷、正丁烷、异丁烷、2-甲基丁烷、正戊烷、己烷、辛烷和壬烷较多；烯烃中丙烯、1-丁烯、1,3-丁二烯、顺-2-丁烯、反-2-丁烯较多；芳香烃中苯、甲苯、乙苯、二甲苯、萘、甲基萘等较多；氯化物主要是二氯甲烷。蒋燕等[58]采用低温预浓缩仪和气相色谱-质谱联用的分析技术对川菜馆排放的油烟废气进行检测，共检测出 14 种 VOCs，其中苯系物 6 种，烷烃和烯烃 4 种，卤代烃和酮类各 2 种。Chung 等[59]加热花生油到 200℃，从花生油油烟中检测出多种挥发性有机物，包括 42 种烃、22 种醛、11 种脂肪酸、8 种酮、8 种醇、4 种呋喃、2 种酯和 2 种内酯。Li 等[60]对厨房空气样品分析结果表明，精制油、大豆油和菜籽油的油烟中均存在苯并芘、二苯并蒽、苯并蒽等多种强致癌性多环芳烃。

油脂中主要成分为脂肪酸甘油酯，因此烹饪油烟中普遍存在游离的脂肪酸和单、双甘油酯[61]。文献[62]报道，由于中西方烹饪用油种类和来源存在明显区别，西式烹饪油烟中饱和脂肪酸主要为 C6～C20(C6、C20 指分子中含有的碳原子数量，下同)，而中式烹饪油烟中碳原子数为 6～24 的饱和脂肪酸是主要成分，不饱和脂肪酸主要是油酸和亚油酸。特别地，花生油是一种容易在受热情况下分解产生脂肪酸的油脂，当温度达到 260℃时，产生的油烟中就会包含十八烯酸、十八碳二烯酸和十六烷酸等多种脂肪酸[63]。此外，芳香烃如苯、甲苯、二甲苯和乙苯等也是一类常见的油烟组分[64,65]。

1.1.3 油烟的控制标准

由于油烟对环境和人体危害很大，因此需要对油烟加以控制。控制油烟需从两方面着手，一是在烹饪过程中控制油烟的生成，二是在油烟生成后对其进行净化处理，使油烟达到排放标准。

1. 控制油烟的生成

油烟的生成与食用油的种类、物理特性、加热温度、烹饪方式以及添加剂有关。表 1-2 列出常用食用油的发烟点、闪点、燃点。

表 1-2　常用食用油的发烟点、闪点、燃点　　（单位：℃）

油脂名称	发烟点	闪点	燃点
牛脂	—	265	—
玉米胚芽油(粗制)	178	294	346
玉米胚芽油(精制)	227	326	389
大豆油(压榨油粗制)	181	296	351
大豆油(萃取油粗制)	210	317	351
大豆油(精制)	256	326	356
菜籽油(粗制)	—	265	—
菜籽油(精制)	—	305	—
椰子油	—	216	—
橄榄油	199	321	361

从表 1-2 可以看出，不同种类油脂的发烟点、闪点和燃点均存在明显差异，油脂的这些性质也决定了烹饪油烟组分和含量的多样性和不确定性，因此烹饪时需要根据具体情况选择合适的烹饪温度和食用油种类。

1)颗粒物排放的控制

油脂在高温下氧化分解，形成气态有机和无机产物，这些产物能够通过气体—颗粒物转化过程，与水汽和空气相互作用形成颗粒物[66]。由于不同油脂其物理特性不一样，因此烹饪用油就是影响油烟中颗粒物浓度的一个重要因素。Gao 等[67]比较了 6 种食用油(菜籽油、大豆油、花生油、葵花子油、橄榄油和调和油)的颗粒物排放速率，其中橄榄油的颗粒物排放速率最高，葵花子油的颗粒物排放速率最低。Siegmann 和 Sattler[68]通过分析不同温度下植物油产生的气溶胶的粒径分布情况，发现随着温度升高，颗粒物的粒径和数浓度均显著增大。当油温由 223℃升高至 256℃，颗粒物的粒径由 30nm 增长至 100nm，数浓度则由 2.25×10^5 个/cm^3 增长至 4.5×10^5 个/cm^3。

除了温度和食用油种类的影响外，烹饪方式和烹饪调料及食材对颗粒物的浓度也有影响(表 1-3)。See 和 Balasubramanian[69,70]通过统计 5 种不同烹饪方式下油烟中颗粒物分布情况，总结出油炸方式产生的颗粒物数浓度最高，清蒸方式最少；此外他们的实验结果显示，使用水替代油可以有效降低油烟中颗粒物数浓度。食品添加剂也是一类能够影响颗粒物排放的重要因素，Torkmahalleh 等[71]研究发现，黑胡椒、大蒜粉、海盐、精制食盐和黄姜等添加剂也能影响颗粒物的排放，其中黑胡椒、海盐和精制食盐能够有效减少 $PM_{2.5}$ 的排放，降幅分别为 91%、86%和 88%，对总颗粒物的减排效果也很明显，降幅分别达到 53%、45%和 52%。

表 1-3 不同烹饪方式或食材产生油烟颗粒物的粒径和数浓度

烹饪方式或食材	颗粒物粒径/nm	颗粒物数浓度/(个/cm^3)	文献来源
虾、蔬菜	7.6～289	2.0×10^5	文献[72]
7种不同烹饪方式	14～552	1.8×10^6	文献[73]
蒸煮	8～10000	7.7×10^4	文献[69]
牛肉炒粉丝	140	8.9×10^5	文献[74]
煎牛排	150	8.9×10^5	
煎鸡块	115	8.9×10^5	
煎猪肉	102	8.9×10^5	
奶酪	40	1.1×10^5	文献[75]
香肠	40	1.3×10^5	
炸薯条	50	1.2×10^5	
9种烹饪方式	7～808	1.4×10^5	文献[76]
煎洋葱	20～45	1.2×10^5	文献[77]
烤肉	180～320	—	文献[78]
做晚餐	—	1.3×10^4	文献[66]
做早餐	—	5.7×10^4	

颗粒物在对流和扩散作用下，与气流运动方式存在差异。通风工况确定室内气流组织形式，气流组织形式又对颗粒物的运动起确定性作用。颗粒物的运动与气流湍流密切相关，不同粒径服从不同的空气动力学规律。利用数值模拟的方法来表征颗粒物的运动特性是一种数理学研究，所借助的模型一般有湍流模型和双相流模型[79]。李慧星等[79]建立了东北地区典型住宅厨房模型，在排烟机恒定运行下，模拟春夏秋冬5种典型通风工况，旨在研究厨房油烟 $PM_{2.5}$ 扩散规律和分布特性，同时引入污染暴露模型，计算操作人员污染物暴露量。研究结果表明，冬季污染物浓度分布均匀，春、秋两季污染物浓度比较一致，夏季是否开门对污染物浓度影响较小；操作人员污染物暴露量最大值出现在冬季门窗关闭时，暴露量最小值出现在春、秋两季窗开、门关的工况，与夏季门窗开启相比，春、秋两季门窗开启时污染物暴露量较小。Lai 和 Ho[80]运用数值模拟技术，以粒径小于3.5μm($PM_{3.5}$)的颗粒物为研究对象，考察了在模拟厨房中烹饪时 $PM_{3.5}$ 的空间浓度变化情况，结果表明，离厨灶0.3m处的 $PM_{3.5}$ 浓度几乎是离厨灶2.8m处的3倍。

2) 多环芳烃排放的控制

多环芳烃(polycyclic aromatic hydrocarbons, PAHs)是指由两个或者两个以上苯环通过稠环(角状、簇状或线形等)方式相连而组成的一类碳氢化合物，包含150余种物质，如芘、萘、蒽、菲、莇等，是大气中广泛存在的一类持久性有机污染物，具有很强的致癌、致畸、致突变毒性。研究发现 PAHs 的种类、浓度与烹饪方式有直接关系，中式烹饪产生的苯并芘的浓度高于其他烹饪方式，日式烹饪和西式快餐几乎不产生苯并芘[81,82]。同时，马来西亚式烹饪产生的 PAHs 浓度和在 $PM_{2.5}$ 中的比例均高于中式和印式烹饪[47,81]。表 1-4 总结了不同文献报道的油烟中 PAHs 浓度的情况。由于油炸需在高温条件下完成，因此相比其他烹饪方式会产生更多的 PAHs。炒、煎、炸等高温烹饪方式产生的 PAHs 浓度比煮、蒸方式产生的高[83]。用炭直接烧烤肉类产生的 PAHs 是用烤架烤肉的 3～5 倍，这是因为用炭烧烤肉类使得肉中的脂肪直接与火焰接触，从而裂解产生更多 PAHs[84]。相对于煎制而言，烤制低脂肪食材产生的 PAHs 较少；相反地，煎制高脂肪食物则是比较好的选择。例如，烤制低脂肪鱼类或煎制高脂肪猪肉均能有效减少 PAHs 的产生[85]。于英鹏和刘敏[86]利用 GC-MS 对上海市多环芳烃潜在污染源的成分进行定量分析，结果表明，菲、芴、萘和芘可作为油烟和烧烤中 PAHs 的标志物，烤肉残留物中 PAHs 的组成特征与油烟成分基本一致，但含量远小于油烟。烹饪油烟中 PAHs 的种类、浓度除了与烹饪方式有关外，还与食材有关。相对于蔬菜而言，肉类在烹饪过程中会产生更多 PAHs[64]。除了烹饪方式、油温和食材种类，油烟中 PAHs 的种类和浓度还与食用油的种类有关。侯靖等[87]在研究了 8 类 116 种食用植物油样品的多环芳烃污染情况之后发现，不同品种食用植物油多环芳烃含量差异较大：初榨橄榄油中多环芳烃含量最低，花生油中多环芳烃含量最高。杨晓倩等[88]和 Fortmann 等[89]的实验结果也表明花生油中多环芳烃含量最高。Chiang 等[90]在花生油和豆油油烟中均检测出二苯并[a,h]蒽、苯并[a]蒽和苯并[a]芘，而在猪油油烟中却没有检测到苯并[a]芘。此外葵花子油、菜籽油和玉米油油烟中不仅包含二苯并[a,h]蒽、苯并[a]蒽、苯并[a]芘，还存在苯并[b]荧蒽。实验结果证实葵花子油烟中苯并[a]芘含量为 $22.7\times10^{-3}mg/m^3$，高于玉米油烟中的含量（$18.7\times10^{-3}mg/m^3$）。除了 PAHs，Wu 等[91]在使用豆油、花生油和猪油烹饪产生的烟气中还检测到硝基取代的多环芳烃。

表 1-4　不同烹饪方式和食物产生的 PAHs 的浓度　（单位：μg/kg）

PAHs	煎汉堡[92]	烤汉堡[92]	豆油炒菜[64]	菜籽油炒菜[64]	湖南烹饪[62]	广东烹饪[62]
萘	—	—	—	—	—	—
苊	—	—	—	—	—	—
芴	—	—	—	—	—	—
菲	—	—	7	8	6200	6400
蒽	—	—	1	2	270	—
荧蒽	130	350	7	5	6200	15500

续表

PAHs	煎汉堡[92]	烤汉堡[92]	豆油炒菜[64]	菜籽油炒菜[64]	湖南烹饪[62]	广东烹饪[62]
芘	90	740	4	5	7800	27800
苯并[g, h, i]荧蒽	—	—	—	—	1300	6100
苯并[a]蒽	20	290	—	—	860	2500
䓛	110	950	9	13	810	2800
苯并[b]荧蒽	—	210	—	—	1700	9700
苯并[k]荧蒽	4	270	—	—	—	—
苯并[a]荧蒽	—	—	—	—	—	—
苯并[b]芘	—	—	—	—	—	—
苯并[e]芘	—	190	—	—	710	4200
苯并[a]芘	—	190	—	—	510	2100
苝	—	30	—	—	—	—
茚并[1, 2, 3-cd]芘	—	—	—	—	—	3900
二苯并[a, h]蒽	—	—	—	—	—	—
苯并[g, h, i]苝	—	240	—	—	—	16700
六苯并苯	—	—	—	—	—	16500

3) 杂环胺类排放的控制

杂环胺类(heterocyclic amines, HCAs)化合物是富含氨基酸和蛋白质的鱼肉、畜禽肉等肉类食品在高温加工过程中通过美拉德反应和自由基机制生成，具有致突变和致癌性的杂环芳香族化合物[93]。杂环胺类化合物存在不同的结构和种类，目前研究已经发现 30 余种杂环胺的存在，根据其结构和形成方式的不同，大致可以分为氨基咪唑氮杂芳烃类(amino-imidazole-azaarenes, AIAs)和氨基咔啉类(amino-carbolines)。前者是由肉类食品中的葡萄糖、肌酸酐、氨基酸、肌酸等前体物在 100～225℃的条件下通过美拉德反应等一系列复杂反应产生；后者形成机制复杂，普遍认为是由氨基酸、蛋白质在 250～300℃以上直接热解产生。

烹饪过程中影响杂环胺类物质产生的因素比较多[94]，杂环胺类的生成量随着烹饪时间的延长和温度的升高而增加；在烘烤牛肉的实验中发现，随着牛肉尺寸的减小，杂环胺类的含量变少；油炸、炭烤等直接接触明火的烹饪方式也会产生较多的杂环胺，类比之下，蒸、焖、煮、微波处理等方式产生的杂环胺类物质则较少；天然或合成的抗氧化物质，如香辛料却可以抑制杂环胺类的生成，煎牛肉时加入少许迷迭香可以降低油烟中杂环芳胺的浓度；烹饪过程中的金属烹调器具以及金属盛器等金属用具，如果含有 Fe^{3+}和 Fe^{2+}，则会增加杂环胺的含量；微波预处理可以使前体物含量较多的原料肉汁液渗出，造成前体物减少，从而降低杂环胺类物质的生成量。

邵斌等[95]利用固相萃取–高效液相色谱法测定传统禽肉制品中杂环胺类化合物的含量。通过对市售烤鸭、烧鸡中杂环胺类化合物的考察，发现在肌肉和外皮中均能检测出部分目标成分，其中烤鸭皮中 HCAs 的含量最高，这可能与烤鸭制作过程中烘烤温度高、鸭皮与热源直接接触有关。Shah 等[96]使用酱油腌制鸡肉并进行焙烤，结果发现，酱油腌制后的样品中杂环胺含量有明显增加，说明酱油会促进杂环胺的生成。王震等[97]为探究卤汤反复使用对鸭胸肉和卤汤中杂环胺及其前体物的影响，选用鸭胸肉为原料，模拟盐水鸭的制作工艺，测定鸭肉和卤汤中杂环胺及其前体物的含量。结果表明，卤汤反复使用过程中，鸭肉和卤汤中肌酸、氨基酸、葡萄糖含量呈现上升趋势，同时杂环胺的浓度也在不断增加。

2. 油烟排放标准

随着人们对卫生、健康、舒适的生活和工作环境的不断追求，室外空气质量和室内空气质量日益受到人们的重视。油烟中含有气、液、固三相物质，成分复杂，扩散性好因而污染范围较广，而且油烟黏度大，一旦黏附在物体表面则很难清除，影响环境空气质量和人们的身心健康。

针对餐饮行业中油烟污染，国家相关部门与时俱进，结合当前环保要求，就防治大气污染和设备技术规范进行了明确，并发布了相关法律和规范要求。《中华人民共和国大气污染防治法(1987 修正)》(1988 年 6 月 1 日起实施)中并未规范餐饮油烟排放对大气污染防治的影响；《中华人民共和国大气污染防治法(1995 修正)》中第三十六条规定“城市饮食服务业的经营者，必须遵守国务院有关饮食服务业环境保护管理的规定，采取措施，防治油烟对附近居民居住环境的污染”；从《中华人民共和国大气污染防治法(2000 修正)》(第五十六条)开始才真正明确了城市饮食服务业的经营者若未采取有效污染防治措施将受到的处罚；《中华人民共和国大气污染防治法(2018 修正)》第八十一条和一百一十八条更加具体、明确地规定了排放油烟的餐饮服务业经营者、从事餐饮服务工作的单位和个人应注意的事项，以及如果违反该法规应当受到的处罚。

2001 年国家颁布了《饮食业油烟排放标准(试行)》(GB 18483－2001)，该标准规定了饮食业单位油烟的最高允许排放浓度和油烟净化设施的最低去除效率，还规定排放油烟的饮食业单位必须安装油烟净化设施，并保证操作期间按要求运行。饮食业单位的油烟净化设施最低去除效率限值按规模分为大、中、小三级，饮食业单位的规模按基准灶头数划分，基准灶头数按灶的总发热功率或排气罩灶面投影总面积折算。每个基准灶头对应的发热功率为 1.67×10^8J/h，对应的排气罩灶面投影面积为 1.1m^2。饮食业单位的规模划分参数如表 1-5 所示。

表 1-5 饮食业单位的规模划分

规模	小型	中型	大型
基准灶头数量	≥1，<3	≥3，<6	≥6
对应灶头总功率/($\times10^8$J/h)	1.67，<5.00	≥5.00，<10	≥10
对应排气罩灶面总投影面积/m^2	≥1.1，<3.3	≥3.3，<6.6	≥6.6

《饮食业油烟排放标准(试行)》(GB 18483—2001)规定饮食业单位油烟的最高允许排放浓度和油烟净化设施最低去除效率，按表 1-6 的规定执行。

表 1-6 饮食业单位油烟的最高允许排放浓度和油烟净化设施最低去除效率

规模	小型	中型	大型
最高允许排放浓度/(mg/m^3)		2.0	
净化设施最低去除效率/%	60	75	85

虽然《饮食业油烟排放标准(试行)》(GB 18483—2001)对油烟最高允许排放浓度和净化设施最低去除效率都做了明确限定，但油烟中还包含颗粒物、非甲烷总烃以及臭气等成分，限定这些污染物的排放标准也是必须的。

北京市 2019 年 1 月 1 日开始实施的《餐饮业大气污染物排放标准》(DB 11/1488—2018)限定了餐饮服务单位排放的油烟、颗粒物的最高允许排放浓度，2020 年 1 月开始餐饮服务单位排放的非甲烷总烃也需要满足标准限值，该标准也对饮食业单位的油烟净化设施最低去除效率限值按规模分为大、中、小三级，并分别对油烟、颗粒物和非甲烷总烃限定了最低去除效率(表 1-7)。

表 1-7 北京市餐饮业大气污染物最高允许排放浓度和油烟净化设施最低去除效率

污染物项目	最高允许排放浓度/(mg/m^3)	最低去除效率/%		
		小型	中型	大型
油烟	1.0	90	90	95
颗粒物	5.0	80	85	95
非甲烷总烃	10.0	65	75	85

上海市 2015 年 5 月 1 日起实施的《餐饮业油烟排放标准》(DB 31/844－2014)规定了餐饮油烟浓度(包括臭气浓度)排放限值、检测要求、餐饮油烟净化设施去除效率(表 1-8)。其中臭气浓度的测定按《恶臭污染物排放标准》(GB 14554－1993)执行。

表 1-8　上海市餐饮业油烟最高允许排放浓度和油烟净化设施最低去除效率

污染物项目	最高允许排放浓度/(mg/m³)	最低去除效率/%		
		小型	中型	大型
油烟	1.0	90	90	90
颗粒物	—	—	—	—
非甲烷总烃	—	—	—	—
臭气	60(无量纲)	—	—	—

天津市 2017 年 1 月 1 日开始实施的《餐饮业油烟排放标准》(DB 12/644—2016)规定餐饮服务单位餐饮油烟浓度排放限值为 1.0mg/m³。

山东省 2006 年 1 月起实施的《饮食业油烟排放标准》(DB 37/597—2006)分别对大、中、小型饮食业单位油烟的最高允许排放浓度、臭气浓度、油烟净化设施的最低去除效率做出了明确限定(表 1-9)。

表 1-9　山东省饮食业油烟最高允许排放浓度和油烟净化设施最低去除效率

污染物项目	最高允许排放浓度/(mg/m³)			最低去除效率/%		
	小型	中型	大型	小型	中型	大型
油烟	1.5	1.2	1.0	85	90	90
颗粒物	—	—	—	—	—	—
非甲烷总烃	—	—	—	—	—	—
臭气	70(无量纲)			—	—	—

河南省 2018 年 6 月 8 日起实施的《餐饮业油烟污染物排放标准》(DB 41/1604—2018)规定了餐饮业污染物的排放控制要求、监测要求、实施与监督(表 1-10)。

表 1-10　河南省餐饮业油烟最高允许排放浓度和油烟净化设施最低去除效率

污染物项目	最高允许排放浓度/(mg/m³)			最低去除效率/%		
	小型	中型	大型	小型	中型	大型
油烟	1.5	1.0	1.0	90	90	95
颗粒物	—	—	—	—	—	—
非甲烷总烃	—	10.0	10.0	—	—	—
臭气	20(无量纲)			—	—	—

深圳市 2018 年 8 月 1 日起实施的《饮食业油烟排放控制规范》(SZDB/Z 254—2017)规定了饮食业油烟最高允许排放浓度、油烟净化设备最低去除效率、非甲烷总烃最高允许排放浓度、臭气浓度限值(表 1-11)。

表 1-11 深圳市饮食业油烟最高允许排放浓度和油烟净化设施最低去除效率

污染物项目	最高允许排放浓度/(mg/m³)	最低去除效率/%		
		小型	中型	大型
油烟	1.0	90	90	90
颗粒物	—	—	—	—
非甲烷总烃	10	—	—	—
臭气	500(无量纲)	—	—	—

重庆市2019年1月1日起实施的《餐饮业大气污染物排放标准》(DB 50/859—2018)规定了餐饮业大气污染物的排放控制、监测、标准的实施与监督要求(表1-12)。

表 1-12 重庆市餐饮业油烟最高允许排放浓度和油烟净化设施最低去除效率

污染物项目	最高允许排放浓度/(mg/m³)	最低去除效率/%		
		小型	中型	大型
油烟	1.0	90	90	95
颗粒物	—	—	—	—
非甲烷总烃	10.0	65	75	85
臭气	80(无量纲；新建餐饮单位)；120(无量纲；现有餐饮单位)	—	—	—

海南省自2009年10月30日起实施主要适用于三亚市市域内的酒店和餐饮店的《海滨酒店、餐饮店污水油烟排放标准》(DB 46/163—2009)，海南省其他市县的海滨酒店和海滨餐饮店可参照执行，该标准规定了海滨酒店和海滨餐饮店水污染物、油烟污染物的技术要求、监测和监督等要求，其中海滨酒店和海滨餐饮店的油烟污染物最高允许排放浓度和油烟净化设施最低去除效率与《饮食业油烟排放标准(试行)》(GB 18483—2001)相同。

河北省2017年首次发布的《餐饮业油烟排放标准(征求意见稿)》也规定了餐饮油烟控制、餐饮油烟监测以及标准实施与监督等相关要求，餐饮业油烟最高允许排放浓度和油烟净化设施最低去除效率如表1-13所示。

表 1-13 河北省餐饮业油烟最高允许排放浓度和油烟净化设施最低去除效率

污染物项目	最高允许排放浓度/(mg/m³)	最低去除效率/%		
		小型	中型	大型
油烟	1.0	85	90	90
颗粒物	—	—	—	—
非甲烷总烃	—	—	—	—

辽宁省 2016 年发布的《餐饮业油烟排放标准(征求意见稿)》规定了餐饮服务企业油烟和非甲烷总烃的最高允许排放限值、监测和监督管理要求。该标准中规定了现有餐饮单位和新建餐饮单位油烟和非甲烷总烃的最高允许排放浓度以及臭气浓度限值。辽宁省国土开发密度已经较高、环境承载能力开始减弱，或大气环境容量较小、生态环境脆弱，容易发生严重大气环境污染问题而需要采取特别保护措施的地区，上述污染物排放浓度按特别排放限值执行。

表 1-14　辽宁省餐饮业油烟最高允许排放浓度和特别排放限值

污染物项目	最高允许排放浓度/(mg/m^3)	特别排放限值/(mg/m^3)
油烟	1.0	0.5
颗粒物	—	—
非甲烷总烃	7.5	5
臭气浓度	60(无量纲)	

随着我国对外开放的扩大和经济持续稳定的快速增长，我国餐饮业发展势头迅猛，随之而来的餐饮油烟污染问题也亟待解决。为此，国家及环保部门陆续发布《大气污染防治行动计划》(国发〔2013〕37 号)、《中华人民共和国环境保护法修订案》、《中华人民共和国大气污染防治法(2018 修正)》和《打赢蓝天保卫战三年行动计划》(国发〔2018〕22 号)。

但是目前现行的《饮食业油烟排放标准(试行)》(GB 18483－2001)存在着以下问题:

(1)《饮食业油烟排放标准(试行)》1.2.1 条例规定，该标准适用于城市建成区，对广大农村生活区范围及一些疗养区、风景名胜区则未作规定，因此，有必要拓宽其适用区域范围;

(2)标准中油烟排放限值(2.0mg/m^3)已显宽松，不利于餐饮油烟排放控制;

(3)油烟排气筒高度未作明确规定;

(4)缺少对挥发性有机物 VOCs 的控制;

(5)对油烟排放过程中产生的异味未作明确规定;

(6)缺乏对净化设施的运维管理要求。

在实际管理过程中，这些问题与当前实际情况有所脱节。

鉴于此，国家相关部门也已将《饮食业油烟排放标准》(修订 GB 18483－2001)列为环境标准制(修)订项目计划；国家鼓励各地加快制定、修订餐饮油烟等重点行业污染物排放标准，以及 VOCs 无组织排放控制标准，也鼓励各省市制定并实施更严格的污染物排放标准。

在这样的行业发展、环保要求和政策号召下，有些省市开始因地制宜，实施新的餐饮业油烟排放标准。例如，针对 GB 18483－2001 中 1.2.1 条例规定，海南省 2009 年发布了主要适用于三亚市市域内的酒店和餐饮店的《海滨酒店、餐饮店污水油烟排放标准》(DB 46/163－2009)。针对 GB 18483－2001 未对油烟排气筒高度作明确说明，山东省标准 DB 37/597－2006 中规定油烟排气筒排放高度应高于排气筒所在或所附建筑物顶 1.5m，并且风机与排风口之间的平直管段长度应符合采样位置的要求。如果饮食业单位排气筒出口周围 20m 半径范围内有高于排气筒出口的易受影响的建筑物，油烟最高允许排放浓度限值并非按表 1-9 中规定执行，而是按照“小型 1.0mg/m^3、中型 0.8mg/m^3 和大型 0.5mg/m^3”三项指标分别执行。

2018 年河南省颁发的地方标准中还加入了非甲烷总烃这一项污染物的排放限值。北京市《餐饮业大气污染物排放标准》(DB 11/1488－2018)对比现行国家标准《饮食业油烟排放标准(试行)》(GB 18483－2001)，除了油烟排放浓度限值降低 50%以外，还新增了颗粒物、非甲烷总烃两项污染物排放限值，以及净化设备对这三种污染物去除效率的选择参考。按规定非甲烷总烃的排放标准自 2020 年 1 月 1 日开始执行，而颗粒物和油烟排放标准自 2019 年 1 月 1 日开始。与此同时，北京市新版《餐饮业大气污染物排放标准》中规定，原则上油烟净化设备应至少每月清洗、维护或更换滤料 1 次。

无论是国家还是地方相关法律法规、标准体系的制修订，均是以改善生活环境、促进绿色和谐发展为目标。随着环保指标的日趋严格，相关标准应收紧油烟排放限值，增设油烟中挥发性有机物排放限值，明确油烟污染物净化设施运行维护管理要求，精简监测操作，使标准实施后能够显著降低油烟污染物排放量，减少油烟异味扰民，降低公众投诉量，促进社会和谐。

3. 空气质量标准

控制油烟污染，不仅要对油烟的排放进行管理监督，而且要保障环境空气和室内空气质量。因此为保护人体健康、预防和控制室内空气污染而制定的《室内空气质量标准》(GB/T 18883－2002)对室内空气质量参数和检验方法进行规定，标准要求室内空气应无毒、无害、无异常嗅味。该标准规定了颗粒物、菌落总数、有害气体等多种污染物的质量标准(表 1-15)。

表 1-15 室内空气质量标准内容

污染物	单位	标准值	备注
SO_2	mg/m^3	0.50	1 小时均值
NO_2	mg/m^3	0.24	1 小时均值

续表

污染物	单位	标准值	备注
CO	mg/m^3	10	1 小时均值
CO_2	%	0.10	日平均值
NH_3	mg/m^3	0.20	1 小时均值
O_3	mg/m^3	0.16	1 小时均值
甲醛	mg/m^3	0.10	1 小时均值
苯	mg/m^3	0.11	1 小时均值
甲苯	mg/m^3	0.20	1 小时均值
二甲苯	mg/m^3	0.20	1 小时均值
苯并芘	mg/m^3	1.0	日平均值
可吸入颗粒物 PM_{10}	mg/m^3	0.15	日平均值
总挥发性有机物 TVOC	cfu/m^3	0.60	8 小时均值
菌落总数	cfu/m^3	2500	依据仪器定
氡 Rn	Bq/m^3	400	年平均值

2016 年 1 月 1 日起在全国实施的《环境空气质量标准》(GB 3095－2012)规定了环境空气功能区分类、标准分级、污染物项目、平均浓度及浓度限值等内容，要求未达到该标准的大气污染防治重点城市，应当按照国务院或者国务院环境保护行政主管部门规定的期限，达到该标准。该标准也适用于饮食业周边环境空气，标准涉及污染物项目、平均浓度及浓度限值如表 1-16 所示。

表 1-16　环境空气污染物浓度限值

污染物	平均时间	浓度限值		单位
		一级	二级	
二氧化硫	年平均	20	60	μg/m^3
	24 小时平均	50	150	
	1 小时平均	150	500	
二氧化氮	年平均	80	80	
	24 小时平均	200	200	
	1 小时平均	4	4	
一氧化碳	24 小时平均	4	4	mg/m^3
	1 小时平均	10	10	
氮氧化物	年平均	50	50	μg/m^3
	24 小时平均	100	100	
	1 小时平均	250	250	

续表

污染物	平均时间	浓度限值		单位
		一级	二级	
臭氧	日最大 8 小时平均	100	160	$\mu g/m^3$
	1 小时平均	160	200	
苯并[a]芘	年平均	0.001	0.001	
	24 小时平均	0.0025	0.0025	
PM_{10}	年平均	40	70	
	24 小时平均	50	150	
$PM_{2.5}$	年平均	15	35	
	24 小时平均	35	75	
总悬浮颗粒物	年平均	80	200	
	24 小时平均	120	300	

1.2 油烟的危害

现阶段烹饪油烟一般经过简单除油后直接排向室外环境，这就必然导致未被处理的固态颗粒物、气态污染物以及没有完全处理的液态油滴进入外界环境。此外由于油烟具有膨胀性和扩散性，容易导致烹饪时有部分油烟直接进入室内环境而影响室内空气质量，危害人体健康。

1.2.1 油烟组分对人体健康的影响

相关流行病学研究发现[98,99]，长时间处于油烟环境中，会使机体皮肤松弛无弹性、灰暗粗糙、皱纹横生、黯斑滋生。此外，研究表明油烟也具有免疫毒性[100-102]、遗传毒性[103-105]、肺脏毒性[106-108]以及潜在致癌性[109-111]。有报道指出，中国非吸烟妇女患肺癌概率居世界首位，主要是由于传统烹饪方式以炸、煎、炒、爆等高温多油形式为主，这就导致家庭妇女长期暴露于含大量有毒有害物质的油烟气中，最终使得患癌概率增加[112,113]。

1. 油烟对皮肤的危害

油烟附在皮肤上，会影响皮肤的正常呼吸，导致皮肤表皮因子和血管生长因子及细胞活性功能下降。

2. 油烟对呼吸系统的危害

油烟通过呼吸系统进入人体，对呼吸功能的损害作用是最显著和最直接的。油烟会对气道产生刺激作用，如气道收缩、阻力增加，肺活量、最大呼气流量(V_{75}, V_{50}, V_{25})指数明显下降。特别地，反映小气道状况指标的 V_{25} 指数下降，提示小气道有阻塞的可能[114]，对于患有慢性气管炎者，这种刺激作用将更加明显[115,116]。油烟主要成分之一的丙烯醛有强烈的辛辣味，对鼻、眼、咽喉处的黏膜有强烈的刺激。油烟中的苯并芘、多环芳烃等，更是公认的强致癌物。在油烟中长时间暴露可使机体产生大量氧自由基，对肺脏组织形态、细胞、酶等均有损伤作用。这些氧自由基还会攻击细胞膜上的不饱和脂肪酸，以链式反应产生大量脂质过氧化物和醛类物质，导致生物膜氧化损伤和毒性自由基的释放，使细胞功能发生障碍。动物研究结果显示，油烟暴露能使肺部出现炎症和组织细胞损伤、巨噬细胞数减少、中性粒细胞增多，乳酸脱氢酶、碱性磷酸酶和酸性磷酸酶活力增加，细胞活力下降，肺内谷胱甘肽过氧化物酶、超氧化物歧化酶等抗氧化酶指标降低[117,118]。

周亚美等[115]以宾馆非吸烟男性厨师作为调查对象，开展的烹饪油烟对厨师肺功能及全血脂质过氧化指标影响的研究结果显示，职业厨师肺功能和全血脂质过氧化指标与非职业厨师人群相比明显降低，表明油烟可引起肺功能损害和脂质过氧化指标异常。

陈宇炼和王守林[119]通过研究 8 名男性非吸烟者短期接触烹饪油烟后的肺功能，发现志愿者接触高浓度油烟(4.2mg/m^3)后，肺活量和用力肺活量明显下降，志愿者在试验期间还产生了眼刺激、流泪、头晕、胸闷等症状。

张朝晖等[120]观察 Balb/C 小鼠吸入烹饪油烟后肺组织的病理形态改变情况，结果表明，油烟中含有的增生病变促进剂 PAHs 能与肺组织上皮细胞接触，生成环氧化合物并与 DNA 相结合而形成致癌因子，最终诱发肺癌。

张诚等[121]以烹饪油烟冷凝物作用于永生化人支气管上皮细胞，建立细胞转化模型，分析其恶性转化指标的特性，进而探讨油烟冷凝物的致癌机制，结果表明，油烟冷凝物转化的细胞对环境的选择性和依赖性降低，细胞自主生存能力增强，提示有恶性转化趋势。

3. 油烟对生殖系统的危害

油烟不但对呼吸系统有很大的危害，其在被吸入人体后还会通过血液循环危害生殖系统。林权惠等[122]调查了烹饪油烟对女性生殖系统的影响，结果表明油烟干扰了人体正常的内分泌系统，破坏了前列环素和血栓素 A_2 的正常平衡状态。结果还显示妊娠期妇女接触油烟后自然流产、胚胎先天畸形的概率比不接触油烟的高。

张晓峰等[123]通过观察睾丸细胞及线粒体形态学变化和细胞内活性氧水平高低，研究了油烟和高温的厨房环境对睾丸细胞氧化损伤的影响。结果表明，油烟热应激使睾丸细胞线粒体形态学发生改变，诱发细胞氧化损伤，进而可能影响生殖功能。

Nagao 等[124]的试验结果表明油烟可使雄性大鼠精液质量下降，精子微核率和畸形率高于对照组。这些损伤均表明，油烟可能影响精子形成和功能成熟所依赖的微环境，从而危害精子的正常形成，对生殖系统具有确定的毒性损害。

人群流行病学方面的研究还显示，油烟对女性的生殖系统损伤更加严重，因为女性体质较男性对油烟更为敏感，油烟会干扰内源性激素水平，导致垂体促性腺激素功能异常，使女性出现月经异常[125]。研究还表明，卵巢是油烟生殖毒性作用的靶器官，尤其在高剂量油烟的作用下，卵巢和卵泡出现发育异常的情况更频繁[126]。更为严重的是油烟可导致不良妊娠后果，早产、自然流产检出率高于一般人群，如 B[a]P 会抑制子代大鼠的生理和行为发育，损害大脑学习记忆能力并影响后代的环境适应能力[127]。

4. *油烟对免疫功能的危害*

许斌等[128]分析总结了广州市 110 名餐饮从业人员的血脂六项和血常规检验数据，结果显示实验组血清低密度脂蛋白(LDL)水平高于对照组。这是由于油烟会引起体内自由基浓度上升，并氧化 LDL，从而 LDL 不能被正常受体识别，却能被巨噬细胞受体识别，容易引起动脉粥样硬化和冠心病。

陈华等[129]研究发现，小鼠在吸入菜籽油油烟 30 天后，腹腔巨噬细胞 Fc 受体出现先激活后抑制的双相反应，体外染毒呈现中、低剂量组随染毒时间延长出现上述反应，高剂量组 Fc 受体则呈完全抑制状态。陈永娟等[130]试验结果显示，小鼠吸入菜籽油油烟 21 天后，白细胞吞噬活性受抑制，表明油烟对小鼠非特异性免疫和体液免疫有抑制作用。

以宁夏地区 44 名厨师为暴露组、31 名服务员为对照组的调查结果表明，厨师组机体外周血淋巴细胞 ANAE 阳性率、CD^+_3、CD^+_4 细胞百分率及 CD^+_4/CD^+_8 比值明显降低，而 CD^+_8 细胞百分率及血清 IgG 含量显著升高，说明烹饪油烟可影响机体的免疫功能[131]。机体的免疫功能与疾病的发生、发展关系密切，而与肿瘤的产生关系又尤为密切，所以需要十分重视油烟对机体免疫功能的危害。

综上所述，油烟对免疫功能的危害可以概括为免疫功能抑制和免疫监视失控，油烟能够降低血清中免疫球蛋白含量，抑制体液免疫功能，改变 T 细胞表型功能或数量，从而使细胞免疫功能遭到破坏。暴露于油烟环境中数月的小鼠，其体内肺巨噬细胞、抗肿瘤细胞免疫作用均受到不同程度的抑制，IL-2 活力、NK

细胞的活性、脾脏T淋巴细胞诱导白介素的活性以及肺巨噬细胞存活率均下降。特别地，相对于B细胞而言，油烟对T细胞的损伤更直接，而T细胞的任何细微损伤变化都准确地指示着人体的免疫水平，因此T细胞可以作为评价油烟免疫损伤作用的重要指标。

5. 油烟对DNA的损害[132]

脱氧核糖核酸(DNA)是人类的遗传物质，油烟中的苯、苯并[a]芘、对氨基联苯、反,反-2,4-癸二烯醛等有机分子通过扰乱细胞的循环周期而对DNA造成损害，它们与促炎性细胞因子的细胞增生、过表达和释放有关[133]，致使机体的细胞免疫功能、巨噬细胞功能、抗肿瘤效应下降[134]。Lee和Gany[135]研究发现人体内活性氧物种也能与油烟中的物质反应，导致氧化应激、DNA突变，破坏染色体稳定性，最终导致癌症或糖尿病或神经退化等疾病的发生[47]。

1.2.2 油烟组分对环境空气的影响

油烟中含有气、液、固相及气溶胶等污染物，其中液、固相排向大气后，可形成一次颗粒物或经过复杂的物理、化学反应后，成为$PM_{2.5}$的重要组成成分。气相物质主要为非甲烷总烃，其中挥发性有机物VOCs占绝大部分，这些气态污染物排向大气后，经过光氧化过程和气态-粒子态均分过程而形成二次有机气溶胶(secondary organic aerosol, SOA)。Abdullahi等[136]使用高分辨率气溶胶飞行时间质谱仪，研究了纽约市大气中气溶胶的排放情况，结果表明烹饪与交通排放出的有机气溶胶总量相当，占总有机气溶胶排放量的30%。Han等[137]的实验结果也证实了VOCs与SOA之间的联系，他们发现雾霾天气时大气中VOCs和SOA的浓度均高于非雾霾天气，表明VOCs可通过与自由基发生氧化反应而得到SOA。SOA也是$PM_{2.5}$的重要成分，其大多具有含氧官能团，有较强的极性、吸湿性和溶解性，能够影响或参与大气消光，使大气能见度降低，形成雾霾。

由上述SOA的形成过程可知，VOCs对SOA的贡献，可从两方面来评价：一方面取决于VOCs与羟基自由基·OH反应的难易程度(用VOCs与·OH反应的速率衡量，$k_{\cdot OH}$)；另一方面取决于VOCs与自由基反应中间产物转化成SOA的难易程度(用气溶胶生成系数FAC来衡量)[138,139]。表1-17总结了部分VOCs的$k_{\cdot OH}$和FAC值。$k_{\cdot OH}$和FAC的数值越高，表示该VOCs越容易与自由基反应而转化为SOA。

表 1-17 部分 VOCs 的 $k_{\cdot OH}$ 和 FAC 值[140]

VOCs	$k_{\cdot OH}/\times10^{-12}$ mL · mol^{-1} · s^{-1}	FAC/%	VOCs	$k_{\cdot OH}/\times10^{-12}$ mL · mol^{-1} · s^{-1}	FAC/%
	烷烃			醛	
丙烷	1.09	0	甲醛	9.37	0
n-丁烷	2.36	0	乙醛	15	0
n-戊烷	3.80	0	丙醛	20	0
n-癸烷	11.0	2	正丁醛	24	0
n-十一烷	12.3	2.5	正己醛	30	0.24
n-十二烷	13.2	3	庚醛	30	0.24
	烯烃			酮	
乙烯	8.52	0	丙酮	0.17	0
丙烯	26.3	0	丁酮	1.22	0
正丁烯	31.4	0	戊酮	4.4	0
1,3-丁二烯	66.6	0	2-己酮	9.1	0
	芳香烃			醇	
苯	1.22	0	乙醇	3.2	0
甲苯	5.63	5.4	正丙醇	5.8	0
乙苯	7.0	0	正丁醇	8.5	0
邻二甲苯	13.6	5	正戊醇	11	0
间二甲苯	23.1	4.7	正己醇	15	0
对二甲苯	14.3	4.7	正辛醇	14	0
苯乙烯	58	0	环己醇	19	0

从表 1-17 可知高级烷烃的 $k_{\cdot OH}$ 比低级烷烃高一个数量级，FAC 值也较高，由此说明高级烷烃更容易参与大气光化学反应，并转化为 SOA。而丙烷、丁烷和戊烷的 FAC 值为 0，表明这些物质很难通过大气反应直接生成 SOA。烯烃的 $k_{\cdot OH}$ 值普遍较高，其中正丁烯和 1,3-丁二烯的 $k_{\cdot OH}$ 值分别为 3.14×10^{-11} mL/(mol · s) 和 6.66×10^{-11} mL/(mol · s)，说明烯烃可以迅速与•OH 反应而生成 SOA。芳香烃也是一类参与大气光化学反应的活跃成分，其 $k_{\cdot OH}$ 和 FAC 值均较高，其中甲苯的 $k_{\cdot OH}$ 和 FAC 值分别为 5.63×10^{-12} mL/(mol · s) 和 5.4%，间二甲苯的 $k_{\cdot OH}$ 和 FAC 值分别为 2.31×10^{-11} mL/(mol · s) 和 4.7%，这表明油烟中排放的芳香烃化合物可迅速与•OH 反应，最终转化为 SOA，从而增加 $PM_{2.5}$ 的含量。羰基化合物也是油烟的重要成分，因而也是 SOA 的重要前驱物。羰基化合物可通过气–粒分配过程形成 SOA，或吸附于液相颗粒物表面，并通过水合、聚合、氧化等化学反应生成 SOA[141]。醛和酮的 $k_{\cdot OH}$ 值均较高，其中庚醛和正己醛的 $k_{\cdot OH}$ 值均为 3.0×10^{-11} mL/(mol · s)，2-己酮的 $k_{\cdot OH}$ 值为 9.1×10^{-12} mL/(mol · s)，表明醛酮类化合物能与•OH 快速反应。

此外，醇类化合物也是大气光化学反应的一类活跃成分[47]。

吕子峰等[142]利用FAC值直接从环境VOC浓度估算北京市夏季二次有机气溶胶(SOA)生成潜势，结果表明，在检测到的70种VOCs中有31种是SOA前体物，计算得到SOA浓度为$8.48\times10^{-3}mg/m^3$，占$PM_{2.5}$中有机组分的30%，其中甲苯、二甲苯、蒎烯、乙苯和正十一烷对SOA的贡献较大，分别占SOA生成量的20%，22%，14%，9%和4%。因此，由于油烟废气中含有大量的VOCs，若其未经有效净化而直接排向大气，则能参与大气化学反应，生成SOA，从而增加$PM_{2.5}$的浓度。据不完全统计，一家中等规模的餐饮业单位一年要向外排0.3t颗粒物，因此餐饮业油烟废气是城市颗粒物的一个重要来源[143]。油烟废气主要以气溶胶的形式存在，粒径较小，自然沉降速度低，可长时间悬浮在空气中，研究表明，稳定气溶胶粒子(粒径在0.1～10μm)在对流层下部的寿命约为1周；在对流层上部，这些粒子的寿命可达1个月；平流层中这些气溶胶粒子能够稳定存在数年[144]。同时，由于城市高层建筑物数量多，热岛效应明显，阻碍了这些颗粒物的扩散，使气溶胶粒子长时间悬浮在空中，加剧了城市空气污染。此外，烹饪油烟也是大气环境中PAHs的重要来源[145]。

1.2.3 油烟组分对家居环境的影响

油烟中的细颗粒物、VOCs和PAHs等气态污染物，一旦和水汽结合形成气溶胶后，能在室内空气中长时间稳定存在，污染室内空气。

李双德等[146]对密闭厨房(4.5m×4.0m×3.0m)内油烟颗粒物粒径分布进行了检测，利用电子低压撞击器(ELPI)分析了油烟机外沿0m处和距离油烟机3m处颗粒粒径分布情况，结果表明颗粒物粒径主要分布在655nm以下，距油烟机外沿0m处颗粒物数浓度为2.8×10^6个/cm^3，当开启油烟机后，颗粒物数浓度为2.3×10^5个/cm^3，说明油烟机对超细的方法颗粒物的净化效果明显。

通过在180℃下加热橄榄油的方法，Fullana等[147]发现丙烯醛的释放速率为(9.6± 0.9) mg/(h·L)，而且在停止烹饪后丙烯醛依然能够在室内空气中停留超过14h。Kabir等[148]指出，用木炭烤肉时室内空气中甲苯的浓度高达0.44mg/m^3，高于人体吸入最低水平(0.3mg/m^3)和《室内空气质量标准》(GB/T 18883—2002)规定的浓度限值(0.20mg/m^3)；苯的浓度(0.32mg/m^3)也超过了《室内空气质量标准》规定的浓度限值(0.11mg/m^3)；甲醛的浓度(0.34mg/m^3)同样超过了《室内空气质量标准》规定的浓度限值(0.10mg/m^3)。Khalequzzaman等[149]研究结果表明燃料种类也能影响油烟中污染物浓度，相对于生物燃料而言，使用天然气做燃料可以减少污染物的排放。

烹饪油烟中的液体颗粒黏度大，飘落到家用或其他电器表面或进入内部元件或电路板上易形成油垢。这种污垢很难清理，一旦遇到水汽易乳化形成具有一定导电性能的油污，会造成机内高频电路或高压电路打火、短路，损坏元器件甚至整个电器[15]。油烟飘落到墙壁或家具表面形成油垢后很容易成为微生物繁殖的场所，使墙壁或家具表面发黄或变黑，产生异味，影响室内美观和空气质量。另外，油烟中的液态颗粒物极易在排风口处冷凝形成黏稠的油滴，油滴进一步与周围空气中尘埃、泥沙等混合附着在排气筒内壁和管道接口外壁以及周围的建筑物上，既影响环境卫生，又存在火灾隐患[150,151]。

1.3 油烟净化技术

餐饮业油烟污染已经是城市空气污染的三大主要因素之一，其具有分布面广、排放频率高、低空排放、无组织排放等显著特点，而且居民一日三餐关乎民生，其管理难度较大。在油烟成分之中，有机物占据了较大的比例，并且多数都具有挥发性，因此餐饮油烟一般都带有刺激性气味[152]。一般来说，油烟净化技术根据净化产物的不同可以分为两大类：回收技术和破坏技术[153]。回收技术是指通过一些物理方法对污染物进行处理，一般包括过滤、吸附等，从而实现污染物的分离，处理有害物质。破坏技术是指通过化学方法对污染物进行处理，使其转变为其他无毒无害易于处理的物质。

1.3.1 机械分离净化技术

机械分离净化是一种利用惯性碰撞或者旋风分离的原理对油烟气进行分离净化的方法。机械分离净化的设备主要有旋风分离器、沉降器以及惯性分离器等，旋风分离是在油烟管道系统中增设旋风分离器，使特定管道内的气流发生旋转，利用旋转气流产生的离心力将从切向进入的油烟颗粒物抛出，油烟颗粒物在重力作用下沉积而达到油烟净化的目的。重力沉降分离是利用油烟颗粒质量大于空气，在同一体系中所受重力也更大的原理，使颗粒物在油烟机空气沉降器中沉降进而分离。惯性分离是通过惯性分离器改变气流方向使油烟中的颗粒物因惯性碰撞从气流主体中分离出来，一般使用金属网罩(常见的有铝合金蜂窝式)作为分离器材[154]。

机械分离技术利用金属丝编织网、织物、细矿物颗粒等材料组成的过滤层通过碰撞、截留、扩散和筛滤等作用拦截油烟中的颗粒物[155-157]。机械分离净化技术虽然能够满足颗粒物净化效率的要求，但由于滤料表现出易燃、吸附容量低等特性，并且当滤料吸附颗粒物后具有清理难度大、再生性能差、风阻大等不足，因此实际应用时滤料的选择需要兼顾多方面的影响因素，以期达到最好的净化效果。

根据惯性分离法和重力分离法设计出来的吸油烟机，其工作原理较为简单，压降较小，成本也较低，设备维护简便，但清洗工作量较大(油烟颗粒物一般黏度非常大)，油烟颗粒(尤其是粒径较小的颗粒物成分)去除效果并不十分理想，通常在 50%～70%[158]，甚至更低，不适合在净化率要求较高的大型餐厅中使用。根据旋风分离法设计出来的吸油烟机，设备投资少、运行费用低、维修管理方便；缺点是占地面积较大，压降较大。

综上所述，机械分离净化技术对油烟中颗粒物的净化效率均不高，尤其是对于微小粒径的颗粒物去除效率更低。单独使用时，净化后的油烟几乎不能直接排放到大气环境中。随着国家监管力度的加强，单一使用机械分离净化技术已不再符合国家环保要求和市场需求，一般是作为油烟净化的预处理工段与其他油烟净化技术联合使用[159-161]。而且机械净化设备普遍噪声较大，在人们对家居环境要求日益提高的当今，是一个需要重视和解决的问题。

1.3.2 高压静电净化技术

静电沉积技术[162-165]是目前最常用的末端油烟净化技术，其净化原理是高压电场使空气中的气体分子电离形成大量带电粒子，带电粒子与油脂颗粒物碰撞后使其荷电，荷电颗粒物在电场作用下向携带相反电荷的极板运动而被捕捉。静电式净化多采用荷电电场与吸附电场结合形成多级梯度电场的方式，且极板的结构也依据具体情况不同而设计成专门的形式，高压电源是静电净化设备的关键部件，直接关系到设备的净化效果、稳定性和安全性等方面[166,167]。静电沉积技术一般与滤网过滤技术联用，即粗颗粒物先经过滤网过滤，最后细颗粒物经过静电沉积，最终实现油气分离。

静电净化技术油烟收集效率较高，并能有效去除细微油雾颗粒。高压电场可直接电离分解有机分子，因此对去除异味也有一定效果。此外，静电设备能够实现模块化设计、生产和安装，且设备运行噪声小、压降低。但由于集尘极上的油烟凝结物黏度较高，常造成集尘极清洗困难，使维护工作量增大，造成油烟净化效果下降，同时也存在安全隐患。

1.3.3 湿式处理净化技术

湿式处理净化技术也被称为液体洗涤吸收法，是利用水幕、喷淋(喷雾)、冲击等液体吸收原理，使得液体吸收液在相应的气体分布装置下与油烟充分接触，实现油烟污染物从气相转移到液相，从而达到净化油烟气的目的。气体吸收其本质特点其实是一种组分从气相传入液相的单向扩散传质过程。

液体洗涤吸收法处理油烟是利用液态吸收剂处理油烟气中可被吸收的污染物的过程，不同吸收剂可以吸收不同有毒有害气体。液态吸收剂可以是水、弱碱性溶剂、弱碱性溶液等，挥发性有机物废气 VOCs 常用的吸收剂包括油基吸收剂、水基吸收剂、碱液等[168]。例如，水可以吸收气态醇和醛，碱液不仅可以吸收有机酸气体，也可以吸收氮氧化物、硫氧化物等无机气体。在液态洗涤液中一般还会加入表面活性剂、乳化剂等化学物质来改善油烟的亲水性能。在吸收过程中会发生某些气体在液态吸收剂中溶解的物理现象，这个过程是液态洗涤剂对污染物的"物理吸收"；还有一部分油烟气中的污染物可以与液态吸收剂发生化学反应，这个过程则是液态洗涤剂对污染物的"化学吸收"。湿式处理净化技术在处理油烟时也会采用一些技术手段，增大气液相接触面积，使油烟污染物更好地从气相转移到液相。这种湿式净化技术不仅可以作为去除厨房油烟污染的一种重要技术手段，也是工业上除尘、除水溶性组分(如 SO_2[169-171]，NH_3[172-174]，HCl[175-177]等)的处理方法。

目前商业化的油烟液体洗涤设备主要是运水烟罩，它是通过在抽气装置上引入吸收液循环系统，并以喷淋方式洗涤油烟，在去除油脂颗粒物的同时，也能去除油烟中的异味。此外，喷淋塔也是常用的油烟吸收设备。

运用湿式净化技术净化油烟时，如果液体吸收剂选取得当，则可以高效去除油烟中多种气态污染物和颗粒物。由于湿式装置采用的是液态洗涤液循环喷淋，因此可以在一定程度上降低油烟温度，安全性能更高一筹。液体吸收剂一般采用的是浓度不太高的碱性液体，因为浓度过高可能会对吸油烟机造成腐蚀性破坏。该项净化技术的缺点是使用后的液体吸收剂需要再次处理，如果处理不当，易造成二次污染。按照《饮食业油烟净化设备技术要求及检测技术规范(试行)》(HJ/T 62—2001)，利用湿式油烟净化技术的设备应保证除雾性能良好，且排气筒出口烟气含水率＜8%。类似于机械分离净化技术，湿式净化技术一般也不作为单一净化技术使用，该技术在吸收液的改性和存储方面还需要进一步完善，以期达到高效化、便捷化、无污染(低污染)化的实用效果。

1.3.4 吸附净化技术

吸附净化技术的原理是利用吸附剂的吸附作用吸附油烟气中的污染物，达到净化油烟的目的。选取吸附剂制造时，内表面应做到足够大，要充分考虑内部空气阻力的影响，尽可能降低内部空气阻力，从而有利于油烟中气态污染物分子的通过，该技术具体的工作原理将在本书第 5 章中详细介绍。

吸附净化技术在工业上已经相当成熟，应用这种技术的油烟净化设备成本较低，工艺简单，易于推广，不仅能去除油烟颗粒污染物，对油烟气味也有明显的消除作用。然而吸附净化技术的缺点也比较明显，设备开始运行时效果比较好，随着设备运行时间的加长，油烟开始附着在吸附剂材料上，吸附层逐渐增厚，因此吸附能力逐渐下降，运行阻力加大使得运行费用增加，达到一定程度还需要更换吸附剂，增加了设备的运行和维护成本[178]。

1.3.5 光催化净化技术

光催化净化技术的核心是光催化剂，光催化剂一般为半导体材料（如二氧化钛[179]或氮化碳[180]），半导体粒子的能带结构是由填满电子的价带、空的导带以及价带和导带之间的禁带组成。光催化剂的工作原理为[181,182]：通常条件下，由于禁带的限制，价带上的电子难以被激发跃迁到导带上，不具有催化活性；然而当光催化剂价带上的电子被能量等于或大于禁带宽度的光照射时，价带上的电子就会被激发跃迁到导带上形成光生电子(e^-)，同时价带上也会产生相应的光生空穴(h^+)。光生电子具有强还原性，与催化剂表面吸附的氧气分子或空气中的氧气分子结合形成超氧负离子自由基($\bullet O_2^-$)，光生空穴具有强氧化性，与催化剂表面吸附的水分子或空气中的水分子结合形成羟基自由基(•OH)，这两种自由基进一步与催化剂表面吸附的污染物反应，最终将其氧化为二氧化碳和水或其他小分子物质[183-185]。

虽然光催化净化技术能够在室温下催化氧化多种气态污染物，但也有一定的局限性，如光催化剂需要特定的光源激发才具有催化活性，而目前使用的光催化剂基本上只能吸收紫外线，导致催化速率低，而且有些类型的光催化剂电子-空穴转移速度慢，复合概率高，严重影响催化效率。

1.3.6 催化燃烧法

催化燃烧法是在氧化焚烧法的基础上，引入催化剂降低污染物与氧气反应的活化能，提高反应速率，降低反应温度，使有机污染物进行无焰燃烧被完全氧化成二氧化碳和水，从而消除污染和臭味（图 1-1）。

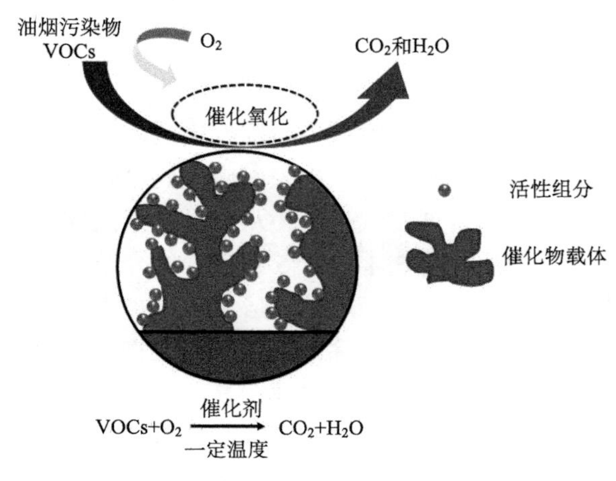

图 1-1 催化氧化净化油烟中的 VOCs 原理示意图

相较于直接氧化焚烧法，利用催化燃烧技术处理油烟的过程更加安全，因为在更低的燃烧温度(一般在 400℃左右)条件下既保障了 VOCs 的高去除效率，又不会有 NO_x 等二次污染物的产生。通常，VOCs 的自燃温度较高，直接氧化焚烧 VOCs 所需温度至少在 600℃以上，有时甚至高达 1000℃。由于热效应，空气中的氮气在高温火焰下容易被氧化生成 NO_x，但氮气的氧化反应在催化燃烧方式下则会被明显抑制。这是由于催化剂能够显著降低 VOCs 氧化过程的反应活化能和起燃温度(指净化率达到 10%所需要的温度)，进而大幅降低了燃烧室峰值温度[186]。

催化燃烧法是一种没有明火燃烧的技术，油烟污染物和异味去除效率高，能够将 VOCs 氧化成无污染的 CO_2 和 H_2O[187]。与直接燃烧油烟的方法相比，催化燃烧法消耗的能量更少，在某些情况下，温度超过起燃温度后，可以回收利用油烟气带走的热量，无须额外供热，真正满足了安全、环保、节能的要求。

作为催化燃烧净化系统的核心内容，催化剂的选择是关键，催化剂通常由活性组分和载体组成。目前，工业上用于 VOCs 净化燃烧的催化剂，应具备在一定燃料/空气比下起燃温度低、油烟净化率高、低温活性高、强度高、寿命长不易失活等特性。目前，VOCs 净化催化剂活性组分比较常见的有贵金属催化剂(如 Pt[188,189]、Pd[190,191]等)、金属氧化物催化剂[192-194]和贵金属-过渡金属氧化物催化剂[195-198]。虽然贵金属催化剂具有低温高活性和起燃温度低的特点，但我国贵金属资源短缺，而金属氧化物催化剂对醇、醛、酮、酯、胺或者酰胺等有机化合物均有着很好的催化活性，有时甚至超过贵金属催化剂[199]，因此开发金属氧化物燃烧催化剂是比较符合我国国情的[200]。

催化剂载体是催化剂活性组分的骨架，用来支撑活性组分，使活性组分得到分散，同时还可以增加催化剂的强度；提高催化剂的耐热性。用于除油烟催化剂载体的材料应具备比表面积大、阻力小、耐高温、耐酸碱和热稳定性优良等特性。负载用载体材料一般会制造成球形、圆柱形、条形或者不规则颗粒，甚至环形等，这些几何形状均有助于增大催化剂和载体之间的接触面积，提高催化剂分散度，从而改善催化剂催化性能。在选择催化剂载体材料时，除了对效率、催化活性有所考量之外，还需对催化剂在载体上负载的牢固性、使用寿命、整体成本价格等作综合考虑[200]。目前在油烟净化领域，国内外研究比较多的催化剂载体有活性氧化铝、改性氧化铝、堇青石、蜂窝陶瓷[201]、泡沫金属[202]、分子筛[203]等。其中，活性氧化铝(Al_2O_3)的研究最为广泛。例如，左乐等[204]采用浸渍法将稀土金属 La、Ce 和过渡金属 Co 按照一定比例负载在 γ-Al_2O_3 载体上，制备出具有低温高活性特点的结构掺杂型钙钛矿 $La_{0.8}Ce_{0.2}CoO_3$/γ-Al_2O_3 催化剂。该团队用正交实验法考察制备出的催化剂对油烟的催化净化效果：当金属负载量为 30%、焙烧温度 800℃、催化温度为 300℃、油烟气流量 10L/min 时油烟净化效率最佳，净化率可达 88%。柯琪等[205]采用等体积浸渍法制备了不同 CuO 负载量的 CuO/γ-Al_2O_3 催化剂，用自制油烟发生装置模拟餐饮油烟，考察了催化剂的油烟净化效率。结果表明，当负载质量分数为20%的 CuO 时，燃烧温度为350℃、烟气流量为5L/min的条件下，该催化剂的油烟净化效率达到峰值 88.6%。Wang 等[206]采用浸渍法制备了 5 种含有少量贵金属组分的整体式催化剂（$Pt/\gamma-Al_2O_3$、$Pt/YSZ-Al_2O_3$、$Pt/La-Al_2O_3$、$Pt+Pd/La-Al_2O_3$ 和 $Pd/La-Al_2O_3$）来净化厨房油烟。研究发现 $La-Al_2O_3$ 作为载体可以提升催化剂催化活性并降低油烟完全转换温度（净化率＞98%所需要的温度）。$Pt/La-Al_2O_3$ 表现出最高的催化活性，能够在较宽泛的反应空速（在一定条件下，单位时间单位体积的催化剂处理的气体量）范围内使用。钙钛矿型催化剂也是目前研究较多的一类催化燃烧用催化剂，因为钙钛矿型催化剂成本较为低廉且具有良好的热稳定性、耐腐蚀性和催化活性，尤其适合催化净化成分复杂、高浓度的有机废气。因此常被用于净化油烟废气[207]，常见的钙钛矿型催化剂有 $LaCoO_3$、$LaMnO_3$、$LaFeO_3$ 等。

有些氧化物（如 CeO_2、ZrO_2、TiO_2）或者碱土金属氧化物（如 BaO、CaO、SrO 等）在整体式催化剂中既可以起到载体的作用，也可以充当助剂使用。一方面减少了贵金属的使用量；另一方面还改变了催化剂的电子结构和表面性质，提高了催化剂的催化活性和稳定性。这些助剂有时不仅可以提高贵金属在载体表面的分散度，提高催化剂催化活性，还可以提高催化剂的抗中毒能力；对催化剂载体材料还能起到稳定晶型结构和阻止体积收缩的双重作用。还有些非稀土金属也能起到助剂的作用，如 Ba 和 Zr 都可有效避免 CeO_2 因高温熔结而晶粒长大，Mo 可稳定 Pt 的分散度[208]。

催化燃烧法技术对油液滴及异味净化效果明显，无二次污染，适用于中小型餐饮业单位及家庭，但是催化燃烧所用催化剂往往含有贵金属元素，成本较高，对技术含量和工艺水平的要求也较高。而且催化剂使用时间增加容易造成中毒失活、积碳堵塞失活和热失活，导致再生比较困难，因此这种技术还需要在改进催化剂载体以及开发新的非贵金属活性中心等方面开展大量研究工作，以期研发出净化效率更高、价格更加低廉的催化剂[209]。

1.3.7　等离子体净化技术

高电场强度作用下，空气中的气体分子被电离产生大量高浓度的高能粒子，如电子、离子和自由基。油烟废气中的污染物分子与高能粒子碰撞后，污染物分子化学键发生断裂，形成小分子物质并继续与高能粒子发生碰撞，最终被分解为二氧化碳和水。等离子体净化技术对液态油颗粒物及大分子气态有机物的净化作用较好，但如果反应不彻底，液态油颗粒物或大分子物质则会被分解成为多种气态污染物，导致出口油烟废气中 VOCs 浓度反而升高，而且等离子体发生装置能耗高，且在产生等离子体的同时也会释放臭氧，造成二次污染。

1.3.8 其他油烟净化技术

目前也有一些其他油烟净化技术，包括：热氧化焚烧法、生物降解法、紫外光解法、复合净化法等。

热氧化焚烧法的原理是消除分解法，即利用高温(1000℃左右)燃烧所产生的热量进行氧化反应，将油烟废气中的污染物质转化为无毒无害的物质，从而达到油烟净化的目的，也被称为热破坏法。该种技术热量利用率较高，净化效果较为理想，能够弥补静电沉积法无法消除油烟异味的技术缺陷。但利用热氧化焚烧法时，VOCs 的含量必须保持在气体爆炸极限浓度的 1/3～1/4 以下，高于此浓度时必须用空气加以稀释[210]。这种方法因为燃烧温度比较高，容易产生对环境毒害比较大的二噁英[211-213]和氮氧化物 NO_x 等。此外，热氧化焚烧法设备占用空间较大，特别适用于大型餐饮业，不适用于中小型的餐饮业单位和家庭厨房油烟机。

生物降解法是一种绿色的污染治理技术，其原理是利用细菌等微生物将油烟中的有机污染物降解成污染小甚至无污染的物质，从而达到净化油烟的目的，这些微生物必须具备降解油烟成分的能力。该技术所使用的设备一般比较简单，也不会对环境产生二次污染，这种方法的有机物处理效率可达 95%左右[214]。生物降解法的优势在于对操作条件及环境的要求相对较低，并且处理成本低，能耗少，不会产生二次污染[215]。生物降解法最关键的控制因素在于微生物菌株的活性，要求严格控制油烟废气的温度，因为温度是影响菌株生长和代谢的重要因素[216]。

紫外光解法的工作原理是由专用的紫外线灯管发出特定波长的紫外线光激发油烟中的污染物分子并切断其分子链，使得油烟中的污染物分子在紫外线作用下形成微小的激发态分子。这些激发态分子在氧气的作用下，被氧化生成二氧化碳和水，被排风带走，从而达到分解油脂和消除异味的目的。除此之外，紫外光解净化技术还可以高效去除油烟净化器中的微生物污染。应用紫外光解法处理净化油烟的设备被称为 UV 光解油烟净化器，或者 UV 高能紫外线光解油烟净化器。紫外光解油烟净化系统对油烟的去除效率可达 90%以上，一般适用于大型餐饮业、食堂、食品加工及相关企业等。由于紫外光解油烟系统本身没有机械运转部分，因而没有较大的零部件需要维护，仅需定期对紫外线灯管附着物(白色粉末)进行擦拭清洗。紫外光解油烟净化技术的核心是紫外线灯管，但净化效果较好的紫外线灯管成本较高，一套光解油烟净化设备造价至少上万元，因此如何降低紫外线灯管的成本将是这一技术的研究热点。

由上述几种常见的油烟净化技术的原理、性能对比，不难看出，由于餐饮油烟的成分非常复杂，各种净化方式的优缺点差别较大，如果想达到经济、高效、环保的多功能效果，单一的净化方法并不可取，需要采用复合净化技术，实现提高油烟净化效率、降低运行成本的目的。

1.4　小　　结

烹饪油烟是食用油和食物在高温下发生氧化分解后产生的混合物，其组成复杂且各组分含量变化较大，导致油烟净化难度很大。未处理的油烟废气不仅会增加大气环境中颗粒物浓度，而且其扩散至室内后也会影响室内空气质量，危害人体健康。目前餐饮企业油烟废气净化技术主要包括惯性分离、静电沉积、湿法净化、吸附、等离子体净化、生物降解、催化氧化、热焚烧技术和光催化技术等，但任何一种单一技术均难达到理想净化效果，因此为了保护环境，维护健康，提高生活品质，保证可持续发展，发展高效油烟净化技术具有十分重要的意义。一方面是对单项净化技术的改进发展，例如优化设备结构、提高安全性、降低设备能耗、提高设备对油烟废气的净化效率和速率、开发新的滤材或设计新结构、降低压降、提升净化效果，寻找高活性催化剂、降低催化燃烧温度、开发能够吸收可见光的光催化剂、研究吸收液处理回收技术等都有待进一步探索；另一方面是如何使不同单一净化方法或设备有机结合起来组成高效、安全、成本较低的复合净化技术和设备，在充分发挥整体优势的同时，克服单元设备的不足。

参 考 文 献

[1] 郭如海. 警惕污染城市大气的“隐蔽凶手”：厨房外排油烟(雾)[J]. 华东科技, 2000(6): 35.

[2] 王瑞元. 2018年我国油料油脂生产供应情况浅析[J]. 中国油脂, 2019, 44(6): 1-5.

[3] 国家粮食和物资储备局办公室.《食用调和油》国家标准编制说明[Z].(2019-08-07)[2019-08-10]. http: //www.lswz.gov.cn/html/zmhd/yjzj/2019-08/07/content_ 246196. shtml.

[4] 李楚凯, 李莹, 陈煜辉, 等. 广州饮食业油烟污染状况调查分析和防止对策[J]. 广州化工, 2016, 44(13): 144-145.

[5] 夏晶. 饮食业油烟污染与净化处理的探讨[J]. 环境保护, 2001, 171(4): 12-13.

[6] 杨增荣. 太原市饮食业油烟污染现状分析及对策[J]. 太原科技, 2009, 180(1): 38-39.

[7] 张治国. 建筑居室气溶胶污染物排放及其治理的研究[D]. 武汉: 武汉科技大学, 2003.

[8] 段婧, 楼小凤, 陈勇, 等. 基于航测的珠三角气溶胶垂直分布及活化特性[J]. 应用气象学报, 2019(6): 677-689.

[9] 朱春, 李旻雯, 缪盈盈, 等. 城市烹饪油烟颗粒物排放特性分析[J]. 绿色建筑, 2014, 5(71): 57-60.

[10] 杜娟, 张志朋, 宋韶华, 等. 桂林市细颗粒物部分典型排放源的粒径谱及成分分析[J]. 环境监控与预警, 2016(5): 49-53.

[11] 刘德全, 谭晓钧. 饮食业油烟污染及治理[J]. 福建环境, 2002, 19(5): 40-41.

[12] 许闽明. 饮食业油烟处理工艺现状及技术探讨[J]. 重庆环境科学, 2003, 25(11): 162-164.

[13] 陈杭君, 毛金林, 陈文煊, 等. 富含油脂食品的抗氧化研究现状[J]. 浙江农业科学, 2006(3): 335-337.

[14] 王宪青, 余善鸣, 刘妍妍. 油脂的氧化稳定性与抗氧化剂[J]. 肉类研究, 2003(3): 18-20.

[15] 骆霄. 烹调油烟的排放特征研究[D]. 北京: 北京市环境保护科学研究院, 2010.

[16] 张宝勇, 周才琼. 烹调油烟的组成与危害及防治措施[J]. 中国油脂, 2006(7): 44-47.

[17] 冯国东, 胡云, 许彬, 等. 环氧大豆油作为 PVC 增塑剂的热分解动力学与裂解机理研究[J]. 林业工程学报, 2017(5): 51-57.

[18] 黄涛, 周有祥. 油脂在烹调过程中发生化学变化[J]. 粮食与油脂, 2002(12): 29-30.

[19] 陈明之. 烹调过程中油脂老化的控制[J]. 中国市场, 2011(44): 132-133.

[20] 毛羽扬. 油脂在烹饪中的加热劣变及防止措施[J]. 四川粮油科技, 1998(3): 2-4.

[21] 汤逢. 油脂化学[M]. 南昌: 江西科技出版社, 1985.

[22] Gary D, Jean L S. Monocyclic dienoic fatty acids formed from linolenic acid in heated evening primrose oil[J]. Chemistry and Physics of Lipids, 1999, 97(10): 105-118.

[23] 李晓丹. 高饱和度油脂煎炸体系中极性物质的产生与生物评价[D]. 无锡: 江南大学, 2017.

[24] 王斌, 杨冠军, 叶志能. 油炸过程中油的质量变化及其检测方法[J]. 食品工业科技, 2007, 198(10): 232-234.

[25] 黄泽恩, 李剑, 周永生, 等. 废弃油脂脂肪酸甲酯合成 C22–三酸三酯[J]. 中国油脂, 2013(11): 51-55.

[26] 袁耀锋, 王文峰. 从轨道对称守恒原理看 Diels-Alder 反应区域选择性[J]. 大学化学, 2016, 31(1): 68-74.

[27] 伍梅银, 杜鹏飞, 郑震, 等. 基于热可逆 Diels-Alder 反应的聚氨酯热熔胶的合成与性能[J]. 高分子材料科学与工程, 2015, 31(11): 1-5.

[28] 陈凯骏, 黄裕中, 申华, 等. 臭氧氧化改性热稠化大豆油基聚氨酯合成及其性能研究[J]. 塑料工业, 2019, 47(2): 37-41.

[29] Merezhinskaia N V, Okun' I M, Volkovets T M, et al. Effect of arachidonic acid on the physical properties of bilayer and annular lipids of synaptic membranes[J]. Biofizika, 1986, 31(3): 523-524.

[30] 穆昭. 煎炸油加热过程品质变化及评价[D]. 无锡: 江南大学, 2008.

[31] 段玉环, 谢超颖, 方恒. 餐饮业油烟污染及治理技术浅议[J]. 环境污染治理技术与设备, 2002(11): 67-69.

[32] 魏玉滨, 路琳, 刘欣. 住宅楼公共烟道油烟细颗粒物排放现状及治理必要性[J]. 天津科技, 2019, 46(8): 87-91.

[33] 侯立娟. 烹调油烟细颗粒物($PM_{2.5}$)通过 VEGF/VEGFR2/MEK1/2/ERK1/2/*m*TOR 通路对人脐静脉内皮细胞血管形成的影响[D]. 合肥: 安徽医科大学, 2017.

[34] Wan M P, Wu C L, To G S, et al. Ultrafine particles, and $PM_{2.5}$ generated from cooking in homes[J]. Atmospheric Environment, 2011, 45(34): 6141-6148.

[35] Zhang N, Han B, He F, et al. Chemical characteristic of $PM_{2.5}$ emission and inhalational carcinogenic risk of domestic Chinese cooking[J]. Environmental Pollution, 2017, 227: 24-30.

[36] 岳阳市人民政府. 詹景春: 消除污染城市空气的“隐形杀手”[EB/OL]. (2017-01-06) [2019-08-03]. http: //www.yueyang.gov.cn/lhzt/29037/content_672144.html.
[37] 温梦婷, 胡敏. 北京餐饮源排放细粒子理化特征及其对有机颗粒物的贡献[J]. 环境科学, 2007(11): 2620-2625.
[38] 谭德生, 邝元成, 刘欣, 等. 餐饮业油烟的颗粒物分析[J]. 环境科学, 2012(6): 2-3.
[39] 郭浩, 张秀喜, 丁志伟, 等. 家庭烹饪油烟污染物排放特征研究[J]. 环境监控与预警, 2018, 10(1): 51-56.
[40] 李悦. 微波光化学协同催化降解油烟中 VOCs 研究[D]. 北京: 北京化工大学, 2016.
[41] 国家环境保护局科技标准司. 大气污染物综合排放标准详解[M]. 北京: 中国环境科学出版社, 1997.
[42] Zhao Y. Chemical compositions of fine particulate organic matter emitted from chinese cooking[J]. Environmental Science and Technology, 2007, 41: 99-105.
[43] 朱利中, 王静, 江斌焕. 厨房空气中 PAHs 污染特征及来源初探[J]. 中国环境科学, 2002(2): 47-50.
[44] Matteo C, Jan-Christoph W, Reinhard N. Nitro-PAH formation studied by interacting artificially PAH-coated soot aerosol with NO_2 in the temperature range of 295-523 K[J]. Atmospheric Environment, 44(32): 3878-3885.
[45] 张春洋, 马永亮. 中式餐饮业油烟中非甲烷碳氢化合物排放特征研究[J]. 环境科学学报, 2011, 31(8): 1768-1775.
[46] 程婧晨, 崔彤, 何万清, 等. 北京市典型餐饮企业油烟中醛酮类化合物污染特征[J]. 环境科学, 2015, 36(8): 2743-2749.
[47]李文辉. 烹饪油烟的高效分离、吸收-催化及快速检测技术探究[D]. 北京: 中国科学院大学, 2018.
[48] Chang S S, Peterson R J, Ho C T. Chemical-reactions involved in deep-fat frying of foods[J]. Journal of the American Oil Chemistry Society, 1978, 55(10): 718-727.
[49] Chung T Y. Volatile compounds denitrified in head space samples of peanut oil heated under temperatures ranging from 50℃ to 200℃[J]. Journal of Agricultural and Food Chemistry, 1993, 4(9): 1487-1490.
[50] Takeoka G, Perrino C, Buttery R. Volatile constituents of used frying oils[J]. Journal of Agricultural and Food Chemistry, 1996, 44(3): 654-660.
[51] 刘中文, 孙咏梅, 袭著革. 烹调油烟雾中有机成分的分析[J]. 中国公共卫生, 2002, 18(9): 1046-1048.
[52] Umano K, Shibamoto T. Analysis of headspace volatiles from overheated beef fat[J]. Journal of Agricultural and Food Chemistry, 1987, 35(1): 14-18.
[53] 吴鑫. 烹饪油烟的排放特性及颗粒物的个体暴露研究[D]. 上海: 华东理工大学, 2015.
[54] Hopiu A. Margaring, butter and vegetable oils as sources of polycyclic aromatic hydrocarbons[J]. Journal of American Oil Chemistry Society, 1986, 63: 889-893.
[55] Huang Y, Ho S S H, Ho K F, et al. Characteristics and health impacts of VOCs and carbonyls

associated with residential cooking activities in Hong Kong[J]. Journal of Hazardous Materials, 2011b, 186(1): 344-351.

[56] 崔彤, 程婧晨, 何万清, 等. 北京市典型餐饮企业 VOCs 排放特征研究[J]. 环境科学, 2015, 36(5): 1523-1529.

[57] Sjaastad A K, Jorgensen R B, Svendsen K. Exposure to polycyclic aromatic hydrocarbons (PAHs), mutagenic aldehydes and particulate matter during pan frying of beaf steak[J]. Occupational & Environmental Medicine, 2010, 67(4): 228-232.

[58] 蒋燕, 尹元畅, 王波, 等. 成都市川菜烹饪油烟中 VOCs 排放特征及其对大气环境的影响[J]. 环境化学, 2014, 33(11): 2005-2006.

[59] Chung T Y, Eiserich J P, Shibamoto T. Volatile compounds identified in headspace samples of peanut oil heated under temperatures ranging from 50 to 200℃[J]. Applied Microbiology, 1993, 16(10): 1475-1477.

[60] Li S G, Wang G X, Pan D H, et al. Analysis of PAH in cooking oil fumes[J]. Archives of Environmental Health, 1994, 49(2): 119-122.

[61] Svendsen K, Jensen H N, Sivertsen I, et al. Exposure to cooking fumes in restaurant kitchens in Norway[J]. Annals of Occupational Hygiene, 2002, 46(4): 395-400.

[62] He L Y, Hu M, Huang X F, et al. Measurement of emissions of fine particulate organic matter from Chinese cooking[J]. Atmospheric Environment, 2004, 38(38): 6557-6564.

[63] To W M, Yeung L L, Chao C Y H. Characterization of gas phase organic emissions from hot cooking oil in commercial kitchens[J]. Indoor and Built Environment, 2000, 9(3–4): 228-232.

[64] Schauer J J, Kleeman M J, Cass G R, et al. Measurement of emissions from air pollution sources. 4. C1-C27 organic compounds from cooking with seed oils[J]. Environmental Science & Technology, 2002, 36(4): 567-575.

[65] Mugica V, Vega E, Chow J, et al. Speciated non-methane organic compounds emissions from food cooking in Mexico[J]. Atmospheric Environment, 2001, 35(10): 1729-1734.

[66] Wallace L A, Emmerich S J, Howard-Reed C. Source strengths of ultrafine and fine particles due to cooking with a gas stove[J]. Environmental Science & Technology, 2004, 38(8): 2304-2311.

[67] Gao J, Cao C S, Wang L, et al. Determination of size-dependent source emission rate of cooking-generated aerosol particles at the oil-heating stage in an experimental kitchen[J]. Aerosol and Air Quality Research, 2013, 13(2): 488-496.

[68] Siegmann K, Sattler K. Aersol from hot cooking oil, a possible health hazard[J]. Journal of Aerosol Science, 1996, 27(S1): 493-494.

[69] See S W, Balasubramanian R. Physical characteristics of ultrafine particles emitted from different gas cooking methods[J]. Aerosols & Air Quality Research, 2006, 6(1): 82-92.

[70] See S W, Balasubramanian R. Risk assessment of exposure to indoor aerosols associated with Chinese cooking[J]. Environmental Research, 2006, 102(2): 197-204.

[71] Torkmahalleh M A, Zhao Y, Hopke P K, et al. Additive impacts on particle emissions from

heating low emitting cooking oils[J]. Atmospheric Environment, 2013, 74(1): 194-198.

[72] Zhang Q F, Gangupomu R H, Ramirez D, et al. Measurement of ultrafine particles and other air pollutants emitted by cooking activities[J]. International Journal of Environmental Research and Public Health, 2010, 7(4): 1744-1759.

[73] Hussein T, Glytsos T, Ondracek J, et al. Particle size characterization and emission rates during indoor activities in a house[J]. Atmospheric Environment, 2006, 40(23): 4285-4307.

[74] Yeung L L, To W M. Size distributions of the aerosols emitted from commercial cooking processes[J]. Indoor and Built Environment, 2008, 17(3): 220-229.

[75] Buonanno G, Morawska L, Stabile L. Particle emission factors during cooking activities[J]. Atmospheric Environment, 2009, 43(20): 3235-3242.

[76] He C R, Morawska L D, Hitchins J, et al. Contribution from indoor sources to particle number and mass concentrations in residential houses[J]. Atmospheric Environment, 2004, 38(21): 3405-3415.

[77] Glytsos T, Ondracek J, Dzumbova L, et al. Characterization of particulate matter concentrtions during controlled indoor activities[J]. Atmospheric Environment, 2010, 44(12): 1539-1549.

[78] Kleeman M J, Schauer J J, Gass G R. Size composition distribution of fine particulate matter emitted from wood burning, meat charbroiling, and cigarettes[J]. Environmental Science & Technology, 1999, 33(20): 3516-3523.

[79] 李慧星，刘昱，冯国会. 北方地区住宅厨房油烟 $PM_{2.5}$ 分布及操作人员暴露量分析[J]. 沈阳建筑大学学报(自然科学版), 2018, 34(3): 558-565.

[80] Lai A C K, Ho Y W. Spatial concentration variation of cooking-emitted particles in a residential kitchen[J]. Building and Environment, 2008, 43(5): 871-876.

[81] Zhao Y L, Hu M, Slanina S, et al. The molecular distribution of fine particulate organic matter emitted from Western-style fast food cooking[J]. Atmospheric Environment, 2007, 41(37): 8163-8171.

[82] Li C T, Lin Y C, Lee W J, et al. Emission of polycyclic aromatic hydrocarbons and their carcinogenic potencies from cooking sources to the urban atmosphere[J]. Environmental Health Perspectives, 2003, 111(4): 483-487.

[83] See S W, Balasubramanian R. Chemical characteristics of fine particles emitted from different gas cooking methods[J]. Atmospheric Environment, 2008, 42(39): 8852-8862.

[84] McDonald J D, Zielinska B, Fujita E M, et al. Emissions from charbroiling and grilling of chicken and beef[J]. Journal of the Air & Waste Management Association, 2003, 53(2): 185-194.

[85] Zhu L Z, Wang J. Sources and patterns of polycyclic aromatic hydrocarbons pollution in kitchen air, China[J]. Chemosphere, 2003, 50(5): 611-618.

[86] 于英鹏，刘敏. 上海市多环芳烃潜在污染源成分谱特征初探[J]. 科学技术与工程, 2017, 17(11): 131-136.

[87] 侯靖，卢跃鹏，江小明，等. 食用植物油中多环芳烃含量水平调查分析[J]. 中国油脂, 2017,

42(12): 76-80.

[88] 杨晓倩, 焦海涛, 刘素华, 等. 济南市售食用植物油中多环芳烃污染状况分析[J]. 中国公共卫生管理, 2017, 33(6): 839-842.

[89] Fortmann R, Kariher P, Clayton R. Indoor Air Quality: Residential Cooking Exposures(Final Report)[R]. CA: California Air Resources Board, 2001.

[90] Chiang T A, Wu P F, Koi Y C. Identification of carcinogens in cooking oil Fumes[J]. Environmental Research, 1999, 81(1): 18-22.

[91] Wu P F, Chiang T A, Wang L F, et al. Nitro-polycyclic aromatic hydrocarbon contents of fumes from heated cooking oils and prevention of mutagenicity by catechin[J]. Mutation Research-Fundamental and Molecular Mechanisms of Mutagenesis, 1998, 403(1–2): 29-34.

[92] Rogge W F, Hildmann L M, Mazurek M A, et al. Sources of fine organic aerosol. 1. charbroliers and meat cooking operations[J]. Environmental Science & Technology, 1991, 25(6): 1112-1125.

[93] Ohgaki H, Takayama S, Sugimura T. Carcinogenicities of heterocyclic amines in cooked food[J]. Mutation Research/Genetic Toxicology, 1991, 259(3–4): 399-410.

[94] 张明. 烹调过程中杂环胺类化合物的产生与控制[J]. 食品安全导刊, 2017(15): 37.

[95] 邵斌, 彭增起, 杨洪生, 等. 固相萃取-高效液相色谱法同时测定传统禽肉制品中的 9 种杂环胺类化合物[J]. 色谱, 2011, 29(8): 755-761.

[96] Shah S A, Selamat J, Akanda J H, et al. Effects of different types of soy sauce on the formation of heterocyclic amines in roasted chicken[J]. Food Additives & Contaminants: Part A, 2018, 35(5): 870-881.

[97] 王震, 张雅玮, 钱烨, 等. 反复卤煮对鸭胸肉和卤汤中杂环胺及其前体物的影响[J]. 食品工业科技, 2019, 40(12): 58-64.

[98] 奉水东, 陈锋. 烹调油烟毒性的流行病学研究进展[J]. 环境与健康杂志, 2004(2): 125-127.

[99] Wang L N, Xiang Z Y, Stevaovic S, et al. Role of Chinese cooking emissions on ambient air quality and human health[J]. Science of The Total Environment, 2017, 589: 173-181.

[100] 沈孝兵, 浦跃朴, 王志浩, 等. 烹调油烟对暴露人群的免疫损伤作用[J]. 环境与职业医学, 2005(1): 17-19.

[101] 杨天池, 马藻骅. 烹调油烟对暴露人群免疫损伤作用的 Meta 分析[J]. 现代预防医学, 2007(15): 2842-2844.

[102] Zhang W Y, Zhao X L, Lei Z M, et al. Effects of cooking oil fume condensate on cellular immunity and immunosurveillance in mice[J]. Journal of Hygiene Research, 2003, 28(1): 18-20.

[103] 张丽娥. 烹调油烟暴露致机体遗传损伤及其与睡眠质量的关联研究[D]. 南宁: 广西医科大学, 2018.

[104] Ke Y B, Cheng J Q, Zhang Z C, et al. Increased levels of oxidative DNA damage attributable to cooking-oil fumes exposure among cooks[J]. Inhalation Toxicology, 2009, 21(8): 682-687.

[105] Lin S Y, Tsai S J, Wang L H, et al. Protection by quercetin against cooking oil fumes-induced

DNA damage in human lung adenocarcinoma CL-3 cells: Role of COX-2[J]. Nutrition and Cancer, 2002, 44(1): 95-101.

[106] Metayer C, Wang Z Y, Kleinerman R A, et al. Cooking oil fumes and risk of lung cancer in women in rural Gansu, China[J]. Lung Cancer, 2002, 35(2): 111-117.

[107] Kim C, Gao Y T, Xiang Y B, et al. Home kitchen ventilation, cooking fuels, and lung cancer risk in a prospective cohort of never smoking women in Shanghai, China[J]. International Journal of Cancer, 2015, 136(3): 632-638.

[108] Ko Y C, Lee C H, Chen M J, et al. Risk factors for primary lung cancer among non-smoking women in Taiwan[J]. International Journal of Epidemiology, 1997, 26(1): 24-31.

[109] Li M C, Yin Z H, Guan P, et al. XRCC1 polymorphisms, cooking oil fume and lung cancer in Chinese women nonsmokers[J]. Lung Cancer, 2008, 62(2): 145-151.

[110]黄橙. 烹调油烟细颗粒物对人肺腺癌 A549 细胞增殖影响的研究[D]. 武汉: 华中科技大学, 2016.

[111] Armstrong B, Hutchinson E, Unwin J, et al. Lung cancer risk after exposure to polycyclic aromatic hydrocarbons: a review and meta-analysis[J]. Environmental health perspectives, 2004, 112(9): 970-978.

[112] Yang S C, Jeng S N, Kang Z C, et al. Identification of benzo[a]pyrene 7, 8-diol 9, 10-epoxide N2-deoxyguanasine in human lung adenocarcinoma cells exposed to cooking oil fumes from frying fish under demestic conditions[J]. Chemical Research in Toxicology, 2000, 13(10): 1046-1050.

[113] Yu T S, Chiu Y L, Au J S K, et al. Dose-response relationship between cooking fumes exposures and lung cancer among Chinese nonsmoking women[J]. Cancer Research, 2006, 66(9): 4961-4967.

[114] 袁玉如. 肺功能试验的评定方法及临床应用[J]. 华西医讯, 1988, 3(4): 418-421.

[115] 周亚美, 翁念农, 王守林. 烹调油烟对厨师肺功能及全血脂质过氧化水平的影响[J]. 预防医学情报杂志. 1998, 14(3): 133-135.

[116] 孙东旭, 郑玮峰, 张晓峰. 烹饪油烟的毒性及对健康的损害[J]. 工业卫生与职业病, 2016, 42(3): 232-235.

[117] 何丽萍. 烹调油烟对肺组织毒性作用的研究进展[J]. 宁夏医学院学报, 2004(3): 217-219.

[118] 楚建军, 杜卫东, 于明娟, 等. 厨房油烟气对动物呼吸道癌前病变作用的实验研究[J]. 中国公共卫生学报, 1993(3): 165-166.

[119] 陈宇炼, 王守林. 志愿者短期接触烹调油烟对肺功能的影响[J]. 南京医科大学学报, 1995(3): 523-525.

[120] 张朝晖, 陈锋, 谭佑铭, 等. 烹调油烟致 Balb/C 小鼠肺癌的病理变化[J]. 中国公共卫生, 2003, 19(12): 1455-1457.

[121] 张诚, 李强, 吴庆琛, 等. 烹调油烟冷凝物诱导永生化人支气管上皮细胞恶性转化的研究[J]. 中国医科大学学报, 2011, 40(12): 1103-1105.

[122] 林权惠, 徐幽琼, 陈国兴, 等. 烹调油烟对女工生殖健康的影响[J]. 职业与健康, 2012(3):

303-305.
[123] 张晓峰, 刘迪, 王淼, 等. 热应激对猪睾丸细胞活性氧水平影响[J]. 中国农业科学, 2009, 42(11): 4064-4068.
[124] Nagao M, Hongda M, Seino Y, et al. Mutagenicities of proteinpyrolysates[J]. Cancer Letter, 1977, 2(6): 335-339.
[125] Taskinen H K, Kyynonen P, Sallmen M, et al. Reduced fertility among female wood workers exposed to formaldehyde[J]. American Journal of Industrial Medicine, 1999, 36: 206-212.
[126] Tomonari Y, Kurata Y, David R, et al. Effect of di(2-ethylhexyl) phthalate(DEHP) on genital organs from juvenile common marmosets[J]. Journal of Toxicology and Environmental Health, 2006, 69(17): 1651-1672.
[127] 林权惠. 烹调油烟对女(雌)性的性腺毒性作用[D]. 福州: 福建医科大学, 2012.
[128] 许斌, 王进援, 朱惠莲, 等. 烹调油烟对职业接触人群血脂水平影响的研究[J]. 中国公共卫生管理, 2005(3): 256-258.
[129]陈华, 叶舜华, 杨铭鼎, 等. 吸入烹调油烟对机体免疫功能的影响[J]. 预防医学情报, 1990, 6(3): 148-149.
[130] 陈永娟, 陈宇炼, 翁念农. 菜油油烟对小鼠白细胞吞噬功能的影响[J]. 南京医科大学学报, 1995, 15(2): 272-274.
[131] 刘志宏, 朱玲勤, 马桂香, 等. 烹调油烟对接触人群免疫指标的影响[J]. 中国公共卫生, 1999(6): 512-513.
[132] 朱莉芳, 邹介智, 瞿永华, 等. 菜油油烟凝聚物的细胞遗传毒理学研究——VI. 氢化对菜油油烟凝聚物诱发 V_{79} 细胞 SCE 的影响[J]. 肿瘤, 1990, 10(3): 110-112.
[133] Chang L W, Lo W S, Lin P P, et al. *Trans, Trans*-2, 4-decadienal, a product found in cooking oil fumes, induces cell proliferation and cytokine production due to reactive oxygen species in human bronchial epithelial cells[J]. Toxicological Sciences, 2005, 87(2): 337-343.
[134] 李和平, 郑泽根. 烹调油烟对 DNA 和细胞的损伤[J]. 重庆环境科学, 2001, 23(2): 68-70.
[135] Lee T, Gany F. Cooking oil fumes and lung cancer: a review of th eliterature in the context of the U. S. population[J]. Journal of Immigrant and Minority Health, 2013, 15(3): 646-652.
[136] Abdullahi K L, Delgado-Saborit J M, Harrison R M. Emission and indoor concentrations of particulate matter and its specific chemical components from cooking: a review[J]. Atmospheric Environment, 2013, 71: 260-294.
[137] Han D, Wang Z, Cheng J, et al. Volatile organic compounds(VOCs) during non-haze and haze days in Shanghai: characterization and secondary organic aerosol(SOA) formation[J]. Environmental Science and Pollution Research International, 2017, 24(1): 18619-18629.
[138] Atkinson R, Arey J. Atmospheric degradation of volatile organic compounds[J]. Chemical Reviews, 2003, 103(12): 4605-4638.
[139] Daniel G, John H. Parameterization of the formation potential of secondary organic aerosols[J]. Atmospheric Environment, 1989, 23(8): 1733-1747.
[140] Atkinson R, Arey J. Gas-phase tropospheric chemistry of biogenic volatile organic compounds:

a review[J]. Atmospheric Environment, 2003, 37(S2): 197-219.

[141] 白志鹏, 李伟芳. 二次有机气溶胶的特征和形成机制[J]. 过程工程学报, 2008, 8(1): 202-208.

[142] 吕子峰, 郝吉明, 段菁春, 等. 北京市夏季二次有机气溶胶生成潜势的估算[J]. 环境科学, 2009, 30(4): 969-975.

[143] 周益佳. 中小餐饮业油烟污染的特点与防治[J]. 福建环境, 2003(5): 58-59.

[144] Davis R K. The value of outdoor recreation: an economic study of the maine woods[D]. Cambridge: Harvard University, 1963.

[145] 朱礼波. 兰州市不同细颗粒物中 PAHs 污染特征及其健康风险评价[D]. 兰州: 兰州大学, 2015.

[146]李双德, 徐俊波, 莫胜鹏, 等. 模拟烹饪油烟的粒径分布与扩散[J]. 环境科学, 2017, 38(1): 33-40.

[147] Fullana A, Carbonell-Barrachina A A, Sidhu S. Comparison of volatile aldehydes present in the cooking fumes of extra virgin olive, olive, and canola oils[J]. Journal of Agricultural and Food Chemistry, 2004, 52(16): 5207-5214.

[148] Kabir E, Kim K H, Ahn J W, et al. Barbecue charcoal combustion as a potential source of aromatic volatile organic compounds and carbonyls[J]. Journal of Hazardous Materials, 2010, 174(1–3): 492-499.

[149] Khalequzzaman M, Kamijima M, Sakai K, et al. Indoor air pollution and the health of children in biomass-and fossil-fuel users of Bangladesh: situation in two different seasons[J]. Environmental Health and Preventive Medicine, 2010, 15(4): 236-243.

[150] 廖雷, 钱公望. 烹调油烟的危害及其污染治理[J]. 桂林工学院学报, 2003(4): 463-468.

[151] 王瑞琪, 丁社光, 王红. 饮食油烟的污染机治理现状[J]. 重庆工商大学学报(自然科学版), 2006(1): 44-47.

[152] Huang R J, Zhang Y, Bozzetti C, et al. High secondary aerosol contribution to particulate pollution during haze events in China[J]. Nature, 2014, 514(7521): 218-222.

[153] 罗文旺, 戴文灿, 李东鸣, 等. 工业源常见 VOCs 治理技术的研究进展[J]. 广东化工, 2017(16): 12-19.

[154] 梁斌, 王寅儿, 金嘉佳, 等. 餐饮油烟废气的危害及其净化技术综述[J]. 安徽化工, 2011, 37(3): 59-61.

[155] 黄滨辉, 司传海, 王玉红, 等. 我国餐饮业的油烟污染与净化技术[J]. 中国环保产业, 2018(12): 38-40.

[156] 李柏松, 姬忠礼, 汪生月. 滤材结构参数对气液过滤效率的影响[J]. 石油机械, 2009(10): 38-40.

[157] 吴伊人. 含油污的环境空气中微细颗粒物净化用纤维滤料的植物特性研[D]. 上海: 东华大学, 2015.

[158] 张秀东, 刘有智. 餐饮业油烟净化技术发展及研究现状[J]. 工业安全与环保, 2010, 36(4): 32-36.

[159] 袁昌明, 杜水友, 郑建光, 等. 分子碰撞与惯性分离原理在油烟净化中的应用[J]. 工业安全与环保, 2005(10): 12-13.
[160] 滕建鑫, 杨春英, 贺征. 惯性分离装置的性能分析及结构优化[J]. 化工进展, 2019, 38(5): 2074-2084.
[161] 范宗明, 蒋达华. 厨房油烟污染净化技术应用探讨[J]. 环境保护与循环经济, 2010, 30(3): 46-49.
[162] 李建, 刘赛. 静电式油雾净化器的数值模拟与结构优化[J]. 一重技术, 2019(1): 50-54.
[163] 王建军, 黄世杰, 童朱珏. 高压静电型空气净化器研究及改进[J]. 家电科技, 2017(8): 39-41.
[164] 刘德立, 王志刚. 静电技术在空气净化中的应用[J]. 家用电器, 2002(3): 15.
[165] 彭继. 静电除尘技术在中央空调系统净化改造中的应用[J]. 建筑节能, 2013, 41(4): 1-5.
[166] 廖谷然, 杨北革, 薛辉, 等. 大功率静电除尘用高频高压电源的研制[J]. 电子器件, 2013(3): 397-400.
[167] 谢建. 电除尘常用高压电源技术特点[J]. 钢铁技术, 2017(1): 23-27.
[168] 陈少奇. 化工行业 VOCs 废气处理技术研究[J]. 资源节约与环保, 2019(6): 90.
[169] Wu W Z, Han B X, Gao, H X, et al. Desulfurization of flue gas: SO_2 absorption by an ionic liquid[J]. Angewandte Chemie International Edition, 2004, 43(18): 2415-2417.
[170] Nii S, Takeuchi H. Removal of CO_2 and/or SO_2 from gas streams by a membrane absorption method[J]. Gas Separation & Purification, 1994, 8(2): 107-114.
[171] Park H H, Deshwal B R, Kim I W, et al. Absorption of SO_2 from flue gas using PVDF hollow fiber membranes in a gas–liquid contactor[J]. Journal of Membrane Science, 2008, 319(1–2): 29-37.
[172] 李志杰. 羟基功能化离子液体的合成及吸收氨气的研究[D]. 北京: 北京化工大学, 2016.
[173] 孙宝昌. 旋转填充床中耦合吸收 CO_2 和 NH_3 的研究[D]. 北京: 北京化工大学, 2012.
[174] Shang D W, Bai L, Zeng S J, et al. Enhanced NH_3 capture by imidazolium-based protic ionic liquids with different anions and cation substituents[J]. Journal of Chemical Technology and Biotechnology, 2018, 93(5): 1228-1236.
[175] 黄家铭. 氯化氢尾气两段法间歇吸收的研究[D]. 天津: 天津大学, 2006.
[176] 于双波. 盐酸生产过程中废气处理改进措施[J]. 现代盐化工, 2018, 45(3): 17-18.
[177] 何如浩. 氯化氢气体在离子液体中溶解性能的研究[D]. 北京: 北京化工大学, 2012.
[178] 郑盼, 张震斌, 纪洪超, 等. 油烟气净化技术及发展趋势分析[J]. 绿色科技, 2015(8): 247-248, 251.
[179] 李慧芳. 二氧化钛光催化技术治理室内甲醛的研究[D]. 郑州: 河南工业大学, 2018.
[180] 陈亦乐. 石墨相氮化碳聚合物的复合与结构调控及其光催化性能的研究[D]. 南京: 东南大学, 2017.
[181] 张川. Bi_2WO_6 催化剂的合成及其光催化性能研究[D]. 北京: 清华大学, 2005.
[182] 吴嘉碧. 空气净化剂对空气中甲醛去除效果的研究[D]. 广州: 华南理工大学, 2013.
[183] 谢磊, 林正迎. 二氧化钛光催化净化环境研究进展[J]. 广州化工, 2014, 42(11): 38-41.

[184] 杨帆. 光催化处理技术研究进展[J]. 环境研究与监测, 2017, 30(2): 40-44.
[185] 闫世成, 罗文俊, 李朝升, 等. 新型光催化材料探索和研究进展[J]. 中国材料进展, 2010, 29(1): 1-9.
[186] 王健礼. 催化燃烧去除挥发性有机气体的整体式催化剂[D]. 成都: 四川大学, 2007.
[187] van der Vaart D R, Marchand E G, Bagely-Pride A. Thermal and catalytic incineration of volatile organic compounds[J]. Critical Reviews in Environmental Science and Technology, 1994, 24(3): 203-226.
[188] Wu J C S, Chang T Y. VOC deep oxidation over Pt catalysts using hydrophobic supports[J]. Catalysis Today, 1998, 44(1-4): 111-118.
[189] Tsou J, Pinard L, Magnoux P, et al. Catalytic oxidation of volatile organic compounds(VOCs): Oxidation of o-xylene over Pt/HBEA catalysts[J]. Applied Catalysis B: Environmental, 2003, 46(2): 371-379.
[190] Hosseini M, Barakat T, Cousin R, et al. Catalytic performance of core–shell and alloy Pd–Au nanoparticles for total oxidation of VOC: The effect of metal deposition[J]. Applied Catalysis B: Environmental, 2012,111-112: 216-224.
[191] Kim S C, Nahm S W, Shim W G, et al. Influence of physicochemical treatments on spent palladium based catalyst for catalytic oxidation of VOCs[J]. Journal of Hazardous Materials, 2007, 141(1): 305-314.
[192] Lahousse C, Bernier A, Grange P, et al. Evaluation of γ-MnO_2 as a VOC removal catalyst: comparison with a noble metal catalyst[J]. Journal of Catalysis, 1998, 178(1): 214-225.
[193] Busca G, Baldi M, Pistarino C, et al. Evaluation of V_2O_5-WO_3-TiO_2 and alternative SCR catalysts in the abatement of VOCs[J]. Catalysis Today, 1999, 53(4): 525-533.
[194] Zou L, Luo Y G, Hooper M, et al. Removal of VOCs by photocatalysis process using adsorption enhanced TiO_2-SiO_2 catalyst[J]. Chemical Engineering and Processing: Process Intensification, 2006, 45(11): 959-964.
[195] Abbasi Z, Haghighi M, Fatehifar E, et al. Synthesis and physicochemical characterizations of nanostructured Pt/Al_2O_3-CeO_2 catalysts for total oxidation of VOCs[J]. Journal of Hazardous Materials, 2011, 186(2–3): 1445-1454.
[196] Ferreira R S G, de Oliveira P G P, Noronha F B. Characterization and catalytic activity of Pd/V_2O_5/Al_2O_3 catalysts on benzene total oxidation[J]. Applied Catalysis B: Environmental, 2012, 50(4): 243-249.
[197] Scirèa S, Minicò S, Crisafulli C, et al. Catalytic combustion of volatile organic compounds on gold/cerium oxide catalysts[J]. Applied Catalysis B: Environmental, 2003, 40(1): 43-49.
[198] Papaefthimiou P, Ioannides T, Verykios X E. Performance of doped Pt/TiO_2(W^{6+}) catalysts for combustion of volatile organic compounds(VOCs)[J]. Applied Catalysis B: Environmental, 1998, 15(1–2): 75-92.
[199] 周学良, 秦永宁, 马智. 精细化工产品手册 催化剂[M]. 北京: 化学工业出版社, 2002.
[200] 吴涛，薛屏，徐立冬．挥发性有机化合物净化催化剂研究进展[EB/OL].

(2006-03-05)[2019-07-31]. http: //www.doc88.com/p-0098574447760.html.
[201] 叶长明. 油烟的催化净化研究[D]. 郑州: 郑州大学, 2002.
[202] Podyacheva O Y, Ketov A A, Ismagilov Z R, et al. Metal foam supported perovskite catalysts[J]. Reaction Kinetics and Catalysis Letters, 1997, 60(2): 243-250.
[203] He C, Li J J, Li P, et al. Comprehensive investigation of Pd/ZSM-5/MCM-48 composite catalysts with enhanced activity and stability for benzene oxidation[J]. Applied Catalysis B: Environmental, 2010, 96(3-4): 466-475.
[204] 左乐, 李彩亭, 曾光明, 等. $La_{0.8}Ce_{0.2}CoO_3/\gamma\text{-}Al_2O_3$ 对油烟的催化净化[J]. 环境科学与技术, 2008, 31(12): 136-139.
[205] 柯琪, 李彩亭, 曾光明, 等. $CuO/\gamma\text{-}Al_2O_3$ 负载型催化剂催化燃烧处理油烟[J]. 环境污染与防治, 2009, 31(4): 18-20.
[206] Wang J L, Zhong J B, Gong M C, et al. Remove cooking fume using catalytic combustion over $Pt/La\text{-}Al_2O_3$[J]. Journal of Environmental Sciences, 2007, 19(6): 644-646.
[207] 黄永海, 易红宏, 唐晓龙, 等. 催化燃烧技术用于油烟废气净化的研究进展[J]. 化工进展, 2017, 36(4): 1270-1277.
[208] 肖霞, 何新秀. 我国汽车尾气污染的催化净化[J]. 环境科学研究, 1998, 11(5): 26-28, 33.
[209] 潘红艳, 张煜, 林倩, 等. 催化燃烧 VOCs 用非贵金属催化剂研究新进展[J]. 化工进展, 2011, 30(8): 1726-1748.
[210] 王军, 沈美庆. 油烟污染及其排放控制技术[J]. 化工进展, 2004, 23(1): 44-46.
[211] Huang H, Buekens A. On the mechanisms of dioxin formation in combustion processes[J]. Chemosphere, 1995, 31(9): 4099-4117.
[212] Hart J R. Verification of dioxin formation in a catalytic oxidizer[J]. Chemosphere, 2008, 72(1): 75-78.
[213] Everaert K, Baeyens J. Catalytic combustion of volatile organic compounds[J]. Journal of Hazardous Materials, 2004, 109(1–3): 113-139.
[214] 张波, 何金昌, 李万鑫. 探讨有机废气处理技术及前景[J]. 化工管理, 2019(18): 125-126.
[215] 罗秋容, 黄世裕. 分析有机废气新型处理技术应用的研究进展[J]. 环境与发展, 2017, 29(8): 91-92.
[216] 郑连英, 缪建玉. 生物法降解油烟废气的研究[J]. 中国粮油学报, 2003, 18(5): 73-76.

2　机械净化技术

机械式油烟净化设备是机械式除尘器在油烟治理上的应用，是油烟净化中应用最广泛的治理设备，最常用的形式有机械过滤和惯性分离。其工作原理是利用过滤、惯性碰撞、吸附或其他机械分离原理去除油烟废气中的油颗粒，达到净化油烟的目的。本章首先从机械净化技术的分类、发展历程等方面对其进行介绍，接着从机械过滤材料的类别上分为纤维滤料、覆膜滤料、褶皱滤料、陶瓷滤料等进行系统介绍，详细阐述机械过滤和惯性分离原理，并简要介绍基于机械过滤原理的油烟净化设备。

2.1　背景介绍

2.1.1　颗粒物的粒径表示

1. 气溶胶粒径表示方法

大气气溶胶是指大气和悬浮在其中的粒径大小在 0.001～100μm 的各种固体与液体微粒共同构成的多相体系[1]，气溶胶颗粒物通常是非球形的，不规则粒子的形状可概括为三大类：块状、板状、针状，实际中的粒子大多属于块状。为了评价不规则粒子偏离球形的程度，采用球形度 φ 的概念。球形度 φ 定义为同样体积的球形粒子表面积与实际粒子表面积之比，φ 值不大于 1。

为描述不规则粒子的大小，可用等效直径 d，又称当量直径表示。表 2-1 列出了一些主要等效直径的表示方法。

表 2-1　不规则形状粒子的等效直径

等效直径	定义	数学表达式
长度径	直径在一给定方向上测量	$d=l$
平均值	在多个方向上测量后取平均值	$d=\frac{1}{n}\sum_{i=1}^{n}d_i$
投影-周长径	与粒子同样投影周长的圆的直径	$d=P/\pi$
投影-周面积径	与粒子同样投影面积的圆的直径	$d=\sqrt{4A_p/\pi}$
表面积径	与粒子同样表面积的球的直径	$d=\sqrt{A_s/\pi}$

续表

等效直径	定义	数学表达式
体积径	与粒子同体积的球的直径	$d=\sqrt[3]{6V/\pi}$
斯托克斯径	与粒子同密度的同沉降速度的球的直径	$d=\sqrt{\dfrac{18\mu v}{(\rho_p-\rho_a)g}}$

注：l为长径，m；P为粒子的投影周长，m；A_p为粒子的投影面积，m^2；A_s为粒子的表面积，m^2；V为粒子的体积，m^3；v为粒子的沉降速度，m/s；ρ_p为粒子的密度，kg/m^3；ρ_a为空气的密度，kg/m^3；μ为空气的动力黏度，Pa·s；g为重力加速度，m/s^2。

2. 粒径分布

气溶胶粒子是由不同大小粒径组成的集合体，自然界中几乎不可能产生大小相同的单分散性气溶胶粒子。因此单纯用“平均”粒径来表征气溶胶粒子群是不准确的，所以需要引入“粒径分布”这一概念。粒径分布又称分散度，是指在不同粒径范围内所含颗粒的数量或质量分数，常用的是质量累积分布。

掌握粒径分布对选择净化设备、评价除尘性能、研究粒子群的扩散与凝聚行为、分析颗粒污染物对环境造成的影响等方面具有重要的意义。

根据实际测定和长期的实践总结，人们发现生产过程中随机产生的气溶胶粒子大都服从对数正态分布，无论是质量密度分布函数还是数量密度分布函数都可以写成：

$$f_{m,n}=\frac{1}{d_p\ln\sigma_s\sqrt{2\pi}}\exp\left[-\frac{(\ln d_p-\ln d_s)^2}{2(\ln\sigma_s)^2}\right] \tag{2-1}$$

式中，$f_{m,n}$为质量密度分布函数或数量密度分布函数；d_p为粒径，m；d_s为几何平均径，m，可用中位径d_{p50}近似代替；σ_s为几何标准偏差。

式(2-1)为两参数分布，对于同一种颗粒物，质量密度分布和数量密度分布的几何标准偏差相同。如果d_{p50}为质量中位径，则分布表示质量密度分布函数f_m，如果d_{p50}为数量中位径，则分布表示数量密度分布函数f_n，其分布形态如图2-1所示。对于一种颗粒物，其规律是质量中位径大于数量中位径。这是因为在粒子群集合中，较小的颗粒数多，故数量密度分布曲线偏左；较大的颗粒虽然数量少，但质量增加快，故质量密度分布曲线偏右。

3. 过滤效率分级

1) 中国标准

对于一般空气过滤器，《空气过滤器》(GB/T 14295—2008)按过滤器的计数效率(E)将过滤器分成9个等级，除了粗效3和粗效4级别的空气过滤器是以标

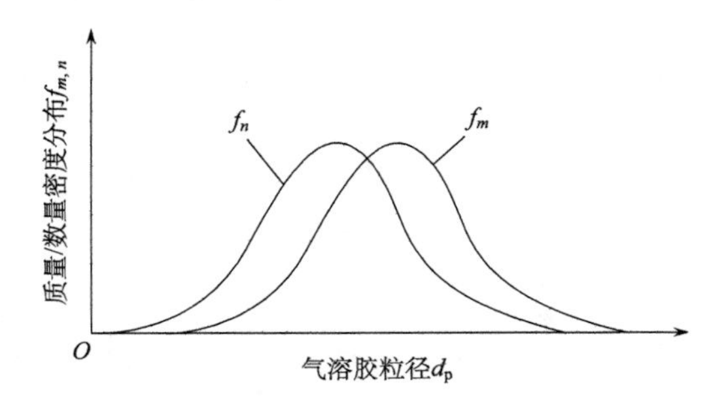

图 2-1　气溶胶粒子质量分布和数量分布示意图

准人工尘计重效率作为级别划分的依据，其他级别均是以初始计数效率作为空气过滤器分级的依据，见表 2-2。

表 2-2　空气过滤器额定风量下的效率

性能类别	代号	额定风量下的效率 E/%	
亚高效	YG	粒径≥0.5μm	99.9>E≥95
高中效	GZ		95>E≥70
中效 1	Z1		70>E≥60
中效 2	Z2		60>E≥40
中效 3	Z3		40>E≥20
粗效 1	C1	粒径≥2.0μm	E≥50
粗效 2	C2		50>E≥20
粗效 3	C3	标准人工尘计重效率	E≥50
粗效 4	C4		50>E≥10

根据《高效空气过滤器》(GB/T 13554－2008)规定，高效空气过滤器为用于空气过滤且使用 GB/T 6165—2008 规定的钠焰法测试，其效率≥99.9%；超高效空气过滤器为用于空气过滤且使用 GB/T 6165—2008 规定的计数法检测，过滤效率不低于 99.999%。

2)欧洲标准

按照《一般通风用空气滤清器——过滤性能的测定》(EN779: 2012)的规定，粗效过滤器是以标准人工尘平均计重效率作为分级依据，中效过滤器则是以达到最终阻力时(450Pa)整个容尘过程对 0.4μm 粒子的平均效率作为分级依据，EN779: 2012 还引入了对 0.4μm 粒子的最低效率来评价过滤器的性能，最低效率定义为初始效率、静电消除效率、测试过程中的平均效率这三项的最小值，低于最低效率的过滤器是不合格的。根据欧洲标准《高效率空气过滤器》(EN1822: 2009)的规定，亚高效、高效和超高效过滤器是以最易穿透粒径效率作为分级依据(表 2-3)。

表 2-3　欧洲标准内容

性能类别		EN779: 2012			EN1822: 2009
分类	分级	人工尘平均计重效率 A_m/%	对0.4μm粒子的平均计数效率 E_m/%	对0.4μm粒子最低效率/%	最易穿透粒径效率/%
粗效	G1	$50 \leqslant A_m < 65$			
	G2	$65 \leqslant A_m < 80$			
	G3	$80 \leqslant A_m < 90$			
	G4	$90 \leqslant A_m$			
中效	M5		$40 \leqslant E_m < 60$		
	M6		$60 \leqslant E_m < 80$		
高中效	F7		$80 \leqslant E_m < 90$	35	
	F8		$90 \leqslant E_m < 95$	55	
	F9		$95 \leqslant E_m$	70	
亚高效	E10				$E \geqslant 85$
	E11				$E \geqslant 95$
	E12				$E \geqslant 99.5$
高效	H13				$E \geqslant 99.95$
	H14				$E \geqslant 99.995$
超高效	U15				$E \geqslant 99.9995$
	U16				$E \geqslant 99.99995$
	U17				$E \geqslant 99.999995$

3)美国标准

按照美国标准 ANSI/ASHRAE 52.2—2017 的规定，粗效过滤器(MERV1～MERV4)是以人工尘平均计重效率或对 3.0～10.0μm 粒径范围平均计数效率小于20%作为分级依据，中效过滤器则是以达到最终阻力时整个容尘过程对 0.3～1.0μm、1.0～3.0μm 和 3.0～10.0μm 三个粒径档粒子的平均计数效率的最低值作为分级依据，分级情况详见表 2-4。

表 2-4　ANSI/ASHRAE 52.2—2017 过滤器分级

分级	人工尘平均计重效率 E/%	各粒径组平均计数效率 E/%			终阻力/Pa
		0.3～1.0μm	1.0～3.0μm	3.0～10.0μm	
MERV1	$E < 65$			$E < 20$	75
MERV2	$65 \leqslant E < 70$			$E < 20$	75
MERV3	$70 \leqslant E < 75$			$E < 20$	75
MERV4	$E \geqslant 75$			$E < 20$	75
MERV5				$20 \leqslant E < 35$	150

续表

分级	人工尘平均计重效率 E/%	各粒径组平均计数效率 E/%			终阻力/Pa
		0.3～1.0μm	1.0～3.0μm	3.0～10.0μm	
MERV6				35≤ E<50	150
MERV7				50≤ E<70	150
MERV8				E≥70	150
MERV9			E<50	E≥85	250
MERV10			50≤ E<65	E≥85	250
MERV11			65≤ E<80	E≥85	250
MERV12			E≥80	E≥90	250
MERV13		E<75	E≥90	E≥90	350
MERV14		75≤ E<85	E≥90	E≥90	350
MERV15		85≤ E<95	E≥90	E≥90	350
MERV16		E≥95	E≥95	E≥95	350

通过比较各国的过滤器标准可以看出，欧美在不同粒径范围的划分更加细致，分级更加细化，并考虑了终阻力等影响因素。我国的过滤器标准可以根据中国国情，参考欧美标准进行更新。

2.1.2　机械净化技术分类

通过拦截、碰撞、扩散等机械力效应分离颗粒污染物的方法称为机械净化技术。按净化原理的不同，机械净化技术可分为机械过滤和惯性分离两大类。

1. 机械过滤

使含污染物的气流通过疏松多孔材料，将其中的颗粒污染物分离出来，从而使气体得到净化的过程就是机械过滤。阻隔和容纳颗粒物的多孔材料统称滤材，它们可以是纤维层、纺织品或非织造织物(即无纺布)，也可以是泡沫塑料、尼龙丝铺层、金属网或陶瓷管、各种散料颗粒堆积层等。按滤材的不同，机械过滤又分为纤维过滤和颗粒过滤两种。

1)纤维过滤

纤维过滤利用纤维状的材料做滤材，纤维滤料捕尘效率高，能够捕集细颗粒物，使用方便，在空气净化领域占有重要的地位。

2)颗粒过滤

除用纤维做滤材外，还可使用颗粒物做滤材。细小致密的颗粒物构成的滤层对污染物也有很好的过滤效果。

2. 惯性分离

惯性分离是利用惯性力将颗粒物与空气分离的技术。惯性分离法的主要优点是设备简单，压降较小(通常为 50～100Pa)，而缺点是对粒径较小的颗粒去除效率低，总去除效率也较低，通常为50%～70%，而且由于油烟中颗粒物黏度很大，清洗维护工作量较大。

按结构和原理的不同，惯性分离又可分为三类，即折板式惯性分离、蜂窝式惯性分离、旋风分离。

1) 折板式惯性分离

使用预设的挡板使气流急速转向，因颗粒物与空气的惯性大小不同，其运动轨迹也与气流不同，从而从气流中分离出来(图 2-2)。

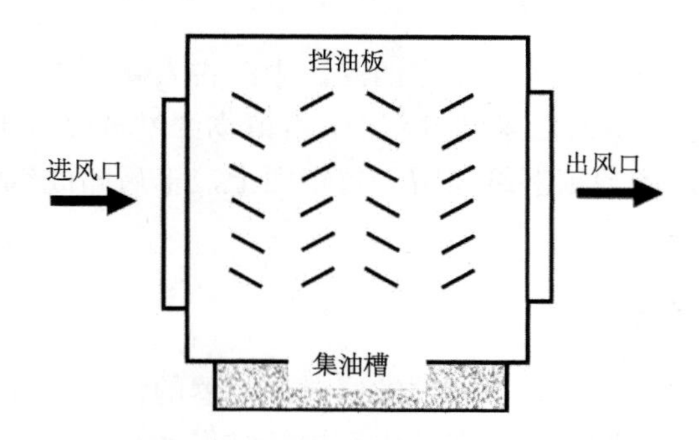

图 2-2 折板式惯性分离装置示意图

折板式惯性分离过程中发生了折流、旋流、重力沉降等作用，进风口的气流被挡板改变方向，大颗粒直接撞在挡板上而沉降下来，小颗粒则随着气流在一定范围内形成折流、旋流，运动速度因而降低，停留时间增加，最终在重力作用下沉降。

2) 蜂窝式惯性分离

蜂窝式惯性分离技术是利用蜂窝结构对污染气体进行净化，气流中的颗粒物在蜂窝结构中运动时会被蜂窝壁阻拦从而与空气分离。蜂窝内壁表面积越大，这种分离的效率越高。为了进一步增大表面积，蜂窝孔的内表面常做成波纹形。

3) 旋风分离

旋风分离是利用旋转气流产生的离心力使油烟中的颗粒物分离的技术。旋风筒的高速旋转使密度大于气体的颗粒物获得较大的离心力，颗粒物在离心力的作用下被甩到筒内壁上而得到分离。夏正兵和袁惠新[2]采用旋流式油烟净化器除油烟，含油烟气从进口切线方向进入旋风筒，在筒内强烈旋转，逐渐沿筒壁螺旋运动下降，强烈旋转所产生的离心力把油雾抛向筒体内表面，积聚在筒内壁上的油雾相互粘连形成大的油滴，在重力作用下逐渐落至筒体底部，定期排放清理。由于离心作用及油烟中油颗粒的黏性，气体中的油滴极易附在筒壁上，净化油烟效果更好。90%以上的油雾在旋风分离过程中被除去，经过旋风除油后的烟气被风机吸入，未净化的油烟及油烟中的气态污染物经过后续净化组件，除去余下的油和油烟中的异味，净化后的烟气直接排入大气，解决了油烟对大气造成污染的问题。

旋风分离可以通过调节转速控制离心力，设备简单、压降较小，对大颗粒的污染物去除效率很高，且去除效率随分离时间延长、设备上沉积物的堆积量增多的变化不大。但对小颗粒的去除效率较低，且由于油烟中颗粒物的黏度很大，清洗维护工作量较大，所以它很少单独使用，一般作为预处理。

2.1.3　机械净化技术的发展历程

机械过滤技术出现得很早，早在西汉，中国古人就利用纱布过滤豆浆，到了公元 105 年，蔡伦在改进造纸术的过程中，将植物纤维纸浆荡于致密的细竹帘上，水经竹帘缝隙滤过，一薄层湿纸浆留于竹帘面上，干后即成纸张，这个过程就是利用竹帘的机械过滤技术。

1. 过滤材料的发展历程

滤材是机械净化器的核心，它的发展对净化器的性能提升至关重要。

在第一次世界大战期间，出现了用石棉纤维作为滤料的防毒面具。虽然石棉纤维具有耐高温、价格便宜等优点，但后续研究发现石棉纤维外部十分尖锐，使得它无法从人体中清除而渗入人体组织中引发组织癌变，因此目前很多国家都禁止使用石棉。

20 世纪 50 年代，随着非织造工业的发展，空气过滤材料有了新的发展方向。最早成功应用于非织造滤材加工的是湿法造纸、化学黏合和针刺加固，纺丝成网、热黏合及熔喷法则应用较晚。目前，世界非织造滤料生产所采用的加工方法中，针刺占第一位，熔喷法居第二。

玻璃纤维问世后，美国首先对玻璃纤维滤纸的生产工艺进行深入研究。之后，以玻璃纤维为滤料的高效空气过滤器(high efficiency particulate air filter, HEPA filter)出现了。接着出现了采用超细玻璃纤维为滤料的 HEPA，其对于粒径≥0.3μm 的微粒的过滤效率可达 99.9998%[3]。我国自 20 世纪 60 年代起开始玻璃纤维滤料的研发，开发了连续玻璃纤维过滤布、膨体纱玻璃纤维滤料和针刺毡玻璃纤维滤料。到了 70 年代末 80 年代初，美国和日本等发达国家先后研制和开发了对 0.1μm 微细颗粒物的超高效空气过滤器(ultra low penetration air filter，ULPA filter)，其过滤效率可达 99.999995%[4]。

活性碳纤维(activated carbon fiber，ACF)最早是以黏胶、聚丙烯腈等为原料生产出来的。ACF具有比表面积大、孔径分布窄、吸附行程短、脱附速度快、耐高温、加工成型性好、无污染等优点，是市场上常见的具有高效过滤吸附功能的过滤材料[5]。

20世纪70年代，通过高温人工烧结得到的多孔陶瓷作为一种新型的陶瓷材料被开发出来，相对于气孔率较低的致密陶瓷而言，其孔隙率较高，内部具有大量彼此连通或封闭的孔隙。多孔陶瓷在过滤方面的应用主要包括高温热气过滤、汽车尾气净化、食品饮料和水处理等方面[6,7]。

20世纪80年代末，纳米技术诞生。在空气过滤领域，纳米材料以纳米纤维形式作为过滤材料。纳米纤维具有较大的比表面积、表面能和表面张力，增加了空气中的悬浮微粒在其表面沉降的概率，从而提高了其过滤效率[8,9]。静电纺丝技术是目前制备纳米纤维最重要的方法[10,11]。

20世纪90年代中期研制成功的薄膜复合滤料，是将膨体聚四氟乙烯(PTFE)薄膜，采用特殊加工工艺覆盖在一般滤料如机织面、非织造布或者玻璃纤维表层上，形成一种新型过滤材料。它具有过滤效率高、阻力低、使用寿命长、耐高温、颗粒脱落率高等优点，在除尘净化、空调过滤行业得到了广泛的应用[12,13]。

2. 纤维滤材过滤理论的发展历程

过滤理论的研究分为数值模拟和实验研究两种方法，二者相互依存，相互促进，推动了过滤理论的发展。研究内容是将压降ΔP和过滤效率η写成关于颗粒物、流体和过滤介质的函数。提高过滤效率η并降低过滤器压降ΔP是开展过滤理论研究的终极目标[14]。过滤理论的研究早在20世纪就已经开始，早于空气过滤器的研制，大致经历了早期的经典过滤理论、现代过滤理论、微孔过滤理论这三个阶段[15]。

对微粒运动规律的最早认识起源于19世纪初期，当时的植物学家Robert Brown观察了微细颗粒悬浮在液体中的运动(布朗运动)。1922年Freundlich发展了气溶胶的过滤规律，提出在0.1～0.2μm半径范围内气溶胶颗粒存在最大渗透率。1931年，Albrec率先对气流通过单一圆柱纤维运动进行研究，提出了单纤维效率的概念，即单位时间内被纤维捕捉的粉尘与通过上游某处纤维投影面全部粉尘的比值[16]。早期的过滤理论认为，单纤维过滤机理主要有拦截作用、扩散作用和惯性作用三种，这三者同时作用于纤维上。由于同时研究这三种作用较困难，所以研究者通常采用先分后合的方法，先研究某一种作用机理，然后对几种机理进行合并。1931年Sell等对Albrec提出的单纤维效率计算方法进行必要的改进，提出了推移计算法来求惯性机理下颗粒物的运动轨迹，从而计算出其单纤维效率[17]。1936年Kaufmann首先把布朗运动和惯性沉淀的概念一同应用到纤维过滤理论中，推导出过滤作用的数学公式[18,19]。Langmuir 继续对过滤理论进行研究，认为过滤是截留和扩散的集合，而惯性粒子在纤维上的沉淀可以忽略。惯性粒子在独立的圆柱上或在一个由圆柱组成的过滤器中的沉积可用捕集系数来描述，其中捕集系数是佩克莱数(Peclet number)的函数，与纤维直径、流体速度和气体扩散速度相关[17,18,20]。在扩散机理方面，在是否将布朗运动引入过滤理论的问题上，研究者之间曾产生过争论，但最终证实布朗运动在解释颗粒物的过滤过程中是必不可少的。

1952 年 Davies[21]把扩散、截留和惯性三种机制结合起来并用公式表示出来，从而建立了新的过滤理论——孤立纤维理论。Davies 认为斯托克斯数越大，惯性力对于颗粒的影响就越大，斯托克斯数与通过微孔的流体的平均速度呈正相关。

Friedlander[22]和 Yoshika 先后发展了孤立纤维理论，他们研究和总结了较大雷诺数情况下颗粒物的惯性和扩散沉积，包括重力效应和过滤器阻塞现象[23,24]。1967 年 Piekaar 和 Clarenburg 从过滤纤维的几何形状出发提出了弯曲因子的概念，弯曲因子与纤维的性质有关。对层流气体而言，弯曲因子是纤维组成和孔结构的函数[25]。

现代过滤理论证明了惯性沉淀的正确性和最大穿透力粒子的存在，认为过滤效率是截留效应、扩散效应、重力效应、沉淀效应和压力效应的集合，其作用机制包括拦截、惯性碰撞、扩散、静电力、库仑力、电泳和沉淀(重力)等。

1995 年，Rosner 等[24]认为分散在单一纤维体表面的颗粒呈不规则的分布，常常会形成树枝状结构特征，并以此建立了颗粒在单一纤维体上的空间分布，利用该理论和计算机程序可以预测颗粒的沉积。2001 年，Thomas 等[23]对过滤器产生阻塞的情况进行了空气过滤的实验研究，建立了过滤器在滤饼存在的前提下，过滤效率和压力损失的计算模型。2008 年，Jaganathan 和 Vahedi Tafreshi[26]预测了纤维过滤材料在过滤过程中压力降的变化。

2.2 机械过滤材料

机械过滤材料可分为纤维和颗粒两大类，其各自又可分为天然材料和人工材料。天然纤维材料有竹纤维、草纤维等，人工纤维材料有滤纸、滤布、高分子纤维织物等。天然过滤颗粒有各种矿物颗粒，人造颗粒一般是高分子聚合物颗粒。由于颗粒过滤材料使用较少，因此，本章主要阐述纤维过滤材料(纤维滤料)。

2.2.1 纤维滤料

1. 纤维滤料的性能

纤维滤料的性能优劣直接关系到过滤器的性能高低[27,28]，而纤维滤料的性能主要靠纤维的物化性能来实现。因此，其物化性能应满足如下基本要求：

(1) 耐温性能好，纤维开始软化、蠕变以及断裂的温度越高越好，至少应高于 250℃。

(2) 断裂强度高，至少不小于 0.5N/tex。

(3) 有较高的韧性，相对伸长率应在 15%左右。

(4) 具有良好的耐酸、碱及有机溶剂腐蚀性，在长期使用条件下，纤维强度保持率不低于 70%。

(5) 具有良好的疏水性、耐磨性和阻燃性。

(6) 具有良好的可纺性，原料经济，来源广泛。

以下是纤维主要物化性能的定义：

1) 纤维长度

纤维长度是指在无外力作用时伸直所测两端间的距离。纤维的可纺性与纤维长度有关。在保证成纱有一定强度的前提下，单纤维越长，可纺支数越高。

2) 纤维细度

细度即纤维的粗细程度。单纤维越细，则纤维在成纱、成网、成织物或毡时越均匀，成品变形越小，尺寸稳定性越好。细度在我国法定计量单位中称“线密度”，单位 tex（特）。1000m 的纤维重 1g 时为 1tex。

3) 断裂强度

断裂强度是衡量纤维品质的主要指标之一，表示连续增加外力作用直到纤维断裂时，纤维所能承受的最大负荷。断裂强度与纤维线密度有关，常用相对强度表示，单位是 N/tex。

4) 相对伸长率

相对伸长率为拉力作用下直到纤维断裂时所伸长部分与纤维原长之比。纤维的伸长率一般在 15%较合适，两种纤维混用时，应选用伸长率相同或相近的纤维。

5) 初始模量

在物理和工程上，材料的应力与其应变之比称为模量。对纤维来说，模量是其抵抗外力变形的量度。用相对拉伸应力代替拉伸应力，用相对应变代替应变，纤维的初始模量为纤维被拉伸的伸长率为 1%时的应力-应变曲线起始段直线部分的斜率，单位是 mN/tex。纤维的初始模量越大，表示纤维越不易变形。

6) 吸湿性

纤维吸湿性是指在标准温、湿度条件下（20℃，相对湿度 65%）纤维的吸水率，表示为纤维干、湿重质量之差与纤维干重之间的比值。纤维吸湿性对滤料的选择及过滤器能否正常运行具有重要意义。表 2-5 列出了常用纤维滤料的回潮率。

表 2-5　常用纤维滤料的回潮率

项目	棉布	羊毛	丝	亚麻	涤纶	锦纶	腈纶	丙纶	Nomex	芳砜纶
回潮率/%	11.1	15	11	12	0.4	4.5	2	0	7.5	6.28

7) 耐热性

耐热性表示在同一时间内不同温度下，或在同一温度下不同时间内纤维理化、机械性能的保持程度。对大多数纤维原料来说，随温度升高，理化、机械性能发生变化，最后熔融或分解。表 2-6 列出部分常用纤维原料的有关耐热性。

表 2-6　常用纤维原料的耐热性

项目	棉	羊毛	锦纶 6	锦纶 66	涤纶	腈纶	丙纶	Nomex	芳砜纶
熔点/℃			215	253	256		163～175	370	400
强度保持率(100℃, 80d)/%	68	41	43	43	96	100		100	100
强度保持率(130℃, 80d)/%	10	12	13	13	75	55		100	100

8) 耐腐蚀性

酸、碱和有机溶剂对纤维及其制品均会造成腐蚀作用，使其强度降低。腐蚀程度还和酸碱的种类、浓度，以及温度、接触时间有关。表 2-7 列出部分常用纤维对酸、碱和有机溶剂的耐腐蚀程度。

表 2-7　常用纤维原料的耐腐蚀性

纤维原料	酸				碱				有机溶剂			
	优	良	中	差	优	良	中	差	优	良	中	差
涤纶		√	√			√	√		√			
锦纶		√				√						√
腈纶		√						√	√			
丙纶	√	√			√	√			√			
维纶				√			√					
改性维纶	√					√			√		√	
Nomex	√					√	√		√	√		
芳砜纶	√					√				√		
玻璃纤维	√				√				√			

9) 阻燃性

纤维的阻燃性对高温油烟过滤来说是一个非常重要的性能指标，根据燃烧的难易程度可将纤维分为易燃、可燃、阻燃和不燃四类。无机纤维通常是不燃纤维，主要有玻璃纤维、金属纤维、石棉、含硼纤维和陶瓷纤维等。

测定纤维燃烧性常用极限指数法，简称“LOI”法。极限指数法是指当已点燃的纤维离开火源仍能继续燃烧时，环境中氮和氧的最低体积分数比。空气中的氧的体积分数约为21%，若纤维的LOI < 21%，就意味着能在空气中继续燃烧。

2. 典型的传统纤维滤料

1) 纺织滤料[29,30]

(1) 纤维成纱。纺织滤料是用传统的织造工艺制成的织布。先是将松散的纤维聚结、梳理、拉旋成捻，然后根据需要合股加捻成纱线。

常见的成纱形式有3种，分别是连续单丝纱线、连续复丝单根纱线、短纤维起绒纺纱线。其中，短纤维起绒纺纱线织成的滤布具有很好的内部过滤作用。

(2) 纺织组织。织造物经线和纬线交错排列的状态称为纺织组织。基本的组织有平纹、斜纹和缎纹三种原组织，在这三种原组织基础上可派生出多种不同形式。

平纹组织是织物中最简单、成本最低，也是最普通的一种组织。用经线和纬线各2根可构成一个完全的平纹组织循环，也可以是多根经线和一到多根纬线交错织成。平纹组织的交织点多，孔隙率低，但相对位置较稳定。由于平纹滤料的透气性较差，因此在高滤速情况下很少用平纹滤料。

斜纹组织由连续3根以上的经纬线交织而成，在布面上有斜向的纹路，布面上经线比纬线多的称经线斜纹，反之称纬线斜纹。以分子表示经线上浮根数，分母表示纬线下沉根数。它们的经线与纬线之和是4，称四线斜纹。斜纹组织的交织点少于平纹，孔隙率较大，透气性较好，所以过滤风速会比平纹高些。

缎纹组织是以连续5根以上的经纬线织成的织物组织。这种组织的基本持征是交织点不连续，有很多经线或纬线浮于布面上，有利于粉尘剥离。缎纹组织的交织点比平纹和斜纹都少，透气性最好，但有较多的纱线浮于织物表面，较易破损。

2) 无纺滤料

直接将纤维(特别是短纤维)制成滤料无疑比将纤维经纺纱、机织加工而成的滤料更简易、更经济。无纺纤维始于20世纪60年代，1970～1980年的10年间，产量增长了79%。当前，袋式除尘器用的无纺纤维绝大部分是针刺毡。针刺毡分为有基布和无基布两类。增加基布是为了提高针刺毡滤料的强度。基布是事先织好的，生产过程中用上下纤维网将基布夹于其中，然后经过顶针刺和主针刺加固，再采取必要的后续处理技术即可制成所需要的针刺毡滤料。针刺毡滤料具有如下特点：

(1) 针刺毡滤料中的纤维呈交错随机排列，孔隙率高达 70%～80%，根据过滤理论，这一孔隙率可实现最佳内部过滤状态。这种结构不存在直通的孔隙，过滤效率高而稳定。

(2) 针刺毡滤料的孔隙率比纺织纤维的孔隙率高 1.6～2 倍，因而自身的透气性好，阻力低。

(3) 针刺毡滤料的生产速度快，生产率高，产品成本低，质量稳定。

早在 20 世纪三四十年代就出现了羊毛或驼毛的制毡工艺。人造纤维(合成纤维)不同于羊毛或其他动物体毛，后者在加热、增湿和施压下有自然卷曲和相互勾连的特性，能形成较稳定的无纺纤维。合成纤维制成无纺纤维滤料的加工分干法、湿法和聚合物挤压成网(毡)法等。

干法是在干态下采用机械、气流使纤维成网。湿法是纤维在水中呈悬浮的湿态下，采用类似造纸方法成网。无论是干法还是湿法，都需要将纤维网黏结成无纺布。如用化学或加热方法加固而成的无纺布。但最常用的工艺是采用针刺法将纤维网加固成无纺布。在针刺加工过程中，纤维网进入针刺机，带有芒刺的钢针群上下穿刺纤维网，如图 2-3 所示。穿刺的结果改变了原有纤维的空间位置和取向，并使整体结构更稳固。

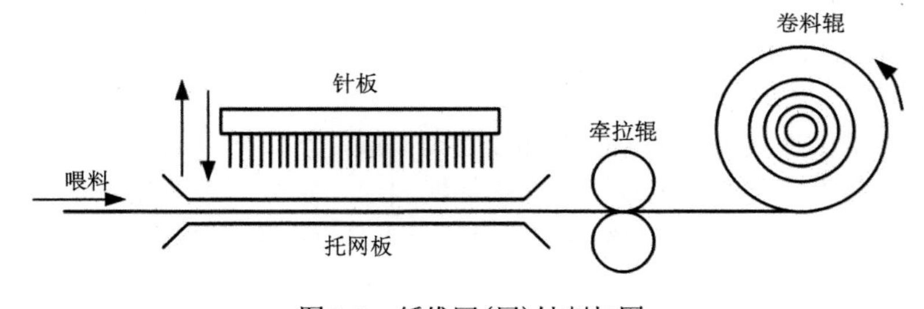

图 2-3　纤维网(层)针刺加固

聚合物挤压成网(毡)法是经过挤压(纺丝、熔喷、薄膜挤出的)加工而成的网状结构无纺布，如图 2-4 所示。聚合物碎片经加温熔化，然后挤压后降温成纤维，纤维层平铺厚度可由聚合物给料挤压度或传送带速度控制，蓬松的纤维层通过牵拉辊加热胶结。

还有一种用高压水射流替代刺针的穿刺成毡新技术——无针穿刺成毡技术，托网板用多孔筛替代，射流既能将纤维网冲进孔道，又不会损伤纤维网，同时也不需要剥网，所以，加工的可靠性和生产效率会更高。

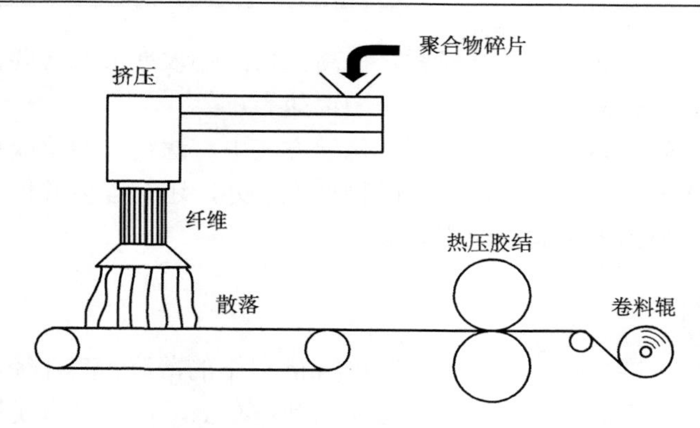

图 2-4　聚合物挤压成网工艺示意图

无纺纤维层，特别是针刺毡，在加工完成后，表面会有许多突出的绒毛，这不利于粉尘从纤维滤料表面脱落。于是就需要进行表面处理。无纺滤料表面处理的目的是提高过滤效率和清灰效果，增强耐热、耐酸碱、耐腐蚀性能，降低滤料阻力，延长使用寿命等。表面处理的方法很多，但总体上可分为物理方法和化学方法两种。在物理方法中，最常用的方法是热处理；在化学方法中，常见的有涂层处理和疏水处理。

(1) 烧毛。通过烧毛可以将表面的纤维毛烧掉，有助于滤料清灰。烧毛燃料使用煤气，如果烧毛工艺控制不好，可能会导致滤料表面不均匀熔融，不利于滤尘，因此较少采用烧毛工艺。

(2) 热定形。毡料在烘燥机内进行热定形的目的是消除在加工过程中毡料中的残存应力，防止在使用过程中出现收缩、弯曲等滤料变形现象。

(3) 热轧光。热轧光是无纺纤维表面处理中较常用的方法。通过热轧光可使针刺毡表面光滑、平整、厚度均匀。热轧机大体可分为两辊、三辊和四辊 3 种。

采用两辊轧机时，热轧一段时间后，为消除棉辊上出现的轧痕，应让轧机在不进布的情况下空转一段时间。采用三辊轧机时，进料在上钢辊和棉辊之间，下钢辊仅对棉辊起平整作用，工作一定时间后，棉辊上会出现轧痕，需要由下钢辊连续地将棉辊轧平。对于有某些特殊要求的无纺布，有时采用两钢辊轧机，主要用于宽而厚的无纺布。四辊轧机主要用于薄无纺布的表面处理，针对不同的无纺布和质量要求，前钢、棉两辊和后钢、棉两辊的加压设备是分开的。热轧处理可制成表面很光滑、透气均匀的针刺毡。这种热轧光滤料有很好的表面过滤作用，而且容易清灰。

(4) 涂层处理。涂层处理可改变无纺滤料的单面、双面或整体外观、手感和内在质量。

(5) 疏水处理。通常毡料的疏水性都较差，为了避免除尘器内出现由于结露现象而导致的滤料表面粉尘黏结问题，提高毡料的疏水性很有必要。常采用的疏水剂有石蜡乳液、有机硅、带长短脂肪酸铝盐等。

涂层和疏水处理属于化学方法。在化学方法中，滤料表面覆膜技术是最先进的表面处理方法之一。除上述毡料表面物理方法外，还有很多其他方法，但以机械热轧光表面处理的无纺滤料应用较多。

2.2.2 覆膜滤料

覆膜滤料是一层高孔隙率，厚度为0.1mm以下的薄膜，其孔径大小通过制造过程精确控制。对于烟尘过滤，覆膜层需压到基布上，使其具有足够的强度，便于使用，基布是无纺或纺织合成纤维。传统滤料主要生产工艺是机织、针刺、烧毛、轧光、后处理，通过在滤料表面形成粉尘饼实现烟尘过滤，属于深层过滤；覆膜滤料是在传统滤料的表面覆上一层薄膜，通过薄膜进行烟尘过滤，属于表面过滤[31]。目前，覆膜滤料已成为工业应用最广泛的过滤材料之一。

覆膜过滤方法很早就已出现，早在1855年Fick就用半渗覆膜进行扩散过程研究。19世纪60年代，Loeb和Sourirajan共同发明了第一代高性能非对称性醋酸纤维素膜，把反渗透技术首次用于海水和苦咸水淡化，使覆膜过滤技术的发展迈出关键一步[32]。现阶段还有许多由硝酸纤维素制作的覆膜。20世纪60年代，电子显微镜的出现使人们能定量确定覆膜形态与制造参数间的关系，覆膜过滤技术的工业应用才得到快速发展。20世纪70年代中期，Gore-Tex拉伸覆膜的出现成为覆膜过滤技术进步的重要标志。到了20世纪80年代，覆膜滤料在烟尘过滤方面取得了重要进展。如今，覆膜技术主要应用于医疗和制药工业、食品、饮料和酿酒业、化妆品制造业、电子、能源、化工、航空、运输等领域的过滤与分离，在环境保护方面，主要用于污水处理、烟尘净化、个体防护和气液中悬浮物(细菌、分子)的过滤分离[33-37]。

覆膜滤料按功能分为微滤、超滤、纳米过滤和反渗透。微滤分离微米级粒子，超滤分离更小的粒子直到分子，纳米过滤分离分子，反渗透分离更小的分子。烟尘过滤一般属于纳米以上范围，即净化比分子大的粒子。所以，常采用微滤覆膜过滤烟尘。传统滤料和覆膜滤料的微粒分离粒径范围见图2-5。

传统纤维滤料有明显的内部过滤特征，粒子附着在纤维上。而覆膜滤料表现为表面过滤，微滤覆膜滤料的孔径大小相当均匀，一般在0.1～8μm的范围。粒子沉降在覆膜表面和粒子表面，很少有粒子能进入覆膜内部。一般的覆膜滤料，其孔隙率为80%～85%，如此大的孔隙率可提供相对高的气体过滤流量。传统纤维滤料和覆膜滤料最大的差异在于孔隙大小分布。与传统纤维滤料相比，覆膜滤料的孔径分布范围很窄，即几何标准偏差很小。因此，覆膜滤料可以保证能够完全去除给定直径的离子，图2-6所示为除尘用覆膜滤料与传统纤维滤料的效率比较。

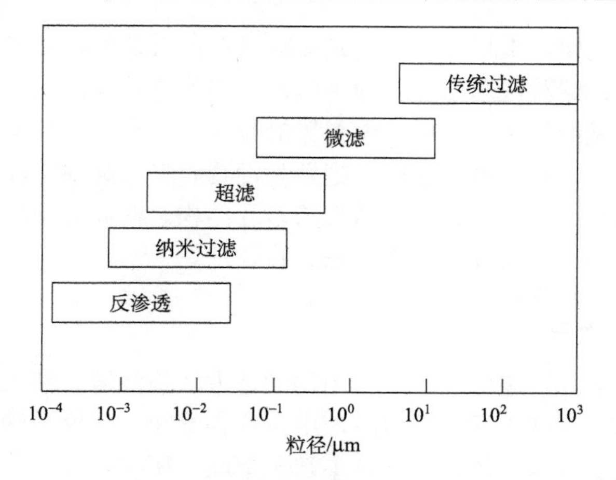

图 2-5　不同过滤方法分离粒径大小

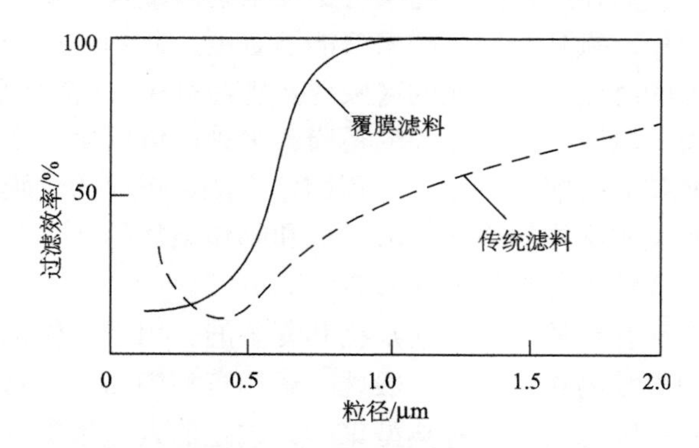

图 2-6　覆膜滤料与传统滤料的过滤效率比较

1. 覆膜滤料的制作

用于制作商业覆膜的聚酯种类很多，主要有醋酸纤维素、硝酸纤维素、聚酰胺、特氟龙、聚碳酸酯、聚酰胺酯、聚氟乙烯、聚四氟乙烯、聚丙烯、聚丙烯酯、聚硫酰、聚苯乙烯、芳香聚酰胺、丙烯酸树脂、聚呋喃、聚偏二氯乙烯、聚甲丙烯酸甲酯(有机玻璃)、聚氯乙烯等。覆膜滤料的制作方法有：烧结、浇铸、拉伸、浸蚀和沥滤。

烧结是通过高压、高温把刚性的陶瓷、玻璃或金属粉末熔化，使粉末颗粒胶结在一起，形成坚实的薄膜或薄板，烧结形成的覆膜孔隙率较低。浇铸是将含有聚酯的溶液散开展平，蒸发形成多孔、胶状薄膜。浇铸是生产覆膜滤料的主要方法。拉伸是把致密的塑料膜，如特氟龙(teflon)或聚丙烯膜，在精确控制的条件下沿所有方向上小心翼翼地拉伸，随着拉伸过程的进行薄膜表面形成微孔，微孔的大小由拉伸方式确定，市场上的特氟龙覆膜滤料通常是由拉伸工艺制作的[38]。浸蚀又称浸刻方法，这种成膜法与其他覆膜滤料制作方法完全不一样。它是采用相互平行的放射性微粒子轰击适合于做覆膜的聚酯膜，直到将聚酯膜击穿，形成与膜面垂直的直通孔。在沥滤工艺中，把两种混合材料塑成薄膜，然后用合适的溶剂将该薄膜中的其中一种材料沥出后形成多孔结构。在商业覆膜滤料中，很少使用沥滤和浸蚀工艺。下面仅介绍浇铸法、拉伸法。

2. *浇铸覆膜工艺*

用于过滤的多孔覆膜的生产最常用的制造方法是浇铸。其工艺过程是先把聚酯(如硝酸纤维素)分散于适当的溶解液中，称为溶胶。在这一混合剂中加入一种造孔物质，该物质有很高的沸点，且不溶于聚酯。所制备好的溶液倒在玻璃表面形成均匀的薄膜，然后在严格控制的条件下使溶解液蒸发。随着溶解液的减少，造孔物质的浓度增加，直到开始影响聚酯的溶解度，此刻，原来均匀的溶胶开始变为凝胶。在适当的时候，把形成的薄膜送到骤冷剂中(通常是水)，于是造孔物质和溶解液被除去，凝胶就变成稳固的覆膜。另外，可以用完全蒸发的方法使凝胶同时失去溶解液和非溶解液，这一过程称作干法。形成的覆膜是高孔隙率的胶体结构。因为控制凝胶结构的浇铸溶液组成和制作条件的变化范围很宽，所以对于制作半渗覆膜，浇铸工艺是最普遍的方法。

覆膜的孔隙率和孔径的影响因素是极其复杂的。用于制作覆膜滤料的聚酯必须要经历由溶胶到凝胶的相转移。一般地，聚酯有相当高的相对分子质量，硝酸纤维素是适合制作覆膜滤料的一种典型聚酯。大量的人造聚酯可用于制造覆膜滤料，如聚酰胺(尼龙)、丙烯酸树脂、聚氟乙烯、芳香族或脂肪族的多硫化物聚酯，对于任一种聚酯，必须使用合适的溶解液和造孔物质。溶解液和造孔物质的选择取决于聚酯的极性，弱极性聚酯(如醋酸纤维素)需要弱极性溶解液(如丙酮)；强极性的聚酯则需用强极性的溶解液(如乙醇或甲醇)；对于无极性聚酯，使用无极性溶解液(如乙醚)是必要的。在任何情况下，溶解液必须是低沸点的，以便在浇铸过程中很快地蒸发。添加的造孔物质的沸点必须要高，这样才能保证其蒸发速度比溶解液的蒸发速度慢得多。造孔物质的极性必须比溶解液的极性强，但极性不能太强，否则会导致聚酯立即沉降。造孔物质的浓度及其极性将影响由浇铸工艺生产出的覆膜的性能。

需要注意的是由浇铸工艺生产出的多孔覆膜是亚稳态的，不是热动力平衡的。当多孔覆膜处于某种条件，如高压、高热或溶剂中，会转变成致密塑料薄膜。覆膜结构的坍塌可在实验室演示：剪一块常见的硝酸纤维素覆膜，放在显微镜载玻片上，使其暴露于丙酮烟雾中，白色不透明的滤料会立即变为致密的透明塑料薄膜。

1974 年，Daubner 和 Peter 提供了在实验室条件下制作覆膜滤料的一些配方。一个较合理的浇铸混合液的组成见表 2-8。

表 2-8 浇铸混合液的组成

项目	硝酸纤维素(含氮 11%)	纯乙醚	无水乙醚	无水丙酮	无水戊醇
质量或体积	150g	250g	750g	1150g	575 mL

要注意的是在覆膜制作的整个过程中绝不能有水存在，所有的溶剂都需做脱水处理。硝酸纤维素先用蒸馏水洗，再用 95%的乙醇洗，最后用纯乙醇洗。洗净后，硝酸纤维素放入表 2-8 所述组成的无水乙醇中浸泡 24h，再加入乙醚，混合搅拌，直到硝酸纤维素溶解。然后加入无水丙酮，其混合液搅拌 2h 后加入戊醇，再过 2h，混合液可以备用，并可存放 2～3 周。

制作覆膜滤料的装置底部有一面积 300cm×300cm、厚 7cm 的玻璃板，其上放置开有椭圆孔的另一块玻璃板，如图 2-7 所示。浇铸溶液从此椭圆孔注入。整个装置放置在一个调平的箱体内，这样在覆膜制作过程中，其内部条件可以控制。

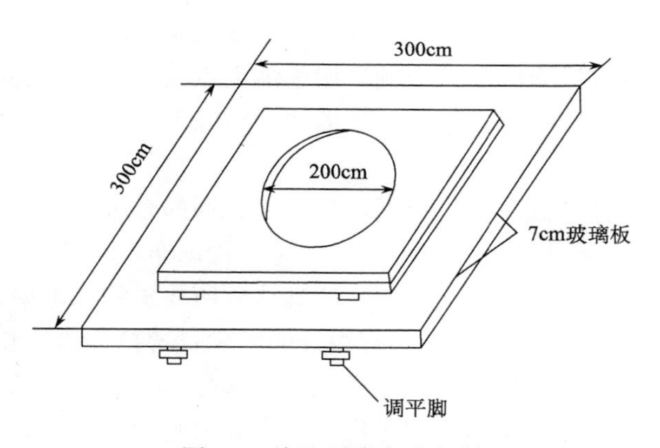

图 2-7 浇注覆膜实验室制

200mL 的硝酸纤维素溶液从椭圆孔注入玻璃板上，温度控制在 22～24℃，相对湿度控制在 55%～60%。在此条件下蒸发 75min 后，将载有覆膜的玻璃板放入水箱中。然后把覆膜切成需要的大小，从玻璃板上取下来放入水中备用。用此法制成的覆膜孔径通常在 0.40～0.45μm。

覆膜滤料工业生产过程如图 2-8 所示。浇铸混合溶液从储液罐里缓缓流到慢慢运动的传送带上，由一个精确调平的水平刮刀(主刀)将溶液展平。传送带通常使用不锈钢，传送带将初成的覆膜送入环境室，在环境室经调质处理后得到成品覆膜。

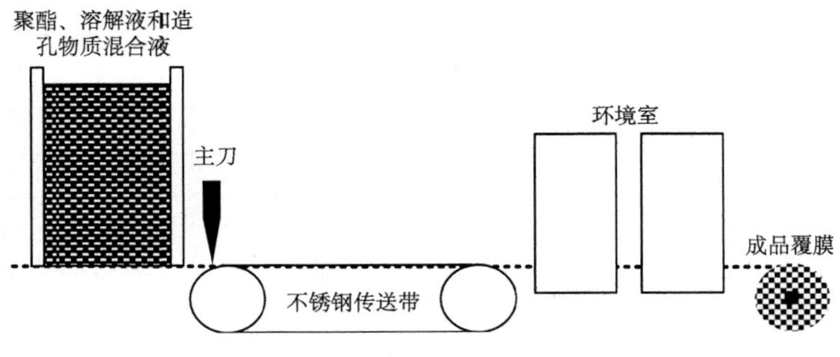

图 2-8　浇铸覆膜滤料工业生产过程示意图

3. 拉伸覆膜工艺

最典型的拉伸覆膜是PTFE(poly tetra fluor ethylene)覆膜，又称特氟龙(teflon)覆膜滤料，它是通过控制拉伸致密特氟龙薄膜而成，其生产工艺由戈尔(Gore)和其合作者发明并获专利。Gore薄膜市场产品名称为Gore-Tex。所提供的覆膜滤料孔径有0.02μm、0.2μm、0.45μm、1.0μm、3.0μm、5.0μm和10～15μm。其结构和传统的醋酸纤维素覆膜有明显的不同。用于烟尘过滤的覆膜需层压到基布上，常用的基布包括聚丙烯网、聚乙烯网、聚丙烯无纺纤维、聚酯无纺纤维和聚氨酯泡沫等。

这种特氟龙拉伸覆膜几乎可以层压到任何普通的合成纤维表面，甚至可以层压到玻璃纤维表面，因此拉伸覆膜可以认为是一种滤布(毡)的表面化学处理技术。这一表面处理技术可以通过工艺控制，精确达到所要求的孔隙率、纤维孔径、透气性和表面光洁程度。不仅使滤料具有很好的粉尘(粉饼)剥离性和降低压力损失，而且保持了特氟龙自身优异的物理化学性能(如耐高温、抗腐蚀等)。

过滤虽然看起来是一个简单的过程，但实际上是非常复杂的，不同的应用领域对过滤的要求基本上是以去除多少悬浮颗粒物而定。但对于烟尘过滤，人们所追求的目标是净化后的烟气既能达到所需要的排放标准，又能使系统长期正常稳定地运行，覆膜滤料在大多数工业烟尘净化情况下能够满足这一要求。可以说覆膜技术从根本上转变了滤料的过滤方式，即由多种机理(拦截、惯性碰撞、扩散等机理)并存的传统纤维过滤转变为以筛滤为主的纤维表面过滤，覆膜滤料简化了过滤机理。

就普通滤料来说，滤料的孔径分布范围较宽，小于滤料孔隙的粒子只能靠内部过滤作用，甚至许多小颗粒会直接从较大的孔隙透过滤料层，其过滤效率是不高的。但对于覆膜滤料，滤料表面的孔径分布范围很窄，即孔径大小较均匀，其中粒径大于孔径的微粒几乎能 100%被捕集。对于工业烟尘，覆膜滤料最初是表面过滤起主导作用，随着粉尘层的形成，“尘滤尘”和覆膜滤料的筛滤作用还会增强对小于滤料孔径的微尘的除尘效率。覆膜滤料的优越性可概括为：

(1)覆膜滤料表面的微孔小而匀，能分离所有大于微孔直径的粉尘，所以烟尘净化效率高且稳定。

(2)覆膜滤料表面的微孔虽然微小但很密集，“开放”面积大，孔隙率高达90%，并且滤料内部无粉尘堵塞，气路“通畅”，所以覆膜滤料阻力小。

(3)覆膜滤料表面十分光洁，粉尘不易黏结，容易清灰，经进一步表面处理的覆膜滤料可以过滤黏性很强的粉尘，甚至可以过滤湿度接近饱和的粉尘。

2.2.3　褶皱滤料

一般地，凡是将纤维层折叠成曲折表面的滤料都可称为褶皱滤料。Torit 是较早开发出褶皱滤料的公司，它是美国唐纳森(Donaldson)公司的子公司[39]。美国另外一家公司——法尔(Farr)公司生产褶皱滤料。这两公司的产品占市场总额的50%以上。2011 年以来，美国通用电气公司(GE)的子公司——毕威(HHA)公司不仅在覆膜滤料生产工艺方面有技术革新，而且在褶皱滤料的开发与应用方面有较快的发展。全球褶皱滤料销售量以每年 15%的速度递增，呈现出很好的市场应用前景。早先的褶皱滤料多用于常温，而今已可用于高温烟尘净化，其中的一个重要应用是气燃机入口的气体净化，仅此一项在美国年销售额就达 1500 万美元，如今褶皱滤料已有越来越多的应用。

褶皱滤料允许有较大的过滤阻力并能提供比平面滤料大得多的表面积，可增大烟气处理量。褶皱滤料的制作是：首先将大尺寸的覆膜滤料放进溶剂(如甘油)中，使覆膜滤料有较好的韧性。然后折叠成褶皱状，再将褶皱的覆膜固定到多孔筒芯上。烟气温度不高(如小于 80℃)时，采用聚丙烯多孔筒芯；烟气温度较高时，采用镀锌钢板或不锈钢多孔筒芯。最后，在覆膜褶皱滤料底部和端部安装保护盖，用树脂黏结。

褶皱滤料可采用聚酯纤维、特氟龙、尼龙、聚丙烯酯纤维等滤料制造，对于微滤褶皱滤料，纤维孔径范围在 0.1～1μm。用于烟尘过滤的覆膜褶皱滤料的过滤效率可达 99.99%。褶皱滤料的优点是过滤面积大、除尘效率较高，制成单元件能承受较大的压差。普通的褶皱滤料有明显的内部过滤(深层过滤)作用，因此褶皱滤料比平整的覆膜滤料的积尘量大得多，降低了清灰频率，但是阻力也大大增加。另外，褶皱间的沟缝有一定的夹持作用，会造成清灰困难。为了克服这些缺陷，现在的褶皱滤料大多采用表面处理纤维滤料和覆膜滤料。这样不仅增大了过滤面积、提高了除尘效率、改进了清灰效果、降低了过滤阻力，而且延长了滤料的使用寿命。制成单元件的褶皱滤料，安装比较方便，但价格较高，通常在某些有特殊要求的条件下(如形成超洁净环境)使用。归纳起来，褶皱滤料有以下特点[40]：

(1)透气性好，因此过滤阻力小，过滤风速较高。

(2)过滤面积大，容尘量大，过滤效率高。

(3)允许很大的变形，有较高的韧性，所以抗拉伸、抗断裂能力强。

(4)安装方便。

(5)设备占地面积小。

虽然褶皱滤料可增大 2～3 倍以上的过滤面积，但清灰较困难，因此，还需进一步研究，解决清灰难的问题。

2.2.4 陶瓷滤料

高温烟气过滤技术的应用与发展一直受到世界各国的广泛关注，呈现出很好的市场前景。高温过滤是指过滤温度为 200℃以上的烟尘过滤，烟气中有氧化还原环境，且常伴有腐蚀性化合物，这就对高温滤料的机械、热力学性能和化学稳定性提出了更高的要求。能够用于高温烟气过滤的滤料有陶瓷、金属纤维和玻璃纤维，刚性陶瓷滤料已成为过滤高温、高压、具有腐蚀性气体的一种主要方法[41]。

1. 陶瓷滤料的成分和结构

在烟尘过滤的应用中，陶瓷滤料是将陶瓷烧制成刚性块状单体，称为陶瓷滤料单元。刚性陶瓷滤料单元可分为两类：陶瓷纤维制成的过滤单元和陶瓷颗粒制成的过滤单元(习惯将二者统称为陶瓷纤维滤料是不严格的，建议称为陶瓷滤料)。表 2-9 列出了目前陶瓷过滤单元常用的陶瓷材料。

表 2-9 陶瓷过滤单元常用的陶瓷材料

材料名称	化学分子式
碳化硅	SiC
氮化硅	Si_3N_4
氧化铝	Al_2O_3
氧化铝多铝红柱石	$Al_2O_3/3Al_2O_3 \cdot 2SiO_2$
多铝硅酸盐	Al_2O_3/SiO_2
β-堇青石	$Al_3(Mg,Fe)_2[Si_5AlO_{18}]$

所用材料成分的不同，决定了陶瓷滤料的类型。碳化硅或氧化铝颗粒常用于制作高密度颗粒过滤单元，其滤料孔隙率为 30%～60%；使用氧化铝或多铝硅酸盐制成的低密度纤维过滤单元的孔隙率为 80%～90%。陶瓷纤维过滤单元和陶瓷颗粒过滤单元的性能比较见表 2-10。这两种过滤单元还必须具备如下性能：

(1)优良的流体动力特性(足够的孔隙率以减小压力损失，但孔隙不能太大以至于太多的粒子进入内部结构)。

(2)很低的热膨胀系数和很高的热传导性能，以减少由于热量波动和脉冲反吹清灰引起的热应力积累和防止热变形破坏。

(3)较高的机械强度(大于 1400kPa)和良好的抗化学腐蚀破坏性能。

表 2-10 陶瓷纤维过滤单元和陶瓷颗粒过滤单元性能比较

性能	陶瓷纤维过滤单元	陶瓷颗粒过滤单元
孔隙率/%	30～60	80～90
透气性/渗透率	高	低
质量	轻	重
压力损失/kPa	＞30	＞50
分离效率	高	高

从表 2-10 中看出，陶瓷纤维过滤单元的过滤性能优于陶瓷颗粒过滤单元。两种过滤单元都有蜡烛状、管状和块状(平流通道结构和错流通道结构)3 种形式。过滤单元是陶瓷过滤除尘器的重要组成部分，除尘器的结构设计由过滤单元的几何形状和过滤单元的流动路径而定。蜡烛状过滤单元一般直径较小，只有一端有出气口，所以防尘器采用外滤式；管状过滤单元两端开口，上下两端固定在花板上，常采用内滤式。

2. 陶瓷滤料的应用和发展

大多数陶瓷过滤单元都是由相同的基本材料制作的，所不同的是构成过滤单元陶瓷颗粒的大小或陶瓷纤维的直径、胶接方式和过滤方法，其影响因素主要有强度、渗透率和过滤单元的耐用性。高密度的陶瓷颗粒过滤单元适用于发电厂，因为它有较高的机械强度，具有非氧化和氧化基的(如氧化铝和莫来石)陶瓷经历了大量的现场试验。陶瓷颗粒过滤单元由樱结构层和细表面层组成，细表面层的作用是促成表面过滤而非深层过滤，通常是铝硅纤维网或者是微细的碳化硅颗粒层，表面用氧化相做胶结剂将颗粒层胶结起来，可通过高温直接烧结，也可用化学蒸气充填(CVI)，还可以加入土基胶结，如氧化铝和莫来石，高温下能够形成玻璃相。直接烧结和 CVI 是非常昂贵的纤维化技术，其他制作陶瓷颗粒过滤单元的方法有注模技术、燃烧合成技术等[42]。

陶瓷纤维一般用纤维糊精通过公、母模子拉制而成，糊精内含有有机黏结剂(如淀粉)以增强过滤材料的结构强度，形成的滤料可以进行后处理，或者表面机械抛光。陶瓷纤维的优点是比重小，阻力低。下面对陶瓷滤料的发展和应用情况做简单介绍。

1) 蜡烛状过滤单元

最常见的过滤单元是蜡烛状过滤单元，它是一个中空、具有多孔边壁的柱状管，一端封闭，另一端有凸缘。典型的蜡烛状过滤单元几何尺寸为外径 0.06m，壁厚 0.01～0.02m，总管长 1～1.5m。含颗粒物的气流从管外到管内，颗粒物在外表面沉降形成颗粒物层(粉饼过滤)。常采用脉冲方式清灰，使用惰性气体(通常为 N_2 或净化后的气体)周期性地喷射到蜡烛状过滤单元组合室内，脉冲气体在蜡烛状过滤单元内外形成压差，使蜡烛状过滤单元外表面的颗粒物层脱落而掉入下部的灰斗中。在实际除尘器中，是将大量的蜡烛状过滤单元组合成多管，其数量取决于所过滤的气体体积和所设计的过滤风速[43]。

早期的蜡烛状过滤单元的材料是黏土与碳化硅或氧化铝黏结而成的，为了提高单元的强度、耐热性和过滤性能，后来由碳化硅制成的 Dia-Schumalith 滤料系列(F-40，F-30，FT-20，T-10-20)对表面覆膜和黏结材料都作了改进。Dia-Schumalith 滤料的基本设计是外表面具有陶瓷覆膜的非对称陶瓷滤料。刚性的具有稳定结构的微米级的多孔碳化硅滤层作为陶瓷覆膜的支撑，由碳化硅(SiC)和氧化铝(Al_2O_3)合成的陶瓷覆膜厚 100～200μm，平均孔径 10μm。T-10-20 的陶瓷覆膜含有白莫来石，滤料表面比 F-40 和 F-30 更光滑，清灰更容易。在高温下(特别是 700℃以上)F-40 或 F-30 陶瓷滤料会发生蠕变，而 FT-20、T-10-20 具有较高的抗蠕变性能。

2) 管状过滤单元

管状过滤单元两端开放，含尘气流从上部进入，利用气流的动能，可使部分颗粒物直接落入灰斗。气体通过滤料层，粒子阻留在管的内表面，采用逆气流脉冲喷吹，逆气流经过滤室由管外到管内。这种过滤方式有利于提高过滤单元寿命，但大大增加了清灰耗气量。

管状过滤单元的管径较大，过滤单元安装在上下板上。日本 Asahi Glass 公司生产的管状过滤单元由 MgO、Al_2O_3 和 SiO_2 的化合物晶体制成。其内径为 140mm，壁厚为 15mm，安装长度近 3m(3 根 1m 长的管接在一起，接头用陶瓷胶密封)。这种材料需要较高的烧制温度，因此造价高。三菱重工(MHI)已将这种管状过滤单元用于 85MW 的流化床燃煤发电厂的烟尘净化。

3) 通道过滤单元

通道过滤单元是由多个通道组成的整体陶瓷块，含尘气体由通道进入，净化后的气体通过通道流出，过滤功能由薄的多孔板或覆膜实现，采用逆气流脉冲反吹清灰。通道过滤单元的一个显著特点是表面积与体积比值很大，要比蜡烛状过滤单元高 4～5 倍，但过滤取决于有效过滤表面积，对于通道过滤单元，有部分表面是封闭的。通道过滤单元主要有两种，一种是 CeraMem 平流式通道过滤单元，另一种是 Westinghouse 错流式通道过滤单元。

CeraMem 平流式通道过滤单元中有很多通道，对于进气通道，末端封死，对于出气通道，上端封死。其过滤材料为堇青石，孔隙直径 4～50μm，孔隙率 30%～50%，进气通道表面有孔径为 0.2～0.5μm 的覆膜，仅为过滤材料孔径的 1/100 左右，覆膜厚度不到 50μm，压力损失能保持在可接受的程度。

最早的 Westinghouse 错流式通道过滤单元由 Coors 公司制造，陶瓷材料为氧化铝/莫来石，过滤单元由许多薄陶瓷板分层制成，进气通道和出气通道交错分层，进气通道又称短通道或脏通道，出气通道又称长通道或洁净通道。含尘气流进入过滤单元的进气通道(短通道)，然后气体分别通过上、下两层多孔陶瓷纤维过滤板，净化后的气流进入出气通道(长通道)。长通道的一端封闭，迫使过滤后的气体流入集气室。脏通道的清灰采用逆气流脉冲，由洁净通道压入，清灰机理稍复杂，因为不仅要使附着在进气通道表面的粉饼脱离，而且还要把颗粒物从进气通道逆向送出。Westinghouse 错流式通道过滤单元存在两个问题：一是在分层加工过程中陶瓷的退化，二是抗热能力和机械强度较弱。表 2-11 为几种陶瓷纤维过滤单元的单位体积过滤面积(比过滤面积)的比较。

表 2-11 几种陶瓷纤维过滤方式的过滤面积比较

过滤方式	典型滤料尺寸/mm	有效过滤面积/m^2	滤料体积/m^3	比过滤面积/(m^2/m^3)
普通纤维布袋	150(直径)×6100	2.87	0.1078	27
蜡烛状	60(直径)×1500	0.28	0.0042	67
错流式	300×300×100	0.77	0.0090	86
CeraMem 平流式	305(边长)×381(边长)	6.78	0.0278	244

2.2.5 其他滤料

除上述普通纺织纤维滤料、无纺滤料、覆膜滤料和陶瓷滤料外，还有很多其他种类的滤料，如玻璃纤维滤料、防静电滤料和金属纤维滤料(不锈钢丝、海绵状多孔金属、膨化铝过滤板等)。

1. 玻璃纤维滤料

目前，在中、高温烟气净化中，玻璃纤维滤料是应用最为广泛的滤料[44,45]。玻璃纤维滤料是由熔融的玻璃液拉制而成，是一种无机非金属材料。玻璃纤维的耐温性好，可以在 260～280℃的高温下使用，可降低结露风险。经过特殊表面处理的玻璃纤维滤料，具有柔软、润滑、疏水的性能，有利于颗粒物的剥落。280℃

以下，玻璃纤维的收缩率接近 0，与合成纤维相比，尺寸的稳定性更突出，在使用时不用担心由于透气性与过滤面积变化以及收缩引起的布面张力增大而导致的加速滤袋破损的情况发生。玻璃纤维有很好的抗腐蚀性，即使是强碱性、强酸性的烟气对其使用寿命的影响也很小。总之，玻璃纤维滤料具有耐腐蚀、抗结露、尺寸稳定、颗粒物剥离性好等优点，是处理湿度高、温度高、有腐蚀性化学成分烟气的较理想的滤料。

用于油烟净化器的玻璃纤维滤料可以是平幅过滤布、玻璃纤维膨体纱滤布和玻璃纤维针刺毡。由于玻璃纤维的曲挠性远不如合成纤维，所以用作滤料的玻璃纤维必须经过表面处理，表面处理可分为前处理和后处理两类。玻璃纤维滤料的前处理是将玻璃纤维纱线经表面处理后，再织造成玻璃纤维滤布；玻璃纤维滤料的后处理，则是把玻璃纤维纱织成织造物或非织造物，然后用表面化学处理制成玻璃纤维滤料。

目前，国内对玻璃纤维的表面处理以硅油、聚四氟乙烯、硅油-石墨-聚四氟乙烯和耐酸和耐腐蚀四大系列表面处理配方为主。如玻璃纤维经以硅油-石墨-聚四氟乙烯为主要成分的表面处理后，可大幅度提高耐折性和耐磨性，并具有优越的耐热和疏水性。玻璃纤维的另外一个重要表面处理工艺是可加工成玻璃纤维覆膜滤料，如用特氟龙覆膜表面处理，玻璃纤维覆膜滤料对小于 5μm 的颗粒物的除尘效率可达 99%以上。总之，对于温度在 100～280℃的有腐蚀性烟气，玻璃纤维覆膜滤料是一种值得优先考虑的选择。

2. 金属滤料

现有的金属滤料都具有耐高温的特性，金属滤料的微观结构有细丝状和多孔状两种形态。在陶瓷滤料出现之前，加工制造技术就可以把不锈钢或铬镍铁合金制成 4～20μm 的金属丝。不锈钢丝滤料有针刺毡型和烧结型两种[46]。烧结型是用烧结合金作为联结物将随机排列的不锈钢丝烧结成平整的多孔滤料层。不锈钢丝过滤器具有气布比高、清灰易、无静电放电现象、抗腐蚀、容尘量大(孔隙率可达 95%)和效率高等特点[47]。由于生产不锈钢丝过滤器的技术要求较高，针刺毡或烧结工艺难度大、制袋成本高，对过滤单元的支撑要求滤室有较高的结构强度等，因此不锈钢丝过滤器的应用受到一定限制。

膨化铝过滤板是一种应用较多的金属多孔滤料板，当表面经防黏涂料处理后，可用于油烟的净化。膨化铝过滤板具有重量轻、耐高温、耐腐蚀、价格远低于不锈钢丝滤料等优点，但膨化铝过滤丝不抗折，不便制型，所以膨化铝过滤板主要用于在小油烟量的情况下。

海绵状多孔金属膜板(金属泡沫过滤板)也是一种金属滤料，但并不多见。海绵状多孔金属膜板结构与聚酯浇铸覆膜滤料很相似，这种金属滤料有极好的透气性和防动特性，但加工工艺要求较高。

3. 防静电滤料

纤维滤料自身或使用过程中由于气流或颗粒物的摩擦不可避免地会带有一定电荷。纤维滤料的带电分为人为带电和自身带电两种情况。

纤维带电一方面可提高过滤效率；另一方面，如果静电放电产生火花，有可能引燃所过滤的可燃性颗粒物，当颗粒物浓度高于爆炸下限时会发生爆炸。此外纤维带电也会使沉积在滤料上的颗粒物带电，与纤维之间形成较强的静电相互作用，导致清灰困难、压降增大。因此，除非颗粒物无爆炸危险和有相应的清灰方法或无须清灰才可利用静电效应，否则对于易产生静电积累的烟尘过滤，需采用防静电滤料[48]。

对高电阻率纤维而言，可通过提高其导电性来防止静电危害，具体方法是在过滤材料中引入导电纱线(导电纤维或金属丝)或石墨浸渍进行表面导电处理。表 2-12 列出了防静电聚酯纤维电阻率随金属丝添加量的变化。

表 2-12 防静电聚酯纤维电阻率随金属丝添加量的变化

滤布	克重/(g/m^2)	电阻率/($\Omega \cdot cm$)
纯聚酯纤维	330	3.3×10^{12}
纯聚酯纤维添加 3%金属线	337	2.8×10^{12}
纯聚酯纤维添加 5%金属线	359	1.4×10^{12}
纯聚酯纤维添加 10%金属线	380	0.7×10^{12}

滤料的种类很多，选择范围极广，但对于 200～1000℃的高温烟气过滤，滤料选择范围会大大缩小。主要包括聚四氟乙烯(特氟龙)滤料、玻璃纤维滤料、金属滤料、陶瓷滤料以及由聚四氟乙烯或玻璃纤维组成的复合滤料、覆膜滤料和褶皱滤料。虽然聚四氟乙烯滤料可耐度 180～260℃的温度，但已处于“高温烟气”温度定义的下限(200℃)。因此，对于 200℃以上的高温烟气，在选用聚四氟乙烯滤料或聚四氟乙烯覆膜滤料，以及聚四氟乙烯与其他滤料制成的复合滤料时要特别慎重，必须做出相应的论证，如进行实验室模拟试验和实际烟气工况试验。从应用意义上讲，滤料本身无所谓好坏，主要取决于烟气和颗粒物的物理化学性质以及期望达到的目标值(排放标准)。如果所设计的纤维过滤器能够以最少的投资、运行维护费用达到预期的净化效果，这就是滤料和过滤方式的理想选择。

2.3 机械过滤理论

2.3.1 机械过滤单元的基本参数及影响因素

1. 机械过滤单元的基本参数

为了便于研究滤网式机械过滤技术，定量描述其过滤空气的效能，定义了 4 个重要的特性参数，分别是过滤效率、压降、面速或滤速以及容尘量。

1) 过滤效率 η

对于机械过滤单元，过滤效率 η 是指进入过滤器前的气溶胶总量与捕集量之比。它直接决定了过滤器能否满足使用要求。

$$\eta=\frac{C_1-C_2}{C_1}\times 100\% \tag{2-2}$$

式中，C_1 为过滤前的环境气溶胶颗粒物的计重浓度，mg/m^3；C_2 为过滤后的环境气溶胶颗粒物的计重浓度，mg/m^3。

2) 压降 ΔP

压降 ΔP 是指净化器进口与出口处的压力差，它反映了过滤器对气流的阻挡作用的强弱。压降越大，过滤器运行所需的驱动力越大，能耗越高。所以，它是与设备能耗有关的指标。

$$\Delta P = P_2 - P_1 \tag{2-3}$$

式中，P_1 为过滤前的环境压力，Pa；P_2 为过滤后的环境压力，Pa。

3) 面速或滤速

面速 u(滤速 v)是指通过过滤器横截面(或滤料表面)的气流的速度。用来衡量过滤器通过风量的能力，也即过滤器输出过滤空气量的能力。

$$u=\frac{Q}{F\times 3600} \tag{2-4}$$

式中，u 为面速，m/s；Q 为风量，m^3/h；F 为过滤器截面积，即迎风面积，m^2。

或

$$v=\frac{Q}{f\times 3600} \tag{2-5}$$

式中，v 为滤速，m/s；f 为滤料净面积，m^2。

4) 容尘量

过滤器容尘量是指过滤器容纳污染物的能力。通常定义为过滤器的阻力达到其初始阻力的 1 倍(若 1 倍值太低，可定为其他倍数)，或者效率下降到初始效率的 85%以下时过滤器上的积尘量。该指标决定了使用期限、维护周期。

2. 机械过滤单元的影响因素

影响油烟机械过滤过程的因素由气溶胶粒子、气体和过滤单元三部分组成。气溶胶粒子对过滤过程的影响因素包括粒径 d_p 和粒径分布、粒子形状和密度 ρ_p、带电量和介电常数、化学成分和粒子浓度。气体对过滤过程的影响因素包括流速 v_0、密度 ρ、绝对温度 T、压力 P、动力黏性系数 μ 和湿度。过滤单元对过滤过程的影响因素包括滤料表面积 A、滤料厚度 L、纤维的尺寸和排列、滤料的孔隙率 ε 和比表面积、带电量和介电常数、化学成分。上述提到的所有因素都会对过滤器的性能参数如压降 ΔP 和过滤效率 η，产生影响。

过滤过程的状态对过滤过程有很大的影响，过滤过程在理论上可分为稳态和非稳态。稳态过滤是把滤料看作洁净滤料，假定沉降于滤料上的粒子引起滤料结构的变化很小，不影响过滤器的基本性能 ΔP 和 η，在这种状态下，ΔP 和 η 与时间无关。在初始阶段且油烟浓度不高时可以看作稳态过滤。实际上，过滤过程是非常复杂的，特别是在末尾阶段，沉降于滤料上的粒子使滤料结构发生很大变化，ΔP 和 η 都与时间有关，这就是非稳态过滤。

2.3.2　过滤效率的计算

1. 单一纤维捕集效率

过滤作用的机理主要有惯性碰撞、拦截以及扩散三种。分别定义惯性碰撞的捕集效率为 η_I，拦截作用的捕集效率为 η_R 和扩散作用的捕集效率为 η_D。

惯性碰撞的捕集效率 η_I 是斯托克斯数(St)的函数：

$$\eta_I = f(\mathrm{St}) \tag{2-6}$$

式中，St 为斯托克斯(Stokes)数，其定义为

$$\mathrm{St} = \frac{\rho_p C_c D_p^2 v_0}{18\mu D_f} \tag{2-7}$$

式中，ρ_p 为颗粒密度，kg/m^3；C_c 为滑动修正系数；D_p 为颗粒直径，m；v_0 为过滤速度 m/s；μ 为气体黏度，Pa•s；D_f 为纤维直径，m。

拦截作用的捕集效率 η_R 是流场和尺寸比率 R 的函数：

$$\eta_R = f(R) \tag{2-8}$$

式中，R 为拦截系数，

$$R = \frac{D_p}{D_f} \tag{2-9}$$

式中，D_f 为纤维直径，m；D_p 为颗粒直径，m；

扩散效率是流场和 Peclet 数的函数：

$$\eta_{\mathrm{D}} = f(Pe) \tag{2-10}$$

Pe 是 Peclet 数，定义为

$$Pe = \frac{D_{\mathrm{f}} v_0}{D_{\mathrm{mp}}} \tag{2-11}$$

式中，v_0 为过滤速度，m/s；D_{mp} 为颗粒扩散系数，

$$D_{\mathrm{mp}} = \frac{kT}{3\pi\mu D_{\mathrm{p}} C_{\mathrm{c}}} \tag{2-12}$$

式中，k 为玻尔兹曼常数；T 为温度，K；C_{c} 为滑动修正系数；D_{p} 为颗粒直径， m；μ 为气体黏度，Pa•s。

这三种捕集机理并不是单独存在，常常多种机理联合作用，单一纤维各种捕集机理联合作用时的总捕集效率认可近似表达为

$$\eta_{\mathrm{s}} = 1 - (1-\eta_{\mathrm{I}})(1-\eta_{\mathrm{D}})(1-\eta_{\mathrm{R}}) \tag{2-13}$$

2. 过滤器的总捕集效率

在过滤器中气溶胶颗粒分离的经典过滤理论主要以单一纤维模型为基础，在圆柱体纤维表面上，所有颗粒的捕集依靠多种捕集机理的联合作用。过滤器总捕集效率的定义为这些捕集机理的集合：

$$\eta = 1 - \mathrm{e}^{-\eta_s S} \tag{2-14}$$

式中，S 为过滤器的面积因子。

$$S = \frac{4m_{\mathrm{f}}}{\pi D_{\mathrm{f}}} = \frac{4L\beta}{\pi D_{\mathrm{f}}} \tag{2-15}$$

式中，m_{f} 为过滤器单质量比(每单位面积过滤器的质量)；L 为过滤器厚度；β 为纤维体积百分率；D_{f} 为纤维直径。

β 的定义为

$$\beta = \frac{m_{\mathrm{f}}}{\rho L_{\mathrm{f}}} \tag{2-16}$$

式中，ρ 为纤维密度；L_{f} 为比纤维长度(每单位面积过滤器的纤维长度)。

2.3.3 过滤器的压力损失的计算

在计算过滤器压力损失应用较为广泛的为 Davies 定律[49]：

$$\frac{\Delta P}{L} = 64\mu v_0 \frac{\beta^{\frac{3}{2}}\left(1+56\beta^3\right)}{D_{\mathrm{f}}^2} \tag{2-17}$$

式中，ΔP 为压降，Pa；L 为过滤器厚度，m；β 为纤维体积百分率；D_f 为纤维直径，m；v_0 为过滤速度，m/s；μ 为气体黏度，Pa•s。

式(2-17)为理想情况下，即过滤器是完全清洁情况下的压力损失计算公式，属于稳态过滤，该理论只有在低的微粒浓度条件下，且在过滤的初始阶段才能近似地实现。但在实际中，过滤器不可能是完全清洁的，人们必须考虑清洁捕集器表面被颗粒覆盖，过滤过程发生在已沉积的颗粒层表面时的情况。此时，过滤过程是非稳态的，这种非稳态过程十分复杂，它的研究是当前过滤理论研究的前沿及难点。许多研究者对此作了研究，对理想模型进行了修正，其中，Bergman 和 Novick 的修正公式实用性较好。

Bergman 给出含尘情况下压降为

$$\Delta P=64\mu v_0 L\left(\frac{\beta}{D_f^2}+\frac{\beta_p}{D_p^2}\right)^{0.5}\left(\frac{\beta}{D_f}+\frac{\beta_p}{D_p}\right) \tag{2-18}$$

式中，ΔP 为压降，Pa；L 为过滤器厚度，m；β 为纤维体积百分率；D_f 为纤维直径，m；D_p 为颗粒直径，m；v_0 为过滤速度，m/s；μ 为气体黏度，Pa•s。

Novick 等又对此进行修正，得出含尘情况下压降为

$$\Delta P = \Delta P_0 + K_2 v_0 m \tag{2-19}$$

其中，

$$K_2 = \frac{h_K a_g^2 \beta_{pc} \mu}{C_C\left(1-\beta_{pc}\right)^3 \rho_p} \tag{2-20}$$

式中，a_g 为颗粒比表面积，m^2/g；C_C 为 Cunninghan 滑动修正系数；β_{pc} 为材料的填充密度；h_K 为 Kozeny 常数，对于球形颗粒，$h_K=5$；μ 为气体黏度，Pa•s；ρ_p 为颗粒密度，kg/m^3；ΔP_0 为清洁过滤器压力损失，Pa；m 为单位面积过滤器捕集的颗粒质量，g/m^2；v_0 为过滤速度，m/s。

2.4 惯性分离理论

2.4.1 折板式机械过滤技术

折板式机械过滤技术是一种惯性分离技术，其原理是使用预设的挡板使气流急速转向，因颗粒物与空气的惯性不同，其运动轨迹也与气流不同，从而从气流中分离出来。其工作过程中发生了折流、旋流、重力沉降等作用，气流被挡板改变方向，大颗粒直接撞在挡板上，沉降下来，小一点的颗粒随着气流在一定范围内形成折流、旋流，减慢了速度，增加了停留时间，最终在重力作用下沉降。

1. 折板净化器的性能参数

折板过滤器的主要性能参数包括分离效率、临界分离粒径、临界气流速度、系统压降和处理量。

1) 分离效率

分离效率定义为单位时间内分离出的颗粒质量与进入油烟中颗粒物总质量的比值。这是考核过滤器分离性能的关键指标。其影响因素主要包括折板结构、折板间距、气流分布均匀性、气体流速及过滤器布置形式等。

2) 临界分离粒径

临界分离粒径 d_{cr} 是指在一定的气流速度下能够被过滤器完全分离的最小颗粒粒径。对折板过滤器来说，颗粒粒径越大，其自身惯性越大，越容易脱离气流而被分离捕集，较小粒径的颗粒则分离困难。因此，临界粒径也是表征过滤器分离效能的一个重要指标，临界分离粒径越小，说明过滤器的处理能力越强。

3) 临界气流速度

过高或过低的气流速度都不利于过滤器的正常运行，因此，必然存在一个临界气流速度，在此速度以下，随着气流速度的增大，分离效率提高；超过此速度值以后，分离效率反而下降。这是因为过大的气流速度会造成已经被分离聚集在折板壁面上的颗粒被冲刷，重新被夹带进入气流中，需要进行二次分离。通常将过滤器的最高气流速度设置在临界气流速度以下，最小气流速度则可根据分离效率的要求进行确定。

4) 系统压降

系统压降指气流通过过滤器折板通道时产生的压力损失。压降与折板结构、折板间距、气体流速及气流中油烟含量等因素有关。系统压降越大，代表能耗越高。折板积垢严重会导致系统压降明显提高，因此通过监测压降变化可对系统的运行状态进行把握，及时发现问题，并进行处理。折板式过滤器压降可由下式计算[50]：

$$\Delta P = K \rho_g U_g^2 \tag{2-21}$$

式中，K 为结构系数，与折板的形态和结构有关；ρ_g 为气体密度，kg/m^3；U_g 为气流速度，m/s。

5) 处理量

折板式过滤器的处理量是由再分离现象控制的，当折板中的气体流速过低，惯性分离过程微弱；当气体流速在工作设定范围时，在折板进口附近处形成的颗粒一般在到达出口之前就会被分离排出；当气体流速较高并且超出某一临界值时，会发生二次夹带现象，将已积聚的颗粒重新带出。这时重力、拉力和表面张力一起作用于颗粒，使其与折板分离并随高速气流一起流动，从而使过滤器失效。考虑到颗粒分离时各种不同力的平衡以及极限速度，一般用再分离系数 R_n 来控制再分离现象，如下式所示：

$$R_n = \frac{F_s^4}{\sigma \rho_l g} \tag{2-22}$$

式中，$F_s = U_g\sqrt{\rho_g}$ 是与气速有关的因子；g 为重力加速度，m/s^2；ρ_l 为液体密度，kg/m^3；σ 为液体表面张力，N/m；U_g 为气体速度，m/s；ρ_g 为气体密度，kg/m^3。

当分离系数 R_n 大于某临界值时，再分离现象就会发生。R_n 的临界值可以通过测量室温下空气-水体系中折板的临界速度来确定，临界再分离系数 R_n 可以用于确定折板式过滤器的最大处理能力。

2. 折板式净化器的分离效率的计算

惯性分离归根结底研究的是气流中的粒子在不同力作用下的平衡和运动规律，其基本物理模型有 3 种，分别是塞流模型、横混模型和全返混模型。

1) 塞流模型 (plug flow model)

在塞流模型中，认为未被捕集颗粒的既无轴向也无径向方向的返混现象，即完全不返混。因此可用如图 2-9 所示的二维矩形平面图来描述气流和颗粒的运动过程。

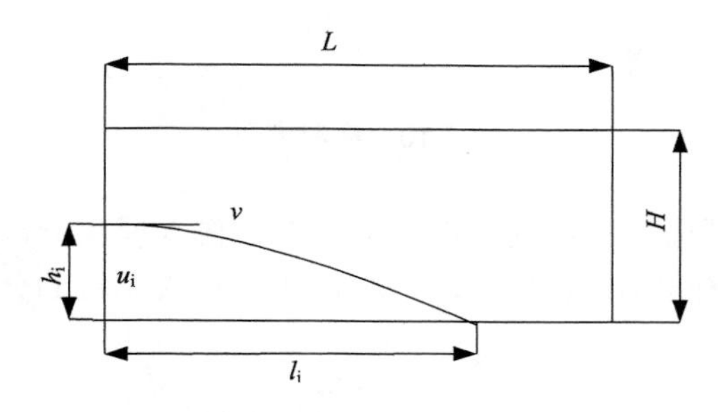

图 2-9 塞流模型示意图

给定气流夹带颗粒的初始运动速度为 v，单位 m/s，颗粒在捕集力的作用下向捕集面移动的速度为 u_i，单位 m/s，则颗粒向捕集面移动的轨迹可表示为

$$\frac{dh}{dl} = \frac{u_i}{v} \tag{2-23}$$

式中，dl 是颗粒沿气流方向运动的距离微量；dh 是颗粒垂直于气流运动方向的位移微量。

假设有一颗粒，起始位置在 h_i 高度处，若该颗粒在运动到沿气流方向 l_i 距离的位置处被捕集，当 $l_i \leq L$ 时，可认为其分离效率为 100%。因此，在塞流模型描述的运动过程中，总存在一个临界初始位置 h_{ci}，该处的颗粒在被捕集时其沿气流方向运动的水平距离恰好等于 L，即

$$\int_0^{h_{ci}} \mathrm{d}h = h_{ci} = \int_0^L \frac{u_i}{v}\mathrm{d}l \tag{2-24}$$

设在入口一段 H 高度上均匀分布着该颗粒，则过滤器对该颗粒的分离效率为

$$\eta_i = \frac{h_{ci}}{H} = \frac{1}{H}\int_0^L \frac{u_i}{v}\mathrm{d}l \tag{2-25}$$

2) 横混模型

在横混模型中，考虑湍流扩散的作用，认为颗粒在捕集分离空间的横截面上是混合均匀的，在轴向上则近于塞流。在 $\mathrm{d}t$ 时间内，气流带动颗粒走过的距离为 $\mathrm{d}l$，同时颗粒在捕集力的作用下向捕集面移动了 $u_i\mathrm{d}t$ 距离，如图 2-10 所示。

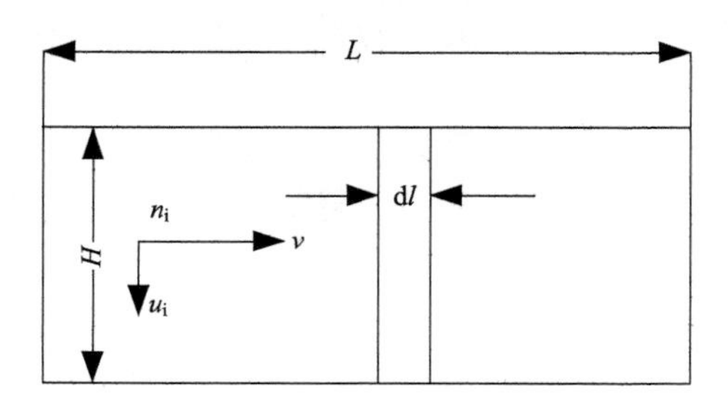

图 2-10　横混模型

设任意瞬时横截面上颗粒的浓度为 n_i，颗粒进入捕集分离空间的原始浓度为 n_0，离开捕集分离空间时的浓度为 n_L，则过滤器对该颗粒的分离效率为

$$\eta_i = 1 - \frac{n_L}{n_0} = 1 - \exp\left[-\int_0^L \frac{u_i}{Hv}\mathrm{d}l\right] \tag{2-26}$$

3) 全返混模型

在全返混模型(back mixing model)中，假定颗粒在捕集分离空间的全体积内是混合均匀的，即在同一时刻内空间各点的浓度都一样，经过一定时间后，由于颗粒不断向捕集面移动，浓度就会变小，如图 2-11 所示。

其过滤器对该颗粒的捕集效率可用下式表示：

$$\eta_i = \frac{\dfrac{u_i L}{vH}}{1 + \dfrac{u_i L}{vH}} \tag{2-27}$$

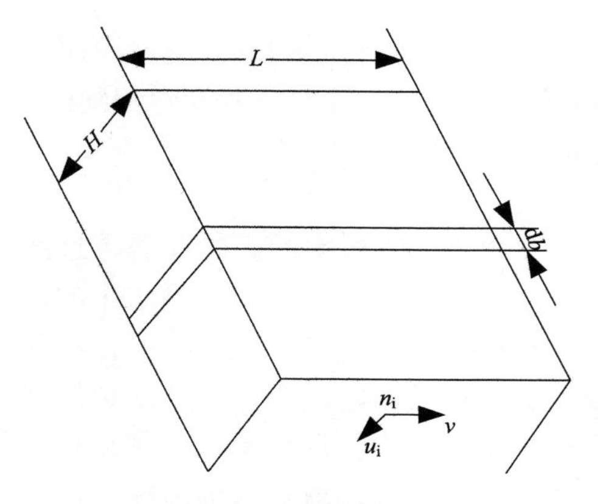

图 2-11 全返混模型

式中，v 为给定气流夹带颗粒的初始运动速度，m/s；u_i 为颗粒在捕集力的作用下向捕集面移动的速度，m/s。

以上分别给出了三种模型对应的分离效率计算公式，但对于实际的分离设备来说，分离过程会出现颗粒碰撞弹跳、二次夹带、涡旋夹带等特殊现象，所以实际情况要比这些理论模型复杂得多，因此，分离效率的计算也会非常复杂，并无统一的方法可用。但在分离设备内不同的区域可考虑引入最接近的基础理论模型，最终形成一种组合模式，进一步确定最适宜的分离效率计算方法。

3. 折板净化器的设计参数

折板式净化设备的性能参数由折板过滤器的设计参数决定，设计参数主要包括折板形状、折板间距、折板级数和进口气体流速等。

1）折板形状

折板形状对整个系统的效能起着至关重要的作用。其通常由高分子材料（如聚丙稀、FRP 等）或不锈钢（如 317L）制成。常见的折板形状有圆弧形、梯形和三角形等（图 2-12）。圆弧形属于流线型的形状，梯形和三角形属于折线型的形状。有时为了提高分离效率，还会在折板的弯折处添加倒钩（弧钩）（图 2-12d）。

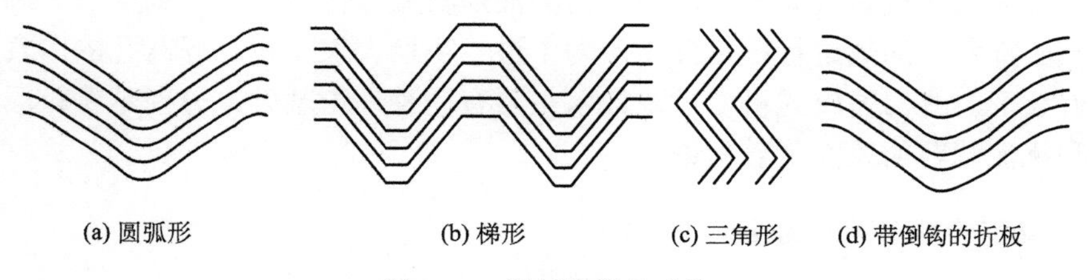

(a) 圆弧形　(b) 梯形　(c) 三角形　(d) 带倒钩的折板

图 2-12 折板的常见形状

不同形状的折板，但其分离原理基本相同。折板的多折向结构增加了颗粒被捕集的机会，未被除去的颗粒在下一个转弯处经过相同的作用而被捕集，这样反复作用大大提高了过滤器的分离效率。

2) 折板间距

折板间距的大小对过滤器分离效率的影响显著，过滤效率随着折板间距的增大而降低。折板间距增大，会使气流在折板通道中的流通截面积变大，流动方向的变化趋于和缓，颗粒物对气流的跟随性变好，不易从气流中脱离出来，进而使过滤效率降低。但若折板间距过小，易使通道堵塞，且不易清理积垢。因此，选取合适的折板间距，对于保证过滤器正常运行非常重要。折板间距应综合考虑气流速度、油烟浓度进行选取。目前折板式净化器常用的折板间距大多在 10～30mm。

3) 折板级数

随着折板级数的增加，过滤效率增大，但当级数增加到一定数量时，对提高分离效率的作用已不明显，反而会造成系统压降增大，压力损失增加。在过滤器的设计中，通常以达到高的分离效率且具有较小的压力损失为目标。因此，不能盲目地增加级数。可根据分离效率和压降的变化曲线选取合适的级数。

折板级数增加可以使分离效率提高，但是同时系统压降也增加，所以为了减小能耗，级数通常取 1～3。转折角越小，则折板内的湍流强度越大，分离效率就越高，同时压降也增加，常用的转折角度为 60°、90°、100°。

4) 进口气体流速

净化器进口截面的气流速度过高或过低都不利于过滤器的正常运行，气流速度过高易造成颗粒的二次夹带，导致过滤效率降低，同时流速过高系统阻力大、压降大、能耗高。流速过低对提高分离效率也不利。因此适宜的气流速度应该选取在临界流速附近。根据不同净化器折板结构及布置形式，进口设计流速一般宜选 2～6m/s。

2.4.2 蜂窝波纹式机械过滤技术

蜂窝波纹式机械过滤是另一种结构的油烟机械净化技术，它利用一个蜂窝结构的核心部件对油烟进行净化分离，为了进一步增大表面积，蜂窝孔的内表面做成了波纹形。蜂窝波纹式机械过滤技术主要有两种理论基础，分别是颗粒层过滤理论和扰流滤芯的表面附着理论。

1. 蜂窝净化技术的颗粒层过滤理论

颗粒层过滤理论就是把过滤层假设为许多的球形捕集体集合，蜂窝扰流滤芯和扰流柱也可以近似简化成许多球形捕集体的合集，球体的尺寸与蜂窝扰流滤芯内部的金属板折边尺寸、金属板厚度、扰流柱间距离和扰流柱直径等相关。

1) 周期长度

假定过滤颗粒的介质是由很多单元层组成的。而每个单元层的厚度被称为周期长度 l，给它的定义如下：对于由尺寸几乎相等的颗粒组成的，每个边长均为 Nl 的正方体过滤器，它的体内包含有 N 个颗粒，单个颗粒的平均直径为 d_c。

周期长度 l 为

$$l=\left[\frac{\pi}{6(1-\varepsilon)}\right]^{\frac{1}{3}}d_c \tag{2-28}$$

式中，l 为周期长度，m；d_c 为颗粒的平均直径，m；ε 为颗粒层孔隙率。

2) 单元层的净化效率 η_l 和颗粒层的净化效率 η_k 之间的关系

大量实践表明颗粒在颗粒层中的浓度变化遵循着一定的规律，即

$$\frac{\partial c}{\partial z}=-\lambda c \tag{2-29}$$

式中，c 为颗粒的质量浓度，kg/m^3；λ 为净化系数，一般被认为是时间和位置的函数。但是，在任意的某一时刻将上面的公式适用到单元层，λ 可视为常数，就可以得到单元层的净化效率，如下式所示：

$$\eta_l=1-\frac{c_i}{c_i-1}=1-\exp(-\lambda l) \tag{2-30}$$

因为周期长度 l 很小，所以对上式进行级数展开，取其中的前两项就可以得到很好的近似值：

$$\eta_l=\lambda l\left(1-\frac{1}{2}\lambda l\right) \tag{2-31}$$

所以，单元层的净化效率可以近似看作常数，因为颗粒层是由单元层串联组成的，因此单元层的效率 η_l 和颗粒层的效率 η_k 之间的关系为

$$\eta_k=1-(1-\eta_l)^N \tag{2-32}$$

3) 单元层净化效率 η_l 和孤立球捕集效率 η_s 的关系

单元层净化效率与单个球体捕集效率的关系：

$$\eta_l=1.209\varepsilon(1-\varepsilon)^{\frac{2}{3}}\eta_s \tag{2-33}$$

由上式可知，颗粒层的过滤效率是其孔隙率和单个球体捕集率的函数，对孔隙率进行求极值计算，易得到孔隙率 ε=0.6 时，颗粒层的过滤效率是最高的。如果按照理想的颗粒层模型，每个捕集体球形颗粒之间没有间隔，排列整齐，孔隙率就与小球的直径无关，恒为 0.47，但是实际应用当中，孔隙率的统计较为复杂。

纤维滤料颗粒层的孔隙率相对较高,很容易就能够达到 0.6。但是对有的材料来说,其孔隙率 ε 一般在 0.3 附近，很难在实际应用过程中达到 0.6。

4) 颗粒层的总过滤效率

蜂窝扰流滤芯的总过滤效率 η_k 可通过下式计算：

$$\eta_k = 1 - \left[1 - 1.209\varepsilon(1-\varepsilon)^{\frac{2}{3}}\eta_s\right]^N \tag{2-34}$$

2. 蜂窝扰流滤芯的表面附着理论

颗粒层过滤理论的除尘机理主要是碰撞和拦截两种作用，而蜂窝扰流滤芯的主要原理包括碰撞、拦截和扩散机理。二者有相似之处，但是也有较大的差别。为了更好地进行研究，在颗粒层过滤理论的基础上又发展出了蜂窝扰流滤芯的表面附着理论。

蜂窝扰流滤芯是一片片的金属薄板被很多根相位角差为 60° 的金属圆柱穿插而成，对其进行简化后，可以将蜂窝扰流滤芯假设为如图 2-13 的模型。

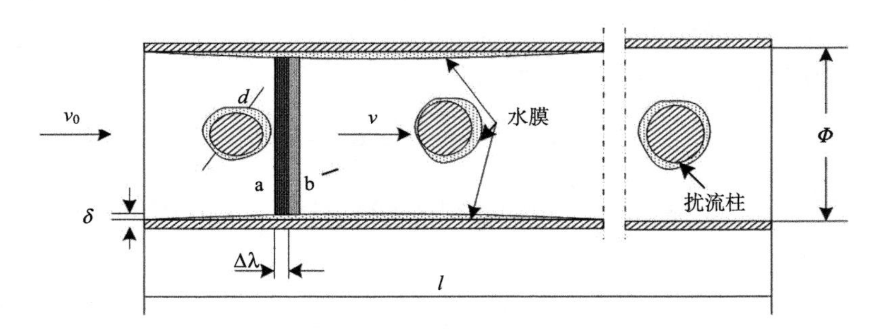

图 2-13　蜂窝扰流滤芯模型

图 2-13 所示的蜂窝扰流滤芯模型，六边形蜂窝扰流滤芯的当量直径设为 Φ，扰流柱直径为 d，该结构具有以下几个特点：

1) 气流的均匀化

使用六边形的蜂窝通道对大直径的风筒结构进行分割，使风筒内的空气流动都被限定在一个个六边形的蜂窝通道中，降低了空气在风筒中的任意流动造成的风筒内部空气流动的不均匀性，使得通过除尘滤芯的气流变得均匀化，可以让蜂窝扰流滤芯的每个通道都在同一工作条件下运行。

2) 提高了总除尘效率

由于通过蜂窝扰流滤芯每个蜂窝通道内的空气流动较为均匀，蜂窝滤芯表面的工作参数就具有很强的可控性。通过调整各种参数使得蜂窝扰流滤芯内大部分蜂窝通道工作在同一优化参数条件下，可以大幅提高蜂窝扰流滤芯的总除尘效率。

3）较高的比表面积

一般来说，具有相同周长的各种形状截面中，圆形具有最大的截面积。所以，面积相同的时候，六边形周长比圆形周长长。由此推论，相对于圆形通道，同样面积的六边形蜂窝状通道将具有更大的比表面积，大的比表面积代表着滤芯具有更强的吸附能力和更高的除尘效率。

4）较高的孔隙率

在相邻的两个蜂窝状通道之间，分隔用的结构厚度均匀。在保证蜂窝状通道间隔强度的情况下，蜂窝状通道间隔的厚度均可采用最小厚度。从截面积角度来看，相同面积时，起不到通风作用的蜂窝状通道间隔厚度所占面积大大减少，相对提高了蜂窝滤芯的通流面积，即具有较高的孔隙率。

5）较多的扰流柱数量

六边形蜂窝结构可以在三个方向同时安装扰流柱，且结构对称。而四边形在结构对称的情况下，只能在两个方向安装扰流柱。虽然理论上八边形可以在结构对称的情形下从四个方向安装扰流柱，但是其结构过于复杂，加工制造将会很困难，制造成本将大大提高，目前无法使其产品化。综合各项指标，采用六边形的蜂窝结构是最佳选择。

6）提高了湍流强度

蜂窝扰流滤芯中的扰流柱后面会产生卡门旋涡，它与蜂窝滤芯体壁面边界层相干产生了复涡黏，加大了空气的湍流程度，使附着在蜂窝扰流滤芯体表面的水膜与气体接触层的厚度增加。

7）增加了惯性碰撞和拦截概率

蜂窝扰流滤芯中的扰流柱的存在，使得含尘空气中的大颗粒因为惯性与之发生碰撞，从而被捕集。并且由于蜂窝滤芯的三个方向上都有扰流柱的存在，蜂窝状通道截面内任一位置的运动颗粒都有机会与其中的一个扰流柱发生碰撞，从而被扰流柱捕集。这些特点使得蜂窝滤芯模型与颗粒层模型具有了一定的差异，需要对其特殊的性质进行研究。

在使用中，需要计算蜂窝扰流滤芯内部的雷诺数、蜂窝扰流滤芯的孔隙率、蜂窝扰流滤芯的比表面积以及蜂窝扰流滤芯的表面附着浓度。

1）蜂窝扰流滤芯内部的雷诺数

由于任意截面形状管道的当量直径可以按照截面积的四倍和截面周长之比进行计算，而六边形蜂窝管道截面如图 2-14 所示。

六边形蜂窝的边长为 a，内切圆直径为 φ，r 为内切圆半径。由当量直径 Φ 的计算原理可以得出当量直径公式：

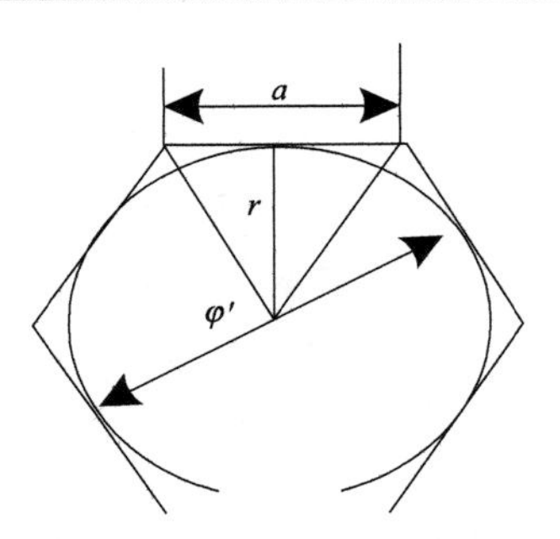

图 2-14 六边形蜂窝管道截面

$$\Phi=\frac{4\left[6\times(a\times r)/2\right]}{6a}=2r \tag{2-35}$$

由上式可知蜂窝扰流滤芯的当量直径等于蜂窝内切圆的直径，所以雷诺数 Re 可用下式表示：

$$Re=\frac{v\Phi\rho}{\mu}=\frac{v\Phi}{\upsilon} \tag{2-36}$$

式中，v 为气体流速，m/s；ρ 为空气密度，kg/m^3；Φ 为蜂窝扰流滤芯当量直径，m；μ 为动力黏度系数，Pa•s；υ 为运动黏滞系数（$\upsilon=\mu/\rho$）。

在实际运行过程中，为了保证除尘器的总效率，蜂窝扰流滤芯的空气速度最低为 3m/s，对应的雷诺数 Re=33344.60。所以，通过蜂窝扰流滤芯除尘器的空气都处于紊流的状态，使得蜂窝扰流滤芯内部的空气湍流更加剧烈，雷诺数进一步增大，颗粒的扩散性进一步增强。

2）蜂窝扰流滤芯的孔隙率

蜂窝扰流滤芯是由很多薄的金属片与金属扰流柱穿插而成，如图 2-13 所示。每个滤芯长度为 200mm，由于每个边由两个六方体共有，其孔隙率 ε 可以用下式来计算：

$$\varepsilon=\frac{\text{蜂窝滤芯内部空隙}}{\text{蜂窝滤芯体积}}=\frac{\text{蜂窝孔体积-扰流柱体积}}{\text{蜂窝孔体积+蜂窝体壁体积}}=\frac{6(ar/2)l-12\pi(d/2)^2\,2r}{6(ar/2)l+3a\delta l} \tag{2-37}$$

式中，a 为蜂窝滤芯的单边长，m；r 为蜂窝滤芯的内切圆半径，m；l 为单个蜂窝滤芯长度，m；d 为蜂窝滤芯内扰流柱直径，m；δ 为蜂窝滤芯体金属板厚度，m。

将蜂窝滤芯的各项尺寸代入上式计算得到孔隙率，结果表明蜂窝扰流滤芯的孔隙率远远大于颗粒层模型的孔隙率。在实际应用中可以通过增加或减小金属片厚度和改变扰流柱的数量来调整孔隙率，以便控制蜂窝滤芯的风阻大小和除尘效率。

3)蜂窝扰流滤芯的比表面积

蜂窝扰流滤芯的除尘机理不仅包括惯性碰撞和拦截，还包括扩散作用。与扩散作用快慢有直接关系的就是蜂窝扰流滤芯内部的表面积的大小。为了表示蜂窝滤芯单位体积中表面数量的多少，引入了比表面积 γ 这一参数，可以用下式来计算：

$$\gamma=\frac{\text{蜂窝滤芯内部表面积}}{\text{蜂窝滤芯体积}}=\frac{\text{蜂窝滤芯内表面积}+\text{扰流柱表面积}}{\text{蜂窝滤芯体积}}=\frac{6al+12\sqrt{3}a\pi d}{6(ar/2)l+3a\delta l} \tag{2-38}$$

颗粒层模型的比表面积：

$$\gamma=4\pi\left(\frac{d_c}{2}\right)^2/d_c^3=\frac{\pi}{d_c}\left(\frac{1}{m}\right) \tag{2-39}$$

可以看出，颗粒层模型球体直径越小，其比表面积越大，当颗粒层球体直径为 11.2×10^{-3} m 时，其此表面积与该蜂窝扰流滤芯的比表面积相等，而此时，蜂窝扰流滤芯的等量直径为 16.45×10^{-3} m，二者相比，蜂窝扰流滤芯模型具有较大的比表面积，扩散效果优于颗粒层模型。

4)蜂窝扰流滤芯的表面附着浓度

为了研究的方便，假设在图 2-13 中 a 的位置存在一长度为 dx 的含尘空气微团，在二者相接触，距离蜂窝壁高度为 δ 的空气层中的粒子会被附着在蜂窝壁面的液膜所捕集，随着风流的前进，当该长度的空气微团从某一位置运动到另一位置时，空气微团中剩余的颗粒就会因为扩散作用被均匀地分散到整个空气微团中，然后该空气微团中距离蜂窝壁为 δ 的空气层中的粒子又被蜂窝扰流滤芯壁面附着的液膜所吸附。随着气团的移动，该过程循环出现，直到该空气微团通过长度为 l 的蜂窝扰流滤芯，此时，蜂窝绕流滤芯的表面附着浓度可表示为

$$C=C_0\exp\left[-\left(\frac{4\delta^2-4\Phi\delta}{\Phi^2}\right)\right] \tag{2-40}$$

式中，C_0 为初始含尘浓度，kg/m^3；Φ 为蜂窝当量直径，m；δ为空气与液面接触层厚度，m。

从上式可以看出湿式蜂窝扰流滤芯除尘器内某一位置的含尘粒子浓度与初始含尘浓度 C_0 相关，并且还与在蜂窝扰流滤芯内部停留的时间、蜂窝当量直径 Φ 和空气与液面接触层厚度 δ 有关系。对蜂窝扰流滤芯来说，由于其内部结构复杂，

制造过程中难免存在加工误差，最重要的是湍流边界层和卡门涡街相干产生复涡黏的模型是一个不完善的模型，这就造成附着在蜂窝扰流滤芯壁表面水膜与气体之间的厚度 δ 不是一个准确的数值。所以，虽然知道在相干复涡黏模型中，各个参数变化对湍流强度变化趋势的影响，但是还无法对其进行定量的计算，有必要进行物理试验来探索蜂窝扰流滤芯附着层厚度与当量板间距的最佳值。该式为提高湿式蜂窝扰流滤芯除尘器的除尘效率提供了努力方向，可以通过两种方式来提高除尘器的除尘效率，第一是延长含尘空气在蜂窝扰流滤芯内部停留的时间，第二是增大蜂窝扰流滤芯壁表面的附着层厚度 δ 与蜂窝壁面的当量直径 $\boldsymbol{\Phi}$ 的比值。

3. 蜂窝扰流滤芯的过滤效率

从蜂窝扰流滤芯的表面附着浓度计算公式可以看出，湿式蜂窝扰流滤芯除尘器内某一位置的含尘粒子浓度与初始含尘浓度 C_0 相关，初始含尘浓度越大，相同条件下滤芯内相同位置的含尘浓度越大。提高除尘效率的另一种方法就是增大 $\delta/\boldsymbol{\Phi}$ 的比值，一是在保持空气与液面接触层厚度 δ 值的情况下，减小蜂窝壁面的当量直径 $\boldsymbol{\Phi}$；二是在保持蜂窝壁面的当量直径 $\boldsymbol{\Phi}$ 值的情况下，增加过滤器内空气与附着在蜂窝壁表面的液面之间的接触面厚度 δ。减小蜂窝壁面的当量直径 $\boldsymbol{\Phi}$ 代表着在相同横截面积内，除尘器的蜂窝扰流滤芯内部将会存在更多的蜂窝状内孔，这也表示在相同的空间内，蜂窝扰流滤芯内部具有更大的空气与液膜接触面积，使得除尘器的工作效率更高。但是，相邻蜂窝孔之间的蜂窝壁是有厚度要求的，如果扰流滤芯壁太薄，那么蜂窝孔间扰流滤芯壁在紊流的扰动下将会产生振动和噪声，影响除尘器正常工作。而扰流滤芯壁过厚，则会增大扰流滤芯的自重并增加成本，所以存在一个最小壁厚，其数值可以通过计算得出。由于扰流滤芯壁厚部分的存在，决定了并不是蜂窝扰流滤芯当量直径越小，其内部气液接触面积越大。在既定的扰流滤芯横截面上，蜂窝扰流滤芯当量直径越小，蜂窝孔越多，蜂窝扰流滤芯壁厚部分占蜂窝扰流滤芯截面积的比例越大，蜂窝扰流滤芯的孔隙率变小，除尘器的效率反而会下降。正是由于蜂窝扰流滤芯壁厚的存在，限制了蜂窝孔等效直径的无限制减小。并且由于蜂窝壁面的当量直径 $\boldsymbol{\Phi}$ 减小，蜂窝扰流滤芯的制造难度增加，成本增大，除尘风机压降增加，降低了除尘风机的工作效率，所以存在一个最优化的蜂窝孔当量直径。

此外，空气中含尘浓度 C 与含尘空气在蜂窝扰流滤芯内部停留时间 t 呈指数关系，当 t 增大到一定的数值以后，继续增大 t 值，空气中含尘浓度 C 的数值变化将很小，甚至可以忽略不计，所以存在一个最经济的停留时间 t。含尘空气在蜂窝扰流滤芯内部停留的时间一般决定于含尘空气的速度 v 和蜂窝扰流滤芯的总长度 l。因此，降低除尘器入口风速 v_0，含尘空气停留在蜂窝扰流滤芯内部的时间必将延长，但是单位时间内通过除尘装置的风量也将减小，除尘装置效率变低，虽然能够提高其除尘效率，但是滤芯系统的工作效率降低，除尘风量减小，将无法满足通风量的需求。并且由于风速降低，除尘器内的惯性除尘机制效率将大大降低，总的除尘效率不一定提高，甚至会降低，因此该方法一般不予采用。增加含尘空气在蜂窝扰流滤芯内的时间的另一种方法是延长蜂窝扰流滤芯的长度。延长滤芯长度后，含尘空气在风速相同的情况下将在滤芯内停留更长的时间，但是延长滤芯长度将增大除尘器体积，增加过滤器的制造成本、运行成本和空气通过阻力。

2.5 机械净化设备

无论何种类型的机械净化设备，其工作过程均包括收集油烟、处理油烟和排放油烟三大步骤，因此机械净化设备由收集排放功能部件、净化功能部件和风路结构三大部件组成。净化功能部件对机械净化设备的效能起着最核心的作用，前文已介绍了其原理、种类、性能、影响因素等，本节将重点介绍收集排放功能部件、风路以及整体结构、安装布局等内容。

2.5.1 油烟收集装置

机械净化设备在烹饪场所的安装布局方式主要由油烟收集装置决定，油烟收集装置负责收集油烟，并尽可能约束油烟外溢及扩散。油烟收集装置又可细分为烟罩和风柜两部分，烟罩和风柜共同影响着机械净化设备的使用性能和排烟性能。

烟罩可分为顶吸式、侧吸式、近吸式和下吸式四种。顶吸式烟罩出现得最早，其烟罩置于锅具上方，吸烟速度较快，效果较好，但占用空间较大，易碰头，且会影响灶具的使用。侧吸式烟罩隐藏在橱柜里，与橱柜融为一体，不占空间，不滴油，不碰头，油烟不通过呼吸区，减小了油烟对人的危害，外观时尚，缺点是吸力小。近吸式烟罩介于顶吸式和侧吸式之间，烟罩从墙壁里斜伸出来，它吸取了顶吸式和侧吸式的优点，是目前的主流产品。下吸式烟罩是从灶具下面排风的一种烟罩，主机直接放在灶具下面，烹饪时热气、燃烧废气和油烟可以一起排走，优点是灶台上方宽敞，缺点是吸力不足，且会影响烹饪用火，目前不是主流的产品。

风柜按大小和深浅可分为薄型、亚深型和深柜型。薄型风柜集烟腔的容积很小，吸排效果较差，油烟仍会四处飘散。亚深型风柜的容量比薄型的要大，吸排效果比薄型好。深柜型风柜具有较大较深的集烟腔，能够罩住上升中的油烟，吸排烟效果好。

烟罩和风柜对油烟在净化器内的流动状态有很重要的影响。王毓慧[51]对此作了探讨，指出深型机集烟罩的烟气入口应尽量地置于集烟罩的顶部，而不是在侧面，防止由于烟气的自然垂直上升而导致气体在顶部滞留。

从结构上看，顶吸式的风机在顶部，其机壳四壁形成垂直导流面的内腔，深度不如侧吸式，但其四壁均匀对称；而侧吸式的风机在内侧靠墙壁，其宽度比顶吸式窄，但深度超过顶吸式。从排烟效果看，两者有明显的不同。其一，顶吸式的风机出风口有一个 L 形的风道，在抽吸油烟时易造成部分出风回流，增加了出风阻力，降低了出风量，从而影响抽吸油烟的效果，而侧吸式的风机部件没有 L 形风道，其蜗壳出气口直接对准出风管道，抽吸流畅，无任何阻碍，风量基本无损失；其二，侧吸式吸油烟机将风机部件和进风口下移，缩短其与灶台距离，从而获得较顶吸式更为理想的抽吸效果；其三，顶吸式风机位于人头顶上，烹饪者置身油烟、燃烧废气中，对人体健康危害较大，而侧吸式风机运转产生的负压，迫使油烟和燃烧废气向侧面运动，让油烟雾远离人体，对人体不造成伤害。马柯等[52]提出集烟罩应采用壁挂式斜面集风设计，低位安装，增强油烟机的吸排功能，减小涡轮风机功率，降低噪声，这就是近段时间发展迅速的近吸型油烟机。

另外，为提高侧吸式吸油烟机的排油烟效率，有研究人员考察了弧形集烟罩和平板形集烟罩等在不同排风量和油烟产生速度的情况下对厨房油烟浓度分布、速度分布和排油烟效率的影响。结果表明，弧形集烟罩比平板形集烟罩能更好地聚拢收集产生的油烟，排烟效率较高，同时，随着油烟发生速率增加，两种类型的油烟机的排烟效率均会降低，但弧形集烟罩油烟机的排烟效率仍然高于平板形集烟罩油烟机。

2.5.2 风机的设计和优化

风机是机械净化设备的核心部分，衡量风机性能的主要参数有风压、风量、功率和转速等。风压是指单位体积的气体流过风机叶轮时所获得的能量增量，等于风机的静压与动压之和，风量是指风机在单位时间内所输送的气体体积。转速是风机扇叶旋转的速度，它是一个很重要的参数，对风压、风量、功率、效率和噪声等都有影响。

按输送气流方向的不同，风机可分为轴流式和离心式两种。轴流式风机输送的气流方向平行于风机旋转轴，而离心式的风机气流方向则垂直于旋转轴。轴流式风机风量大，风压小；离心式风机风量适中，风压大。风机按叶片数量又可分为双叶式、三叶式、多叶式。其中多翼离心风机因整体尺寸小、流量系数高、噪声低等优点，被广泛应用于油烟机中。扇叶和腔体对多翼离心风机的性能影响很大，值得深入研究和优化。

多翼离心风机的风量、风压、噪声和效率直接决定了油烟机的主要性能参数[53]。目前国内外学者对多翼离心风机的研究主要集中在叶轮、蜗壳等关键部件的结构参数上。除此之外，油烟机箱体结构和其他部件的优化，对提升油烟机的性能也起到了十分重要的作用。

1. 多翼风机的叶轮优化

叶轮是风机的主要运动部件，其旋转噪声是油烟机的主要噪声源。因此，提高叶轮性能可以改善气流状况，达到增风降噪的效果[54,55]。

1）仿生叶片

刘小民等[56]从动物翅膀受到启发，研制了仿生叶片。试验表明，具有小齿形尾缘和中波形前缘的仿生叶片在风量和风压均有增加的情况下，噪声较原叶片降低了 1.3dB。

2）分段叶片

由于受加工工艺和加工成本的限制，目前风机叶片大多采用等弦长、等厚度的直叶片。这种叶片进口安装角在进口叶轮边缘所有点上是相同的，而该处气流速度分布的不均匀性，使得气流对叶片产生较大的冲击，增大了叶轮的气动噪声。在叶片的出风口处，由于流道阻塞，容易形成涡流，增大了风机的涡流噪声，降低了风机的效率。秦志刚[57]提出一种分段设计的优化方法，在不改变叶轮制造工艺的前提下对叶片实施分段设计，以提高多翼离心风机的性能。其结构如图 2-15 所示。

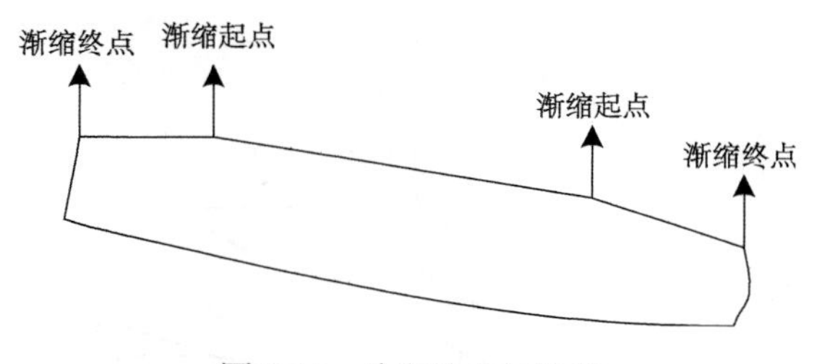

图 2-15　分段叶片结构图

叶片经过分段设计后，减小了进口气流的偏斜程度，使得气流在转弯过程中能够由轴向转为径向，减少了冲击损失、叶道的分离损失、叶轮顶端出口涡流及二次流损失，从而提高了风机的效率[58,59]。试验证明，采用分段设计叶轮的改进方案，风机风量提高了 $0.61m^3/min$，风压从 352Pa 提升到 385Pa，效率提高了 2.04%。

3）偏心叶轮

风机的离散噪声与叶轮和蜗舌的相对位置有较为密切的关系，因此，优化叶轮使之与蜗舌的位置匹配能起到控制噪声的作用。

根据研究，靠近蜗舌区域的风道内存在连续的流动涡，阻塞了风道并产生强烈的涡流海啸音。李烁等[60]在此基础上提出偏心叶轮的优化方案，研究了偏移量 L 和偏移角 θ 对流量、效率等性能的影响。研究结果显示，偏移量 L=10mm，

偏移角 θ=170°时，风机性能最优。偏心叶轮的试验结果显示风机流量增加了 1.48m^3/min，效率提升了 2.52 %，同时噪声下降 1.2dB。

2. 多翼风机的蜗舌优化

蜗舌是风机的重要部件，蜗舌的作用是诱导气流改变运动方向，使油烟尽可能多地排出风机，减少风机中回流的产生。蜗舌的形状、间距和半径的变化都与风机内部流动状态的变化和噪声的产生密切相关。风机在正常运转时，气体通过叶片的作用冲击蜗舌结构，出现周期性的压力脉动和速度脉动，使风机在工作过程中产生旋转噪声。压力脉动和速度脉动也会在叶片上形成不稳定的作用力，使风机产生离散噪声。研究指出，蜗舌是风机的主要噪声源之一，因此蜗舌的设计和优化直接关系到风机性能的提升和噪声的降低[61]。

1) 仿生蜗舌

长耳鸮在自然进化的过程中，获得了静音飞行的能力。刘小民和李烁[62]模仿其翅膀的前缘结构，设计了仿生风机蜗壳蜗舌。通过对长耳鸮的翼型进行研究，取其翼前缘的 6.5%对风机的蜗舌进行仿生重构设计[63]，如图 2-16 所示。

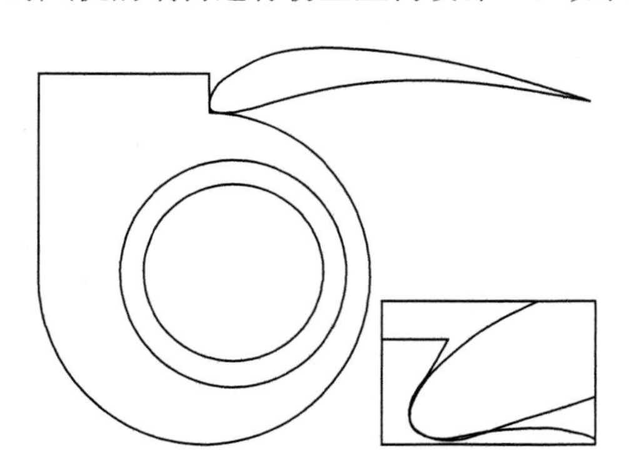

图 2-16 仿长耳鸮翼前缘蜗舌风机蜗壳结构设计

试验结果表明，仿生蜗舌附近流动域内压力梯度分布比较均匀，剧烈变化区域明显减小，逆压梯度区基本消失，表明仿生蜗舌具有较好的分流效率，蜗舌区域的流动得到优化，提高了效率，降低了气动噪声。前缘蜗舌风机的风量较原型风机增加了 1.9m^3/min，噪声下降了 1.6dB，效率提高了 3.8%。

2) 倾斜蜗舌

研究发现，风机运转时，叶轮带动的气体没有全部从蜗舌处流出，而有少部分空气流入叶片间进入风机内部，出现明显的反向二次流现象，造成能量损失。付双成等[64]将倾斜蜗舌运用到风机中，结果发现倾斜蜗舌减小了反向二次流，更有利于提高风机性能，其结构如图 2-17 所示。

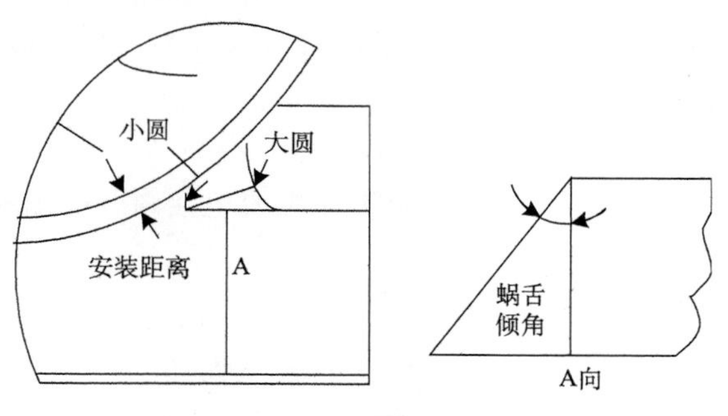

图 2-17　倾斜蜗舌示意图

压力在风机内部流动呈非对称分布，叶轮转运在叶轮内侧形成负压区，且负压区域向叶轮中心扩散，压力逐渐升高。压力最小值出现在叶轮端部的高速区域，且向周围扩散，倾斜蜗舌对风机的压力场影响较小[65]。在相同转速下，风机采用倾斜蜗舌结构，虽然流量降低了 5.6%，但是叶轮的功率也相应下降 9.13%，较大程度地降低了风机能耗，噪声也降低了 4.2dB。

3) 阶梯蜗舌

传统风机的蜗舌与叶轮外缘的间距存在最佳范围，间距过小，气流渡过蜗舌与叶轮外缘的间隙时，就会产生啸叫声；间距过大，气流对蜗舌的冲击情况会有所改善，但会有部分气流在蜗壳里随着叶轮转运而不停地循环，既消耗了功率，又减少了流量，同时还会与叶轮出口的气流发生周期性的撞击，产生低频振荡或共鸣，导致噪声增大[66]。李栋和顾建明[67]在此基础上提出了阶梯蜗舌的优化方案，结构如图 2-18 所示。

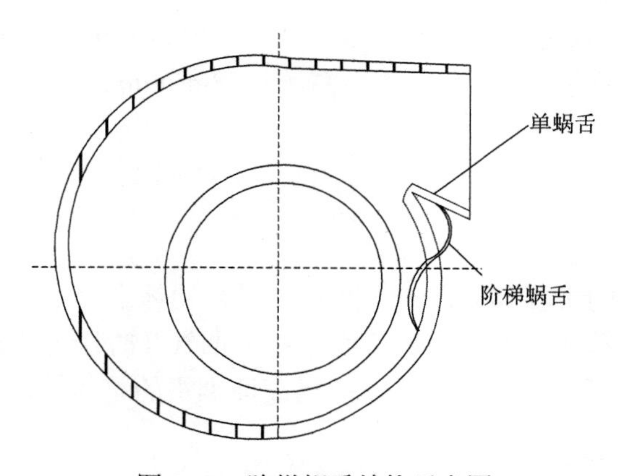

图 2-18　阶梯蜗舌结构示意图

将原来的单蜗舌结构改成双蜗舌结构，形成阶梯状，下蜗舌可用来保证风机性能必要的间距，上蜗舌则可拉开更大的间距，以使气流对蜗舌的冲击情况得到改善。试验结果证实，与传统蜗舌相比，阶梯蜗舌在保证性能变化不大的前提下，最大降噪效果可以达到 3dB。

4) 内凹式蜗舌

刘小民等[68,69]设计了异形内凹式蜗舌，主要包括内凹弧形和内凹槽形两种结构，如图 2-19 所示。

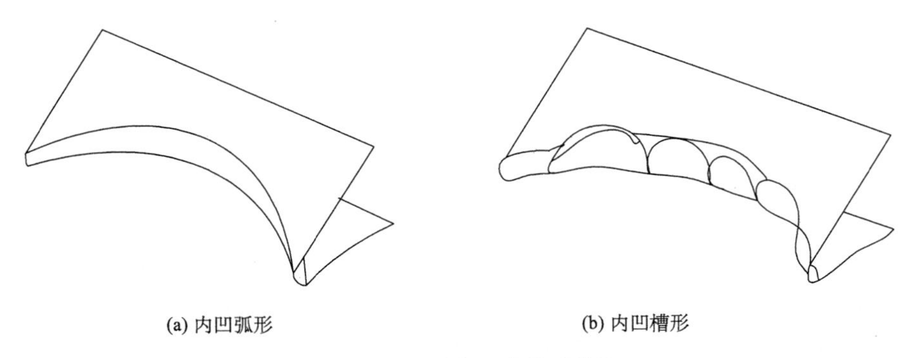

(a) 内凹弧形　　(b) 内凹槽形

图 2-19　异形内凹式蜗舌结构

试验结果表明，内凹式蜗舌能降低出口区气体对蜗舌的冲击，对气流有更好的分流作用，因此能降低风机的旋转噪声，提高效率。在蜗舌附近区域，产生的压力梯度强度和范围更小，有利于风机出口处的气流流动。风机出口处旋涡的区域面积变小，可以增大出口的有效流通面积，有利于增加风机流量[70]。试验结果表明采用内凹弧形蜗舌和内凹槽形蜗舌，噪声在整个频段都低于传统蜗舌的风机，在 4000Hz 之前的低频区降噪效果更加明显，其中内凹槽形蜗舌的降噪效果最好。带有内凹弧形蜗舌的风机噪声下降了 1.4dB，风量提高了 0.23m^3/min。带有内凹槽形蜗舌的风机噪声下降了 1.7dB，风量提高了 0.17m^3/min。

2.5.3　风路的优化设计

1. 箱体的优化

箱体是油烟机的主要部件之一，当油烟进入箱体之后，一部分油烟会上升到箱体顶部滞留，在箱体上部产生涡流而不利于烟气及时排出，这也是涡流噪声的一部分来源[71]，合理的箱体结构设计能提高油烟机的整体气动性能。

2. 蜗壳位置的优化

由于箱体尺寸的限制，蜗壳在机箱中的相对位置对油烟机的性能有一定的影响。目前大部分双吸式油烟机的风机并不在箱体的中间位置，一般是将电机侧的进风口与箱体之间的间隙减小，以增加非电机侧的进风区域面积[72]。针对蜗壳与叶轮轴向相对位置对多翼离心风机气动性能的影响的试验结果表明，当叶轮出口宽度和蜗壳总宽度的相对值为0.81时，风机的气动性能最佳，与原风机相比，效率提高了2.34%，静压提高了3.61%，噪声下降0.75dB[73]。

3. 分流装置的优化

油烟机吸气后，在蜗壳下部有一低速区，油烟撞击蜗壳后会损失部分能量，也会增加油烟机内的涡流噪声[74]。针对这个问题，汤娟等[74]提出了一种分流降噪装置，结构如图2-20所示。

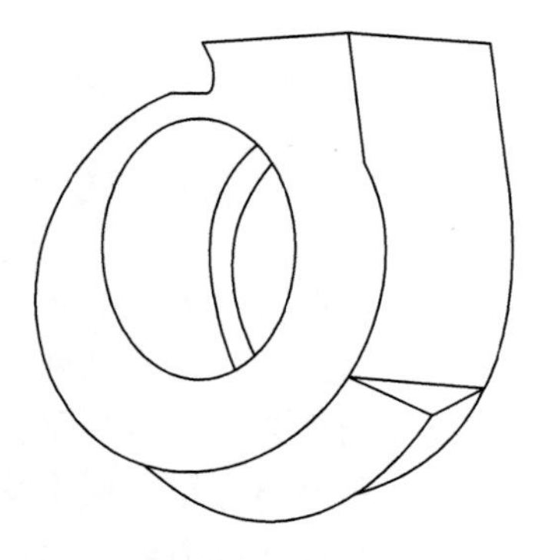

图2-20　用于降噪的分流装置

该装置能将油烟机进口处吸入的气体进行分流，有效减小了气体对蜗壳的撞击与低速区面积，降低了能量的损失。测试结果表明，油烟机的风量增加了$0.65m^3/min$，噪声降低了0.83dB。

4. 集流器的优化

集流器作为进口导流装置，对风机的性能也有着重要的影响。集流器的设计参数如果不合理，便会恶化风机的内部流场，使油烟机整体性能下降[75]。Mirzaie等[76]针对风机进口集流器的出口直径d_0与轴向间隙δ两个参数(图2-21)进行优化。

优化后风机出口速度的分离现象明显减少，出口速度分布更加均匀，改善了蜗舌附近通道内流动分离现象。优化后的风机在叶轮出口的速度沿蜗壳开口方向逐渐增大，在蜗壳出口处达到最大，明显大于原型风机的速度，径向速度的分布相比原型风机更加均匀。这说明集流器影响气体从轴向转为径向所需的时间。优化后的风机静压分布更为均匀，流动更为顺畅，风量和风机效率都得到了提升[77]，最大风量增加了6.0%，效率提升了2.6%。

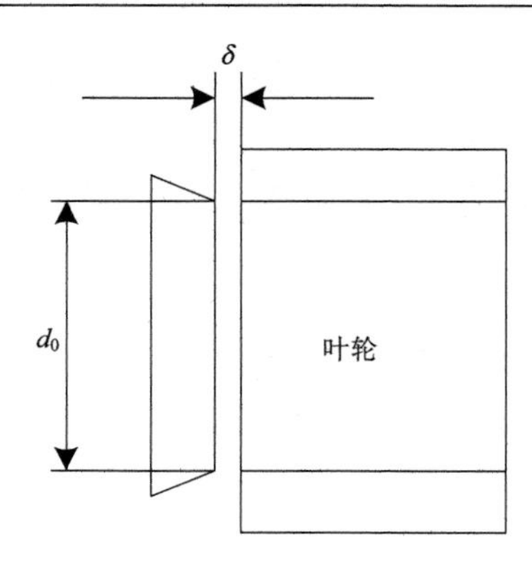

图 2-21　集流器结构示意图

5. 折流式风路

目前常规吸油烟机风道中置，油烟被吸入主机腔体后由于风道导风圈的环形区负压较大，部分分布于贴近主机内壁、风道底部外表面边界层，中间紊流板上也会有少量的油烟冷凝，绝大部分油烟会经过最短路径进入风道内部，进入风道后的油烟绝大部分在离心风机的叶轮高速旋转作用下受到一定程度的压缩，油脂和水蒸气在热能交换后附着在风机叶片和风道内壁上，还有少量烟气则通过烟管被排出。

折流式风路也是中置，但是在主机内壁和风道两侧底部分别增加了弓形折流降噪板，该组件以微孔消声板作为外体零件，内部填充消音海绵。油烟在集烟腔负压区聚集后被吸入主机腔体，首先会接触到弓形折流降噪板，边界层的烟气发生冷凝且沿内壁逆流，下降到后部推力小于底部上升动力时，再与底部上升的烟气并流，同时进行热交换，促使油烟中的油脂、水气液化积聚，并沉降吸附在主机内壁和弓形折流降噪板上，然后通过主机内部油路系统汇集到底部油杯中。油烟通过弓形折流降噪板的多重净化后再进入风道系统中，所以仅有少量残余的烟气会在风道叶片上冷凝附着，而风管中基本长时间保持着较为洁净的状态。

折流式风路有多个显著的优点：首先能提升油脂分离度，持久保持叶轮洁净，延长整机寿命；其次是能改善油烟净化过程中的滴漏状况，借助油烟进入风道系统前的双重过滤作用，能够较好地使油烟中的油脂和水气冷凝液化并附着在弓形折流板上，从而减少了风道中油脂和水珠的滴落。

2.5.4　新型机械净化设备

在机械式油烟净化设备方面，除了上述的优化之外，另有一些为适应特殊情况下使用或附加了额外功能的设备被开发。例如，为了解决无烟道厨房的油烟净化难题，开发了一种内循环式油烟净化机，可将油烟吸入，在内部完成净化，最后排放出洁净的空气。但受制于科技水平的发展程度，目前这种内循环式油烟净化机还不能做得太大，也不能处理高浓度的油烟。

为了解决油烟净化设备维护频繁、清洗困难的难题，有人设计了一款带除油装置的全自动油烟机，方法是在收集凝油的容器内预先放入清油液，液面上置一清洗轮。清洗轮的转运带动清洗液在油烟机壳内飞溅清洗油烟机内部，清油液使用一段时间后即可通过带阀门的管道排出。

2.5.5　大型集中式油烟处理系统的设计

近年来，随着城市商业建设项目越来越多，餐饮在商业综合体中占据着非常重要的地位。为聚集人气，开发商往往在一个商业综合体内设置多家餐饮店，为提高效率，保护环境，降低成本，需要设置集中式的排油烟系统。

这样的系统大致有两个方案：一是集中设置公共油烟井，分户设置排烟风机和油烟净化器；二是分户设置风机和一级净化器，集中设置二级及以上净化器和风机，这样可减小平衡补风系统的压力，但增加了分户处的设备复杂度。

2.6　小　　结

本章首先介绍了机械净化技术的发展历程，包括净化设备结构和功能，以及滤材的发展历程，然后介绍了机械净化技术的理论基础，最后介绍了机械净化设备。净化设备经历了一个从功能单一向多功能方向发展的历程，从一开始的简单分离，到后面的多级分离等，伴随着此过程的是结构的适应和滤材的发展。机械净化计算理论也是经历了从简单到复杂、从理想到实际、从粗糙到精细、从不准确到准确的一个发展过程。净化设备的发展从开始只注重滤芯材料的发展，到后来注重所有对净化效能有影响因素的发展，如箱体结构、风机、风道等。

机械净化技术经过几十年的发展，取得了很大的成绩。但目前还有很多不足，且随着人们对生活品质、对环境要求的不断提高，机械净化技术的研究还任重道远。

参 考 文 献

[1] 高星星. 中国典型地区气溶胶光学特性及其气候效应[D]. 兰州: 兰州大学, 2018.

[2] 夏正兵, 袁惠新. 旋流管式厨房油烟净化技术的研究[J]. 化工装备技术, 2008, 29(2): 13-16.

[3] 刘来红, 王世宏. 空气过滤器的发展与应用[J]. 过滤与分离, 2000, 10(4): 8-9.

[4] 简小平. 非织造布空气过滤材料过滤性能的研究[D]. 上海: 东华大学, 2013.

[5] 郭晓玲，本德萍，李益群，等. 有限空间内空气净化材料研究的新进展[J]. 产业用纺织品，2005(8): 42-45.
[6] 肖汉宁，熊敏，郭文明，等. 多孔陶瓷膜及其在液固和气固分离中的应用[C]//2016 中国硅酸盐学会会议论文集, 2016.
[7] 安醒恭. 多孔陶瓷材料及其在环境工程中的应用研究[J]. 化工管理, 2018, 494(23): 66-67.
[8] 于宾，赵晓明，孙天. 基于纤维取向的纳米纤维滤料设计及其性能[J]. 化工进展，2018, 37(10): 3966-3973.
[9] 胥少华. 纳米纤维在空气过滤材料中的应用[J]. 中国造纸, 2011(6): 75-76.
[10] 唐寅，顾雪萍，冯连芳，等. 静电纺丝制备纳米纤维束及其应用[J]. 高校化学工程学报，2019(4): 765-774.
[11] 刘朝军，刘俊杰，丁伊可，等. 静电纺丝法制备高效空气过滤材料的研究进展[J]. 纺织学报，2019, 40(6): 134-142.
[12] 杨光. 舒适性净化空调用符合过滤材料的研发与性能研究[D]. 石家庄：河北科技大学，2016.
[13] 黄继红. 微孔薄膜复合滤料运行阻力的研究[J]. 建筑热能通风空调, 2001(1): 1-4.
[14] 付海明，沈恒根. 纤维过滤器过滤理论的研究进展[J]. 中国粉体技术, 2003, 9(1): 41-46.
[15] 高峰. 纤维滤材过滤特性研究[D]. 天津：天津大学, 2004.
[16] Kvetoslav R S. The history of dusy and aerosol filtration. Chapter 1. Advance in Aerosol Filtration[M]. Boca Roton: Lewis Publishers, 1997.
[17] 罗国华，梁云，郑炽嵩，等. 纤维材料过滤理论的研究进展[J]. 过滤与分离，2006, 16(4): 20-24.
[18] Davis C N. Air Filtration[M]. London: Academic Press, 1973.
[19] 吴忠标，赵伟荣. 室内空气污染及净化技术[M]. 北京：化学工业出版社, 2005.
[20] Thomas D, Contal P, Renaudin V, et al. Modelling pressure drop in HEPA filters during dynamic filtration[J]. Journal of Aerosol Science, 1999, 30(2): 235-246.
[21] Davies C N. The separation of air born dust and particles[J]. Proceedings of the Institution pf Mechanical Engineers, 1952, 1: 393-427.
[22] Friedlander S K. Theory of aerosol filtration[J]. Journal of Industrial and Engineering Chemistry, 1958, 50(8): 1161-1164.
[23] Thomas D, Penicot P, Contal P. Clogging of fibrous filters by solid aerosol particles experimental and modeling study[J]. Chemical Engineering Science, 2001, 56(11): 359-361.
[24] Rosner D E, Tandon P, Konstanpulous A G. Local size distribution of particles deposited by internal impaction on cylindrical target in dust-looaden[J]. Aerosol Science, 1995, 26(8): 1257-1279.
[25] Piekaar H W, Clarenburg L A. Aerosol filters the tortuousity factors in fibous filters[J]. Chemical Engineering Science, 1967, 22(12): 1817-1827.
[26] Jaganathan S, Vahedi Tafreshi H. On the pressure drop prediction of filter media composed of fibers with bimodal diameter distrubutions[J]. Power Technology, 2008, 181(1): 89-95.

[27] 涂光备. 关于纤维滤料的研究[J]. 天津大学学报, 1981(2): 94-109.
[28] 吕淑清, 侯勇, 李俊文. 纤维过滤技术的研究进展[J]. 工业水处理, 2006, 26(10): 6-9.
[29] 马会英. 纺织过滤材料[J]. 天津纺织科技, 2000(3): 13-15.
[30] 周欢, 李从举. 过滤粉尘用纺织材料的发展现状[J]. 产业用纺织品, 2011(1): 1-6.
[31] 徐涛. 过滤性能优越的覆膜滤料及其应用[C]//2015 中国硅酸盐学会会议论文集, 2015.
[32] 孙福强, 崔英德, 刘永, 等. 膜分离技术及其应用研究进展[J]. 化工科技, 2002, 10(4): 58-63.
[33] 刘露. 膜分离技术的环境工程发展前景研究[J]. 南方农机, 2019(14): 266.
[34] 郝励. 基于生物化工及膜分离技术探究[J]. 化学工程与装备, 2019(8): 263-265.
[35] 龚之宝, 孙伟振, 李朋洲, 等. 无机膜分离技术及其研究进展[J]. 应用化工, 2019, 48(8): 1985-1989.
[36] 林梅, 谷玉红. 膜分离技术在水果价格中的应用探讨[J]. 现代食品, 2019(14): 75-77.
[37] 赵君. 郭尚文. 污水处理中的膜分离技术[J]. 环境与发展, 2019, 31(1): 72-74.
[38] 范凌云. 玻纤覆膜滤料的制备技术[J]. 环境科学与技术, 2010, 33(S2): 349-352.
[39] 张殿印, 王纯. 脉冲袋式除尘器手册[M]. 北京: 化学工业出版社, 2011.
[40] 张梅梅. 滤筒褶皱数对脉冲滤筒除尘器性能影响的研究[D]. 绵阳: 西南科技大学, 2015.
[41] 向晓东, 柯了英, 杨振兴, 等. 高温烟尘陶瓷纤维过滤技术特性及其应用评述[J]. 制冷空调与电力机械, 2008, 29(1): 78-82.
[42] 向晓东. 烟尘纤维过滤理论、技术及应用[M]. 北京: 冶金工业出版社, 2007.
[43] 吴高明. 高温烟尘陶瓷纤维过滤技术应用评述[C]//中国金属学会会议论文集, 2008.
[44] 刘金芝, 李淑晶. 玻璃纤维过滤材料在环保上的应用及发展趋势[C]//全国玻璃纤维专业情报信息网第二十九次工作会议暨信息发布会论文集, 2008.
[45] 杨菲菲. 空调用改性玻纤滤料净化 SO_2 的研究[D]. 西安: 西安工程大学, 2016.
[46]侯力强, 卢文静, 卓磊, 等. 金属纤维毡在高温除尘方面的应用[J]. 山东化工, 2015, 44(22): 176-177.
[47] 高昊旸. 国内外合金滤料在水处理中的研究与对比[J]. 化工管理, 2018(2): 126.
[48] 周善训. CCP、CCY 防静电除尘滤料[J]. 劳动保护, 1992(7): 38-39.
[49] Davies C N. The clogging of fibrous aerosol filters[J]. Journal of Aerosol Science, 1970, 1(1): 35-39.
[50] 朱玉琴, 曹子栋, 唐强. 小直径水滴分离特性的试验研究[J]. 锅炉技术, 2005(3): 17-21.
[51] 王毓慧. 油烟在吸油烟机内的流动状态的探讨[J]. 家电科技, 2003(5): 64-67.
[52] 马柯, 田一平, 马晓梅. 住宅厨房油烟污染现状及控制方法研究[J]. 中国社会医学杂志, 2007, 24(2): 115-116.
[53] 冯黔军, 徐茂青. 吸油烟机性能指标及关键技术分析[J]. 家电科技, 2012(12): 44-46.
[54] 马胤任. 多翼离心风机叶轮结构优化与降噪研究[D]. 武汉: 华中科技大学, 2015.
[55] 刘路. 多翼离心风机叶轮的结构优化研究[D]. 杭州: 浙江工业大学, 2009.
[56] 刘小民, 赵嘉, 李典. 单圆弧等厚叶片前后缘多元耦合仿生设计及降噪机理研究[J]. 西安交通大学学报, 2015, 49(3): 1-10.

[57] 秦志刚. 多元耦合仿生叶片对多翼离心风机性能的影响[D]. 西安: 西安交通大学, 2017.
[58] 毛全有. 多翼离心风机叶片分段设计的研究[J]. 机械科学与技术, 2012, 29(10): 1401-1403.
[59] 李淼, 赵军. 小型多翼离心风机叶片斜切分析及实验研究[J]. 风机技术, 2012(4): 9-12.
[60] 李烁, 刘小民, 秦志刚. 星型叶轮对多翼离心风机气动性能和噪音影响的数值研究[J]. 风机技术, 2017(1): 18-24.
[61] 刘路, 姜献峰. 多翼离心风机主要部件对风机流动特性影响的研究现状[J]. 轻工机械, 2009, 27(5): 4-7.
[62] 刘小民, 李烁. 仿鸮翼前缘蜗舌对多翼离心风机气动性能和噪声的影响[J]. 西安交通大学学报, 2015, 49(1): 14-20.
[63] 李烁. 多翼离心风机流动与噪声分析及其改进设计[D]. 西安: 西安交通大学, 2015.
[64] 付双成, 刘雪东, 邹鑫, 等. 倾斜蜗舌对多翼离心风机流场及噪声的影响[J]. 噪声与振动控制, 2013, 33(3): 87-89.
[65] 叶舟, 王企鲲, 郑胜. 离心通风机蜗舌及进口流动的数值模拟分析[J]. 风机技术, 2008(5): 15-19.
[66] 吴让利. 矿用离心风机阶梯蜗舌降噪机理数值研究[J]. 煤矿机械, 2017, 38(1): 21-23.
[67] 李栋, 顾建明. 阶梯蜗舌蜗壳降噪的分析和实现[J]. 风机技术, 2005(3): 3-5.
[68] 刘小民, 乔亚光, 秦志刚, 等. 一种多翼离心风机结构[P]. 中国专利: CN201620076980. 8, 2016-6-29.
[69] 刘小民, 乔亚光, 秦志刚, 等. 一种多翼离心风机中的风机叶片[P]. 中国专利: CN201620076052. 1, 2016-11-30.
[70] 乔亚光. 异形蜗舌对多翼离心风机气动性能影响的数值和实验研究[D]. 西安: 西安交通大学, 2017.
[71] 胡煜, 张峻霞, 王慰慰. CXW-180-JXD28 型吸油烟机振动和噪声测试分析[J]. 天津科技大学学报, 2010, 25(5): 41-44.
[72] 陈聪聪, 耿文倩, 李景银, 等. 吸油烟机内多翼离心风机蜗壳结构的数值优化[J]. 风机技术, 2016(4): 45-51.
[73] 蒲晓敏, 王军, 肖千豪, 等. 蜗壳与叶轮相对位置对多翼离心风机性能的影响[J]. 流体机械, 2019(8): 50-56.
[74] 汤娟, 付祥钊, 范军辉. 一种新型分流三通风机的可调性和稳定性研究[J]. 暖通空调, 2013, 43(8): 103-107.
[75] Kind R J, Tobin M G. Flow in a centrifugal fan of squirrel cage type[J]. Journal of Turbomachinery, 1990, 112(1): 84-90.
[76] 刘小民, 杨罗娜. 基于 CFD 技术的吸油烟机用多翼离心风机性能优化研究综述[J]. 风机技术, 2017, 59(6): 66-74.
[77] Montazerin N, Damangir A, Mizaie H. Inlet induced flow in squirrel-cage fans[J]. Proceedings of the Instirution of Mechanical Engineers, Part A: Journal of Power and Energy, 2000, 214(3): 243-253.

3　高压静电净化技术

油烟烟雾被风机吸入油烟净化器后，油烟中的颗粒状污染物在电离区受到高压电场作用发生极化而带电，随后带电粒子或颗粒在电场力的作用下定向移动至集尘区，在静电力的作用下沉积到除尘电极板上，从而实现将荷电油烟颗粒从烟道气流中分离出来的目的，这种对油烟进行净化的方法叫高压静电法。

本章首先详细介绍了高压静电除油烟的基本流程和净化机理，然后从电场结构方面分别介绍了平板式高压静电净化技术和蜂窝式高压静电净化技术的工作原理以及设备应用，接下来又着重对等离子体油烟净化技术从历史发展、反应机理以及研究现状等方面进行详细的阐述，最后结合高压静电油烟净化装置实例的介绍，指出复合油烟净化设备是目前油烟净化研究的重点。

3.1　背 景 介 绍

中国人重视农业发展，同时也关注一日三餐，这也是我国悠久的餐饮文化的缘起。基于我国经济的迅速发展，如今我国餐饮行业迎来新的发展机遇，大街小巷餐馆酒店遍布，在人们饮食得到保障的同时，餐饮污染问题也引人关注。餐饮污染包括多个方面的内容，既有空气污染，又有水资源污染，还有噪声污染[1]。在餐饮行业为地方经济发展做出贡献的同时，政府部门也接收到不少有关餐饮行业的投诉，其中油烟排放污染投诉事件占餐饮污染投诉事件的40%以上[2]。

3.2　高压静电净化技术原理及分类

目前国内外油烟净化技术主要有三类：一是过滤或惯性碰撞等机械法；二是高压静电吸附法；三是水浴、喷雾、冲击和液体吸收等湿式处理法。其他还有高温燃烧法、光解催化法、生物法以及多种机理组合的复合法等。从实际市场角度分析，高压静电法高效、实用、低碳，应用也最为广泛，静电式及含静电方法的复合式除油烟设备约占市场数量的七八成[3]。

3.2.1　电晕工作区的工作原理

电晕工作区是高压静电捕获油烟装置的核心部件，高压整流供电装置产生的负高压，施加于静电捕尘器的电晕极(负极)，正极可靠接地，使正负极之间产生一个巨大的、不均匀的高压电场。电极线由绝缘棒固定，当电压升高到电极线的起晕电压之上时，电晕极附近区域内的气体被电离产生正离子和自由电子[4]。在高压电场的作用下，这些自由电子运动速度加快，当它们与中性气体分子碰撞时，其能量足以使其释放出另外的自由电子，从而产生新的正离子和自由电子，发生电子雪崩。在电子雪崩过程中电晕极中有大量自由电子和负离子逸出，飞向阳极[5]。当油烟废气通过电场时，自由电子和负离子就会在运动中不断地碰撞并吸附到油烟微粒上，从而使油烟中的污染物带电，随后在电场力的作用下，向阳极运动。

电晕工作区内，油烟冷凝物黏度较高，在一定时间内会形成油膜层，吸附在电极线上阻碍电场放电，导致电晕闭塞，从而降低净化效率。为了防止或减弱电晕闭塞现象，高压静电捕获油烟装置采用星形线作为电极线，不仅防止或减弱了电晕闭塞现象，而且装置安装方便，成本低。电极线贯穿整个电晕工作区，由于质地软，不易固定，在电场击穿时可能会出现爬电、闪络、拉弧等现象，需要选择绝缘性较好的硬物(如有机玻璃棒)支撑。

在交变高压电作用下，电晕工作区内发生放电现象，流动的氧气在放电作用下发生分解反应，出现游离的氧原子，氧原子再与氧气反应生成臭氧，臭氧负离子迅速杀灭病原微生物，并能快速分解臭味、油烟中释放出的各种有害气体，起到净化空气的作用，从而避免了传统油烟净化装置除油不除味的缺点。

现有的高压静电油烟净化设备用的电场发生器有两种常用的结构，一种是平板式的电场发生器，另一种是蜂窝式电场发生器。

3.2.2 平板式高压静电净化技术

1. 平板式高压静电净化机理

平板式高压静电技术就是利用相互平行绝缘的电极板而构成静电场，其中高压极带有较高的电压，在边沿由于边沿效应而产生电晕放电，使得空气离子化，空气中颗粒物荷电，在通过平行板电场时被捕获，从而达到净化空气的目的。

平板式静电油烟净化器分为两个工作区，一个是电离场工作区，另一个是吸附场工作区。首先油烟在高能离化电场作用下电离并荷电(工作电压大于 8kV)，然后带电粒子被吸附在静电捕集板上(工作电压大于 4kV)[6]。

1)两极间的长度与宽度比

被荷电的油粒子在电场中，受风力和电场力的共同作用，会沿一抛物线向极板驱进。在两极板间的间距不变的条件下，施加在两极间的电压越高，两极间的电场就越强，由于受空气介质强度的限制，所加载的电压不能无限大，否则会击穿介质，导致放电。加大两极板的间距，则可加大两极的电压，但这并不会加大电场强度，所以两极间的电场力也是有限度的。两极间的长宽比应设计为 10∶1，风速控制在 3m/s 左右，当然，长度越长效果越好，但这样会增加成本。如果电场内的风速超过 3m/s，那么相应的长度也要加长，以保持油颗粒在电场中停留的时间不变。极化区只要求多一些极化层次，它的长度和宽度比为 5∶1 左右即可，极化电流在 5～10mA 范围内。

2）电场电压与净化效果的机理分析

带电导体的表面电荷分布有以下规律：孤立导体表面上的面电荷密度 σ 与所在表面的曲率有关，表面凸出而尖锐的地方，即表面曲率大的地方面电荷密度 σ 大；表面平坦曲率小的地方面电荷密度 σ 小；表面凹进去的地方面电荷密度 σ 更小。导体尖端附近的电场特别强，导致的一个重要结果是尖端放电，这是由于导体尖端附近的强电场作用，会使空气中残留的离子加速运动，加速后的离子同其他空气分子碰撞，使其电离，从而导致大量的新离子产生，使空气变得易于导电。同时，离子中与尖端上电荷电性相反的离子不断被吸引到尖端，与尖端上的电荷发生中和，即形成所谓的尖端放电。在尖端放电时，由于离子同空气分子碰撞会使分子处于激发状态，从而产生光辐射，形成可以看得见的光晕，叫做电晕，该电子流即称为电晕流。

在两极板间施加直流高压，就会在两极之间形成静电场，其电场强度为 E，电场强度与电压成正比，电压越高，电场强度就越大，电场内的能量和电场力也就越大。如果施加的电压较低，虽然颗粒物经过电场时会被极化，表面会感应出正、负电极，但由于电场的能量较小，油烟中颗粒物出了电场后又会恢复到原始状态，这种极化是无效的。当在两电极之间加上较高电压时，能提高电场强度，从而达到使颗粒物极化并带电的目的，当施加于两极板之间的电压高于临界电压时，其极化效果是最好的[7]。

当然，并不是说电压越高、晕流越大就越好。在起晕之前，电极两端的电压随着电源电压上升，此时的电流基本为零，随着电压的上升，当电压超过两极间空气的介电强度（绝缘强度）时，曲线变得较为平坦，而此时电流（晕流）开始上升，继续加大电压后，电流大到一定程度就会发生突变，电压急剧下跌，此时的状态即为放电，电场出现强烈的放电现象。所谓介电强度就是电介质（置于电场中的各种材料）所能承受的最大电场强度。不同的电极栅（电场）所表现出的伏安曲线也是不同的，如何合理确定静电电源的电压要根据不同的电极栅（电场）来决定。

2. 平板式高压静电油烟净化装置净化效率的理论分析

1）平板式高压静电油烟净化装置净化效率的计算公式[8]

油烟净化效率指油烟经净化设备处理后被去除的油烟与净化之前的油烟的质量的百分比：

$$P = 1 - \frac{C_{后}N_{后}}{C_{前}N_{前}} \times 100\% \tag{3-1}$$

式中：P 为油烟净化效率，%；$N_{前}$为初始油烟浓度，mg/m^3；$N_{后}$为处理设施出口处的油烟浓度，mg/m^3；$C_{前}$为进风量，m^3/h；$C_{后}$为排风量，m^3/h。假设装置完全密封，则 $C_{前}=C_{后}$，$P = 1 - \frac{N_{后}}{N_{前}}$。

设 N_x 为距离收集入口 x 处的油烟浓度；收集极板间的烟气流速为 V；通过收集极的风量为 C；收集极板的总有效面积为 F；极板长度为 L；U_e 为分离速度。dt 时间内，除尘区沿集尘板高度方向上(垂直于气流)减少的油烟量即为所沉积的微粒数量。

$$-\mathrm{d}N = N_x \frac{U_e \cdot F \cdot \mathrm{d}t}{\frac{C}{V}L} \tag{3-2}$$

因为 dx=Vdt，所以

$$\frac{\mathrm{d}N}{N_x} = \frac{FU_e}{CL}\mathrm{d}x \tag{3-3}$$

设 x=L 时的含油烟浓度为 N_L，即出口浓度；x=0 时的含油烟浓度为 N_0，即入口浓度，对上式积分即得

$$N_L = N_0 \mathrm{e}^{-(FU_e/C)} \tag{3-4}$$

则油烟净化效率可通过下式计算：

$$P = 1 - N_L / N_0 = 1 - N_{后} / N_{前} = 1 - \mathrm{e}^{-(FU_e/C)} \tag{3-5}$$

2) 分离速度

分离速度指微粒在电场中的运动速度，也称驱进速度。

$$F_e = QE_2 = neE_2 \tag{3-6}$$

式中：F_e 为库伦力，N；Q 为微粒所带电量，C；n 为微粒数目；E_2 为除尘区电场强度，V/m。

对球形微粒可用下式计算微粒运动的阻力：

$$F_3 = 3\pi\mu d_p U_e \tag{3-7}$$

式中，μ 为球形粒子黏滞系数，亦称动力黏滞系数，Pa • s；d_p 为球形微粒直径，m。

当阻力和库伦力平衡时，考虑滑动修正系数可得到分离速度 U_e。

$$U_e = K[(neE_2)/3\pi\mu d_p] \tag{3-8}$$

式中，K 为滑动修正系数。

由上式可知，分离速度与收集极板电场强度成正比，电场强度越大则颗粒物分离速度也越大。根据式(3-5)，平板式高压静电油烟装置的油烟净化效率 P 随分离速度 U_e 的增大而提高，因此给定的微粒提高收集极板电压，从而提高收集极空间的电场强度，将使分离速度提高，进而能够提高油烟净化效率，但是收集极空间电场强度太高，容易引起电极放电，使电场强度迅速下降。

由式(3-8)计算出来的分离速度 U_e 只是理论值，实际上影响 U_e 的因素很多，包括气体和悬浮微粒在极板间通道截面上的分布、通道中气流的水蒸气含量、微粒的凝集、极板上的微粒再次被气流带走等，所以实际的分离速度比理论值小得多，多次实验结果表明，实际分离速度约为理论值的一半。

3) 收集极板有效长度

根据式(3-5)，当收集极板宽度一定，其有效面积越大，即长度相应越长时，油烟净化效率也越高。显然当面积很大、极板很长时，效率即接近 100%，但实际使用时，收集极板的长度并不能完全被利用，实测结果发现，某款油烟净化器中 30cm 长的收集极板，只有 2/3 的长度有明显沉积。如果气流中所含微粒已在这 2/3 长度的极板上全部沉积，那么该净化器的净化效率应接近 100%，而事实上净化效率只有 70%～85%，这显然不是因为极板短使得微粒来不及沉积，而是由于部分微粒没有荷电或荷电不足所导致的，荷电不足 U_e 很小的微粒，加长极板也不能使之沉积。由于不荷电或带电量较小的微粒总存在，因此可以借助收集极板有效长度这一指标来评价净化器的性能，这是指在一定的电场强度下，收集极板只有一定的长度有收集作用，超过这一长度，收集极板便不再收集颗粒污染物。

其中有一部分微粒荷电少，或不能荷电，根据电晕放电原理，主要原因有：

(1) 由于电离极是一根金属丝，只有在金属丝周围很小的区域内才有较高的电场强度，距离金属丝较远的地方，电场强度小，离子的运动速度也小，空气还没有完全电离，导致高能粒子与油烟中污染物的有效碰撞不足。

(2) 在一定的电离极电压下，空气电离的强度是一定的，也就是说电荷量是一定的，如果进入净化装置的空气含油烟浓度高，则每个微粒所带电荷就不足，或者有一些微粒不能荷电。

4) 风量

在油烟净化器选型时，应进行风量计算。风量过大，会增加油烟净化器的负荷，造成能源浪费；风量不足时不能快速、完全地吸入油烟废气，导致油烟扩散至厨房或其他室内空间，使室内空气质量变差。GB 18483－2001 规定，炉灶上方的集油罩投影面积为 1.1m^2 时，折算成需要匹配的抽排风量为 2000m^3/h。至于集油罩排出油烟尾气的通风管内风速的计算，为尽可能减小风管内的阻力系数，以及减少风管内的排气噪声，建议风管内风速小于 15m/s，以 10～12m/s 为宜，风速可作为设计风管截面积的计算依据。显然，静电型油烟净化装置处理的风量越小，效率越高，但由于存在未荷电的微粒，风量小到一定程度后，效率也将趋于稳定。

3. 平板式电场发生器在油烟净化中的应用实例

平板式静电油烟净化机分为电离场工作区和吸附场工作区，一方面两个工作区各使用一个高压电源，使用两个电源，生产成本提高，用户难以接受；另一方面电离电场发生器采用钼丝作为电场阳极，工作一段时间后易产生断裂问题，造成故障停机。

为了克服现有技术的不足，袁小康[9]发明了一种高压静电油烟机用的平板式电场发生器，包括至少一组极板，每组极板上设置有阳极板和阴极板，其中阳极板呈平板状，上面均匀开有若干个弧形孔，阴极片置于阳极片侧边，阴极片表面垂直于阳极片表面。弧形孔设于阳极片的侧边，在阳极片侧边上可以形成若干凸弧或者尖齿。阳极片和阴极片上开有连接通孔，电场发生器的阳极片和阴极片分别由丝杆穿过通孔连接成阳极片组和阴极片组，其中阳极片组和阴极片组两端分别固定有前、后端板，阳极片组上的丝杆两端设有高压瓷绝缘子并固定在对应的前、后端板上。

该阳极板和阴极板通电可同时形成“电力场”和“吸附场”，使得油烟净化能力大大提高。并且两个“电力场”和“吸附场”具有相同的工作电压，只需配置一个高压电源，降低了成本。新电场结构中的阳极与阴极均为板片，安装固定十分方便，并且阴极片表面垂直于阳极片表面，回避了尖齿向负极板直接放电，电场能量的利用效率高，功耗小。

采用平板式电场发生器，能够使油烟颗粒与高能粒子充分接触、碰撞，油烟净化效率可达 98%，但平板式电场发生器容易积油纳污，难以清洗，若是清洗不到位容易发生火灾。

3.2.3 蜂窝式高压静电净化技术

1. 蜂窝式高压静电净化机理

蜂窝式高压静电技术是利用金属薄板制成蜂窝式的正六边形筒作为静电场的接地极板，在筒中央放置带尖端的圆柱形电极(图 3-1)，并且加上静电的高压电极。由于尖端放电作用，尖端附近空气电离而使空气中的颗粒物荷电，在通过由圆柱形高压极和金属正六边形筒(接地极)构成的静电场时被捕获，从而达到净化油烟的目的。

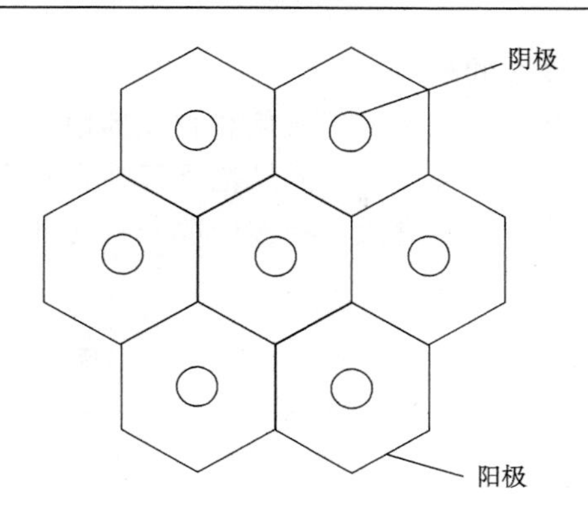

图 3-1　蜂窝式高压静电除油烟原理

该装置前面设有不锈钢粗效过滤网，可滤掉较大颗粒的纤维及油雾；中间是不锈钢材质的线状电极，接高压静电的负极；不锈钢材质的筒形外壳则接高压静电的正极。接通电源后，阴极和阳极之间建立起非均匀电场，阴极周围的电场最强，改变直流高压的电压值，就可改变电场强度。当实际电场强度接近空气的击穿电场临界值 3×10^6 V/m 时，阴极附近的空气会发生电离，形成大量的正离子和自由电子。自由电子随电场向正极飘移，在移动过程中与油烟废气中的颗粒污染物发生碰撞，使其带上负电荷，在电场的作用下，继续向阳极运动，最后吸附到阳极的不锈钢筒壁上。筒壁上的油雾粒子会聚集成大的油滴，流到集油盘中[10]。

2. 蜂窝式油烟净化设备的优缺点

1)蜂窝式油烟净化设备的优点

由于厨房可用空间有限，室内或室外都很难腾出专门的地方来安装油烟净化设备，因此必须找出一种结构合理、占地少而又具有高除烟率的电场结构和形式的设备。理论和实践证明，六边形蜂窝式结构能够满足上述要求。这种电场的阳极是一种六边形蜂窝式结构，每个蜂窝中间装有一针状阴极，再把蜂窝式电场安装在烟罩里，设备做成眼罩形，安装在炉灶的上面，既可当吸风罩，又有除油烟作用，蜂窝式结构的电场在除油烟中有以下优点[11]：

(1)蜂窝式结构和平板式结构相比，在相同的空间里和相同的异形极距条件下，可容纳较多的有效阳极板，可以提高除油的效率。实际应用中，一个体积为 $0.6m^3$ 的六边形蜂窝式电场用于处理风量为 $4000m^3/h$ 的厨房油烟，其滤除率可达 90%以上。

(2)六边形蜂窝式结构中相邻的两个单元共用一块阳极板的两面，材料利用率较高。

(3)六边形蜂窝式结构具体较好的结构稳定性和刚性。

2) 蜂窝式油烟净化设备的缺点

电极栅是直接对油烟中颗粒物进行极化和收集的地方，所以它的结构和形式会直接影响到极化和收集的效果，合理的结构不仅能充分极化和收集油烟，还能减小风阻和降低能耗。典型的蜂窝式电极栅一般分为前部和后部，将极化和收集功能结合在一起，如图 3-2 所示。

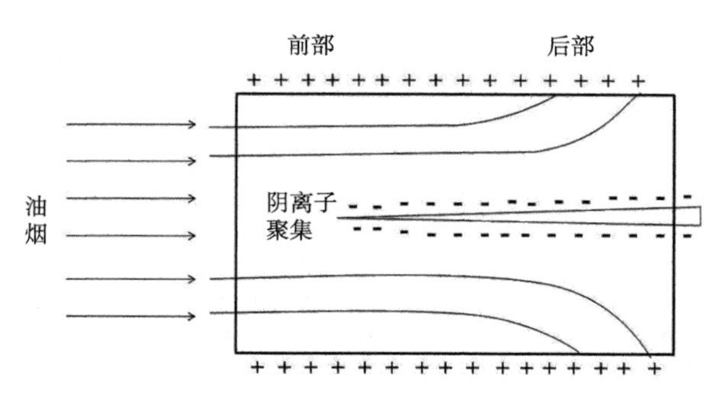

图 3-2　蜂窝式电极栅侧面图

蜂窝式高压静电净化技术是靠前端的针尖产生晕流，对进入的油烟进行极化，然后再经后部的吸附区收尘。它的优点是起晕容易(因为它的针尖可以磨得很尖)，结构和工艺也较为简单，并且只采用一个电源供电，成本也较低。但它的缺点也很突出，主要有以下几点：

(1) 极化不足。由图 3-2 可以看出，油粒只在前部受到一次极化，虽然可以把点的晕流(电场强度) 调得很大，但这只是理想的状态，因为蜂窝电极的壁不是规则圆形的，而且由于加工工艺所限，不能使电极很好地保持在蜂窝正中心。这些因素都会导致每个蜂窝的电场强度不均匀，每个蜂窝内的每一点电场也是不均匀的。电场强度大的地方其阻力也大，气流会优先流经阻力小的区域，导致油烟中的颗粒物不能被充分极化。

(2) 吸附区的电场强度不够。由于整个电场是用一个电源，两极间的电压被其前端所钳制，后部的电场强度不能达到最佳值。

(3) 风阻大。由于电极前部尖端放电使空气电离而膨胀，沿蜂窝筒状电极栅径向方向形成定向的电场风，该电场风和油烟的风向相反，造成较大的风阻。

针对以上缺点，有研究采用多层结构来加强去油烟效果，但由于其结构限制，下一层不能和上一层靠得太近，造成层间间隔过大，导致有些已被极化但未被收集的颗粒物又自行中和，降低了极化效率。还有研究是在这种结构的电极上开一些芒刺来加强极化，但芒刺的大小和形状不易控制，所以会导致电场强度更为不均，同样也不能取得很好的效果。

3. 蜂窝式电场发生器在油烟净化中的应用实例

1) 新型静电油烟净化设备特点和应用

目前，国内采用的静电油烟处理设备普遍存在火灾隐患[12]、电场阴极针校正困难、能耗大等问题。为解决这些问题，黄付平等[13]研发了一种新型静电油烟净化设备，目前该设备已经成功应用于皮革加工厂、橡胶厂、印染厂、金属加工厂、火锅城、食堂等油烟排放单位，在额定风量下对实际烟尘、油烟的净化效率分别达 94.3%、89.4%，净化后的烟尘、油烟浓度都达到《锅炉大气污染物排放标准》(DB 44/765－2010)、《饮食业油烟排放标准》(GB 18483－2001) 中规定的烟尘和油烟排放标准。

(1) 设备结构组成。该设备主要由机壳、控制电箱、高效高压电源、圆筒蜂窝电场、灭火系统、变径风管组成。机壳内装有可拆卸的圆筒蜂窝电场，机壳两侧分别装有控制电箱和灭火系统，直流高压电源装在控制电箱内，前变径风管与机壳前端面密封连接，后变径风管与机壳后端面密封连接。

(2) 机壳和圆筒蜂窝电场。机壳是构成新型静电油烟净化设备的框架和外部结构，它由易于加工的钢板制成，表面喷环氧涂层，具有刚性好、耐腐蚀、寿命长等优点。

圆筒蜂窝电场由阳极圆筒和独特的两端固定的阴极针、绝缘支柱等组成，能克服由于外部因素及本身高压电离电产生的振动所造成的影响，具有电场强度大且电离均匀、处理油烟效率高的特点。

(3) 高效高压电源。传统静电油烟净化设备的高压电源一般采用模拟电路，但模拟电路存在电路复杂、控制方式不灵活等缺点，新型静电油烟净化设备电源采用数字电路控制高频 PWM 波来产生高压，便于根据油烟流量调节高压电流，从而减小电场放电概率和火花放电的能量，具有高效、安全、节能的特点。

(4) 灭火系统。在静电油烟处理设备中，由于油烟温度高、有机污染物浓度大，容易引发火灾，而且发生火灾后，由于是在密闭的管道内，采用人工灭火非常困难，因此安装灭火装置十分必要，而新型静电油烟净化设备自带了喷淋式消防灭火装置，解决了这一难题。

新型静电油烟净化设备安装有热熔机件、温度传感器和合金消防喷头。热熔机件和温度传感器的输出信号能够直接控制水力控制阀，合金消防喷头通过水管与消防供水管连接。当温度过高或发生着火时，温度传感器报警，并自动开启水力控制阀采取喷淋降温、灭火措施，能够在火势进一步扩大之前进行遏制；在遇到停电、温度传感器出现故障时，温度过高或发生着火，热熔机件发挥作用，采取喷淋措施，实现多重保护，极大地提高设备运行的安全性。

此外，消防合金喷头及其管路在设备积累的油垢过多、处理效果降低时，能够用来快速冲洗设备，减少停止运行、维护时间。

(5) 设备特点。新型静电油烟净化设备是一种针对油烟的处理设备，具有高效率、低能耗、安全性高、占用空间小、装卸方便、操作简单、自动化程度高的特点。采用高效的圆筒蜂窝电场设计，大大提高了油烟处理效率，处理率可达90%以上，圆筒蜂窝电场易拆卸、安装，方便清洗、维护和检修；高效高频高压电源的选用能够对设备的功率进行灵活调节，一方面能够减少能耗，延长设备使用维护周期；另一方面能够有效地降低电场积油过多时产生火花放电的频率，提高安全性；加装灭火系统是新型静电油烟净化设备不同于一般的静电油烟处理设备的关键，它能够安全处理高温、高浓度的油烟，能够有效地减少设备火灾隐患，避免因设备起火引起的人员伤亡和财产损失。

2) 一种用于静电式油烟净化器的电场结构

尤今[14]发明了一种用于静电式油烟净化器的电场结构，该电场发生器包括在一个机壳内沿机壳进风至出风方向依次设置并相互对齐的多组圆筒蜂窝电场，单数组圆筒蜂窝电场与下一组圆筒蜂窝电场背对背放置。多组圆筒形蜂窝电场设置在静电式油烟净化器的一个机壳内，合理地利用了油烟净化器的内部空间，使其内部结构更紧凑。另外，多组电场同时在一个机壳内配电，减少了配电线路，降低了整个油烟净化器的配电复杂度，大大减少了因线路引起的停机、停产等生产故障。

3) 升降式隐形多功能油烟净化机

刘洪华[15]发明了一种升降式隐形多功能油烟净化机，该油烟净化机机身设有伸缩装置，伸缩装置与伸缩杆传动连接，伸缩杆设于固定座下方。油烟净化机包括滤网及与其贯通的净化箱，滤网下部设有油杯，油杯下方设有照明装置，滤网上部设有蜂窝电场，蜂窝电场的上部设有静电吸附阴、阳极板及风机，在静电吸附阴、阳极板与风机之间设有缓冲区，风机的上方设有控制电路窗口，伸缩装置设于油烟净化机机身的上方，滤网为波浪形错位叠成的双层滤网，滤网的材质为金属。该油烟净化机可在公共场所使用，无需烟道，并且呈灯状，可作照明使用，油烟净化机内部可将油烟完全净化。

3.3 等离子体油烟净化技术

3.3.1 等离子体的发展及低温等离子体的产生方法

等离子体技术是目前工业上有机废气处理中非常热门的一项技术，例如氯氟烃(氯氟碳化物，CFCs)[16,17]的降解和哈龙类物质[18,19]的处理等。等离子体是固态、气态、液态之外的第四种物质存在状态。等离子体一般由气体电离产生，包含有大量电子、离子、原子、分子、自由基等活性粒子，是一种导电流体，在宏观上表现为电中性(总的正电荷数=总的负电荷数)，因而叫做等离子体。众所周知，库仑力的存在会使得等离子体中的带电粒子群呈现集体运动的状态，因此等离子体具有一定的热效应。根据粒子温度，等离子体可以分为两类：一类是高温等离子体，是离子温度和电子温度相同的等离子体状态，温度一般在 5000 K 以上，此状态体系达到热平衡；第二类则是低温等离子体，离子温度和电子温度不相等，电子的运动温度一般高达数万摄氏度，而其他粒子和整个系统的温度只有 300～500K，为非平衡态[20]。前者的产生一般需要高温高压，主要应用在冶金、喷涂和固体废弃物处理等方面。后者的产生主要是由于气体放电，具体包括电晕放电[21]、介质阻挡放电[22]、辉光放电[23]、微波放电[24]、电弧放电[25]、火花放电[26]等。低温等离子体技术反应条件相对温和(常温常压下即可作用)，能量利用率较高，尤其适用于处理大风量低浓度废气，因而具有更广泛的应用前景。

1997 年，Vercammen 等[27]报道了低温等离子体技术可以有效地去除浓度低于10%的挥发性有机化合物，该技术在环境污染物尤其是油烟的处理方面引起了广泛关注。各种放电形式所获得的高能电子的能量分布和能量密度有很大的区别，有时为了得到更好效果的等离子体，通常将某两种放电形式叠加应用。目前，高压脉冲电晕放电和介质阻挡放电是两种较为简单有效的放电方式，具有较好的应用前景，被许多学者用于研究气态污染物的治理[28,29]。

3.3.2 低温等离子体降解 VOCs 的机理

低温等离子体降解油烟中 VOCs 的机理可能包括：气体放电产生的等离子体中包含有大量高能电子，一方面与油烟污染物分子、原子和空气流中的其他分子发生非弹性碰撞并将能量传递给油烟污染物分子或原子，使其激发、电解或电离，这个时候的污染物气体处于一种活化状态，这个过程会伴随产生$\cdot O_2$、$\cdot OH$、$\cdot HO_2$等大量的活性含氧自由基或者臭氧(O_3)，这些活性粒子与污染物分子发生反应将其降解[30]；另一方面，等离子体中的高能电子能量大于油烟污染物分子内的键能时，通过非弹性碰撞可将大部分能量传递给污染物分子，打断污染物大分子的化学键，使得各种油烟污染物大分子变成各种小分子碎片，更易被活性含氧自由基和臭氧氧化分解去除[31,32]。

3.3.3 低温等离子体降解 VOCs 的研究现状

低温等离子体发生技术多种多样，其中电晕放电和介质阻挡放电是较为常见的气体放电形式。研究人员针对不同的放电方式，在油烟的治理上也相应地提出了很多新型的净化方法[33]。

1. 等离子体反应器研究

1) 电晕放电

电晕放电是指气体介质在不均匀电场中的局部自持放电，其特征是电极附近存在不均匀强电场。电极形式主要有针-板式、线-板式和线-筒式[34]。根据反应器的电源性质的不同，电晕放电可分为直流电晕放电和脉冲式电晕放电。

直流电晕放电是指在直流高压作用下，利用电极间电场分布的不均匀性而产生电晕的一种放电形式，该放电形式主要应用于静电除尘、印刷等方面。近年来也有学者对直流电晕放电在有机废气治理及影响因素方面进行研究。Mista和 Kacprzyk[35]在常温常压下利用线-板式直流电晕放电对甲苯进行实验研究，实验表明甲苯的降解率主要由废气初始浓度、能量密度和放电电极极性所决定，同时发现相同电压下负电晕放电比正电晕放电降解效果好，甲苯的降解率可达93%。Zhang 等[36]利用直流电晕放电对苯乙烯进行降解研究，分别考察了电极极性对苯乙烯的降解效果、最大电晕电流值及臭氧的生成量的影响，结果显示，正极性直流电晕放电生成的臭氧量和对苯乙烯的去除率明显高于负极性直流电晕放电，在相同电压下，负极性最大电晕电流至少是正极性的 2 倍。周勇平等[37]利用直流电晕自由基簇对甲苯进行实验研究，系统考察了湿度、温度、废气初始浓度和停留时间等对有机废气降解率的影响。研究结果表明，一定的湿度和降低混合气体温度均能提高甲苯的降解率；增加废气初始浓度不利于有机废气的降解，但能提高能量的利用率；气体在反应器内的停留时间越长，有机废气的去除效率越高，但能量效率降低。

直流电晕放电也存在一定的缺点[38]，如持续的电晕放电过程中放电很微弱，且非常不均匀，等离子体活性占据空间较小，其强电场、电离和发光仅存在于电极附近。当电流和电压升高时，存在容易发生火花放电、耗能大、不易控制等具体问题，使其在有机废气处理方面受到很大限制。为解决该技术问题，20 世纪 80 年代初期日本学者 Mizuno[39]提出了脉冲电晕放电等离子体技术(pulse corona discharge plasma, PPCP)，由于脉冲电压的前后沿极陡，峰宽较窄，在极短的脉冲时间内(纳秒级)在电晕极周围发生激烈、高频率的脉冲电晕放电，产生高浓度的等离子体，可以有效地促进 VOCs 的降解[40]。

Yamamoto 等[41]首先报道了脉冲电晕放电等离子技术在处理低浓度有机废气实验中的运用，在脉冲电压 22kV、停留时间为 7.9s 时，二氯甲烷的去除率在 90%以上。Sobacchi 等[42]利用脉冲电晕放电分别对甲醇、丙酮和二甲基硫化物等有机废气进行了实验研究，考察了废气初始浓度、温度、相对湿度对有机废气去除效果的影响，结果表明在相同条件下处理二甲基硫化物、甲醇、丙酮的能耗依次增加，同时随着温度和湿度的升高能耗呈现递减的趋势。翁棣等[43]采用脉冲电晕放电等离子体技术建立了混合电晕、有机电晕、空气电晕和分别电晕 4 种实验方案，以苯为研究对象，考察了初始浓度、气体停留时间和电源参数等条件对苯去除效果的影响，结果表明电压为 140kV、混合电晕时苯的去除率能够达到 82.73%。Schiorlin 等[44]对比了脉冲电晕与正直流电晕、负直流电晕对甲苯降解效果的影响，结果表明，脉冲电晕降解效果最佳，负直流电晕次之，正直流电晕最差。Jarrige 和 Vervisch[45]利用脉冲电晕放电反应器对丙醇、丙烯和异丙醇的降解进行研究，结果显示，在较低的能量输入密度(低于 500 J/L)下，丙醇、丙烯和异丙醇都能很好地被降解，但是此过程中产生了副产物，如丙酮、甲醛和甲酸等。

2) 介质阻挡放电

介质阻挡放电(DBD)又称无声放电，是一种将绝缘介质插入放电空间的气体放电方式。绝缘介质可以覆盖在其中一个电极上，也可以放在两个电极上，或者悬挂于电极放电间隙中，常见的有平板式电极结构和同轴管线式电极结构(图 3-3)。

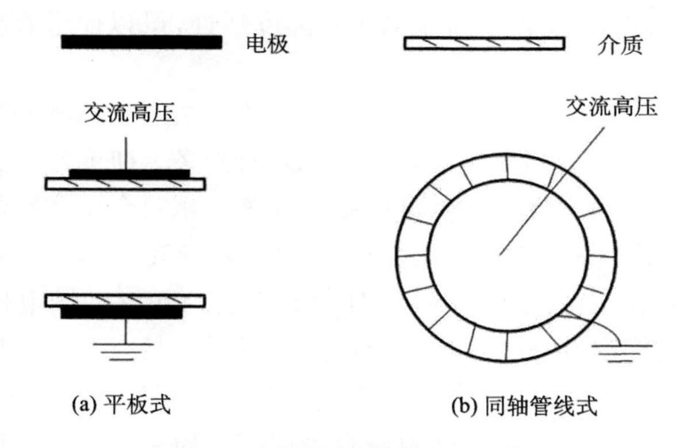

图 3-3 介质阻挡放电的电极结构

绝缘介质的材质主要有玻璃、石英、陶瓷、聚四氟乙烯或其他聚合物等。绝缘介质在放电过程中起到镇流和储能的作用，可以避免电弧的生成，使气体放电保持稳定、均匀和弥漫的多个微电流细丝的状态[46]。当在 DBD 反应器的电极上施加足够高的交流电压时，电极间的气体在大气压下被击穿而产生均匀稳定的放电。这种放电表现为均匀、散漫和稳定，类似低气压下的辉光发电，这是放电通道产生大量无规则分布的细丝状的细微快脉冲放电导致的[47]。每一个微放电有一个近似圆形的等离子通道，半径约在 0.1～0.3mm，放电时间都非常短促，约为 10～100ns，而内部电流密度可高达 0.1～1kA/cm^2，微放电均匀地分布在介质表面。很多学者采用这种放电形式进行大量实验研究：

Lee 和 Chang[48]利用 DBD 反应器对降解对二甲苯进行研究，考察了施加电压、气体温度、气体浓度及初始浓度等影响因素，结果显示当气体中对二甲苯浓度低于 26ppm 时，对二甲苯可以完全去除，同时发现处理含 500ppm 对二甲苯废气时，当电压为 18kV 时，对二甲苯中 5%的碳矿化为二氧化碳，能量转换率达 7.19g/(kW·h)。朱润晔等[49]采用介质阻挡放电降解邻二甲苯，系统地考察了放电极值电压、初始浓度、停留时间及相对湿度等工艺参数对邻二甲苯降解的影响，结果显示，在 7.0kV 的放电电压下，邻二甲苯的初始质量浓度为 1500mg/m^3，停留时间为 9s，其去除率可达到 80%以上，降解产物主要为 CO_2、H_2O 以及苯甲酸、苯乙酸、苯乙醛等有机物。Chang 和 Lee[50]的研究结果表明，在电压为 18kV、气体停留时间为 10s 时，对初始浓度为 147mg/m^3 的甲醛的去除率可达 90%。

2. 放电反应器中填充材料的研究

许多学者对反应器中的填料进行研究，其中研究较多的是钛酸钡材料，对此材料研究较早的是日本学者 Yamamoto 等[41]。当外加交流电作用于介电质层时，填料被极化，填料间接触点周围形成较强电场，导致局部放电，这种微放电现象(低温等离子体的典型现象)代表了高能电子的高度活性，可以促进有机污染物的电离和降解。

Ogata 等[51]用直径为 1～3mm，相对介电常数在 20～15000 的 $BaTiO_3$、$SrTiO_3$、$CaTiO_3$ 和 Mg_2TiO_4 进行实验研究，选取苯为处理对象，研究结果表明相对介电常数≥1100、直径为 1～2mm 的填料可有效去除苯。相对介电常数越大，在低电场强度下苯的转化率就越高，当介电质相对介电常数≥870 时就可以完全实现对苯的去除，若考虑反应能量的利用率，则相对介电常数≥1100 的铁电材料最高。Al_2O_3 是两性氧化物，结构中存在大量酸性位点，可以吸收具有 π 电子体系的有机化合物。Ogata 等[52]用多孔 Al_2O_3 填料、附着有金属的 Al_2O_3 与 $BaTiO_3$ 填料混合进行研究，研究表明添加 Al_2O_3 填料或附着有金属的 Al_2O_3 填料后，能够提高反应器对苯的去除率。此后，Ogata 等[53]又用沸石与 $BaTiO_3$ 填料混合进行研究，结果显示添加沸石材料后的反应器对苯的去除率是只有 $BaTiO_3$ 填料反应器的 1.4～2.1 倍。Oda[54]在反应器中添加表面涂覆有 V_2O_5 的 TiO_2 球形颗粒，发现反应器对三氯乙烯的去除率明显提高。

3. 背景气体的研究

电反应过程中参与反应的气体绝大部分都为背景气体，如 N_2、O_2，导致在放电过程中背景气体分子由基态变为激发态，产生了许多激发态的高能氧原子，如 O^3(P)、O^3(D)，同时在放电过程中还会形成 N、N_2*、OH 等活性基团。这些高能粒子能够直接或间接地参与等离子体化学反应，从而促进了污染物分子的分解和氧化。Ogata 等[51]研究了背景气体中 O_2 浓度对净化性能的影响，结果表明，当 O_2 浓度小于 5%时，苯的转化率随着 O_2 浓度的增加而增加，而当 O_2 浓度在 5%～

30%范围内时，苯的转化率保持不变。背景气体中水蒸气含量对污染物去除也存在一定的影响：放电反应中有水分子存在可增加 OH 活性基团的浓度，从而提高 VOCs 的去除率，但过多的水蒸气也会吸收放电反应中产生的电子，从而影响对污染物分子的去除。Kim[55]通过水蒸气对甲苯去除的影响研究得出，水蒸气的存在可以提高反应体系中 OH 活性基团的数量，从而提高对甲苯的去除率，4%的湿度可以使苯和甲苯的去除率提高 5%～10%。文献[56]报道了水蒸气不利于污染物的降解，其原因有：湿度会导致低温等离子体中高能电子活性的丧失、抑制 O_3 的形成以及使催化剂失活。在相对湿度为 50%条件下与干空气条件下相比，苯的去除率降低了 1/3。

4. *反应产物的研究*

等离子体化学反应过程中有机化合物的分解产物是研究中非常重要的问题。反应产物包括无机产物和有机产物两类，无机产物有 O_3、NO、NO_2 和 CO 等，其产生主要受等离子体反应器类型、操作条件(如施加电压)和背景气体成分的影响。控制无机产物反应的一种方法是降低电压，这样会导致污染物去除率的降低；另一种方法是控制背景气体成分，如气体中氧气成分低于 3%时可有效减少 NO_x 的生成。有机物的产生主要受背景气体成分、反应器类型和操作条件的影响。

研究表明，增加反应体系中 O_2 和 H_2O 含量可以提高 CO_2 的产生量，Ogata 等[52]在研究中发现，在操作条件恒定下 CO 和 CO_2 的比例始终保持在 0.6～1.0，二者比例不随苯初始浓度的变化而变化，却随施加电压的增大而增加。当背景气体中 O_2 浓度小于 5%时，产物中 CO_x(CO 和 CO_2)中 CO_2 的选择率随着 O_2 浓度的提高而提高；当 O_2 浓度在 5%～30%时，CO_2 的选择率基本保持不变。Einaga 等[56]的研究表明增加反应器中的湿度有利于 CO_2 的生成，当增大反应气体的湿度时 CO_2 的选择率可提高到 90%。有研究发现反应器中的填料若是多孔材料也有助于 CO_2 的生成[57]。Ogata 等[52]发现，当使用 Al_2O_3 和 $BaTiO_3$ 或催化剂和 $BaTiO_3$ 混合作为填料的反应器，CO_2 的选择率比单独使用 $BaTiO_3$ 填料反应器的高；另外，加入金属催化剂也可改善 CO_2 的选择率，当 Al_2O_3 表面覆盖有 Ag、Co、Cu 和 Ni 金属时，CO_2 的选择率要比未加金属催化剂时高。

NO_x 也是 VOCs 的降解产物之一。在形成的 NO_x 中，N_2O 是很难降解的一种。在 N_2 背景气体中，湿度会极大地影响 N_2O 的生成。在干燥的 N_2 环境中，只有很少量的 N_2O 生成，但在潮湿的 N_2 环境中，N_2O 的生成量会增加。在空气背景气体中，无论湿度大小，生成的 N_2O 量几乎不变。在 O_2 含量较高的条件下，会生成 NO_2，从而减少了 N_2O 的生成。在输入能量高、污染物在反应器中停留时间短的操作条件下可有效地抑制 N_2O 的生成[58]。

对于填充式反应器，若反应发生在背景气体为 N_2 的环境中，NO_x 的生成可被忽略，但 N_2O 生成量较高，有学者认为是反应器中填料 $BaTiO_3$ 表面的晶格氧促成了 N_2O 的生成[59]。当在反应器中加入一定量的金属催化剂，如在 Al_2O_3 表面负载上 Ag、Cu、Mo、Ni，则可有效地抑制 N_2O 的生成。

3.3.4　低温等离子体为主体的复合技术处理废气的研究进展

低温等离子体技术能够有效、快速地降解 VOCs，但在实际应用中仍然存在一些缺点，如能量效率较低、矿化作用差，且易生成成分复杂的副产物，造成二次污染。Van 等[60]通过电晕放电去除甲苯，在尾气中依然检测出多种副产物，如 HCOOH、C_6H_5COOH、C_7H_8O 和多种含氮有机物等。Assadi 等[61]考察等离子体催化体系对异戊醛的降解规律时，发现等离子体催化过程中生成了 CH_3CH_2COOH、CH_3COCH_3 和 CH_3COOH 等有机副产物。叶菱玲[62]采用 DBD 对甲苯进行降解，发现反应过程中产生的副产物为 HCOOH、N_2O、CO 以及大量 O_3。研究发现等离子体在降解 VOCs 过程中会产生大量 CO、NO_x、O_3 以及多种有机副产物等，如果对这些有害副产物的处理不当，可能会造成二次污染。针对上述问题，许多学者展开了以低温等离子体为主体，结合其他技术，如催化技术、吸附技术和生物技术等协同等离子体处理技术的开发和研究。

1. 催化协同低温等离子体技术

在放电产生等离子体的过程中，大量的高能电子和活性粒子源源不断地产生，同时还伴随着紫外线的产生，此时利用过渡金属等制备的催化剂与此耦合，能有效提高 VOCs 的去除效率、增加 CO_2 的选择率(选择率越大则 VOCs 降解程度越高)、减少有害副产物的生成。等离子体与催化剂耦合方式主要有两种：

(1) 一段式，催化剂置于等离子体区域内(in-plasma catalysis, IPC)，也称为等离子体驱动催化。

(2) 两段式，催化剂置于等离子体区域的后部(post plasma catalysis, PPC)。

在一段式或者两段式反应器中，催化剂引入反应器中的方式主要包括负载式、填充式和涂层式三种。

IPC 反应器中等离子体与催化剂在同一个区域，影响过程比较复杂，一般的研究主要是从两方面进行：催化剂对等离子体放电过程物化性能的影响；等离子体放电过程对催化性能的影响。催化剂置于等离子体放电区域会促进放电过程的发展，有助于短寿命活性物质的产生。如 Holzer 等[63]在实验中发现，多孔催化剂的孔隙内部可以产生微放电现象，使等离子体反应器中的能量密度增加。这是由于在等离子体放电区域中填充了催化剂颗粒，相邻颗粒间的接触点距离缩短，因此改变了放电区域的电场分布情况，致使局部的电场强度迅速增加。另一方面，放电过程会强化催化剂内部活性成分的分布和产生。Chavadej 等[64]将直流电晕放电等离子体与 1% Pt/TiO_2 采用“一段式”协同时，发现降解 1500ppm 的苯的净化率达到 91.6%，CO_x 的选择率达到 80.4%。姚鑫等[65]采用等离子体协同催化技术去除烹饪油烟中代表物质正己醛，研究了含 Ce 复合氧化物的催化反应活性，根据 GB/T 17713－2011 要求自建了油脂分离度测试平台，采用浸渍法将 $MnCeO_x$ 负载于蜂窝陶瓷上，结合等离子体发生模块设计成油烟净化器，测试其对烹饪油烟的净化效率。结果表明，对油烟的去除率达到 97%以上，对 TVOC 的去除率在 50%左右。

而在 PPC 反应系统中，非热平衡等离子体过程具有两个重要的作用，即对 VOCs 分子进行直接转化以及放电产生的长寿命活性物质和催化剂的协同作用。前者是通过高能高活性物质直接破坏污染物的化学结构，将其转化为小分子物质。当这些小分子物质进入置于后段的催化剂反应器时，能较容易地被催化剂氧化成 CO_2 和 H_2O 等无害的物质。在催化剂反应器中，伴随等离子体发生过程的 O_3 能在催化剂表面分解生成具有高氧化性的 O 自由基，有助于污染物的深度氧化[66]。

从目前的研究情况来看，IPC 系统中的能量效率较 PPC 系统的高。不过，IPC 反应系统在反应过程中会出现积炭的现象，致使催化剂逐渐钝化，影响系统的长期运行。因此，今后还需重点研究在反应器长时间运行的过程中如何保证反应系统的催化活性，并对 PPC 反应系统的性能进行优化。

2. 吸附(吸收)协同低温等离子技术

在低温等离子体反应器中填充吸附剂(如活性炭、分子筛、大孔 γ-Al_2O_3 等)，在不增加反应器长度的前提下，延长 VOCs 废气在反应器内的停留时间，从而提高 VOCs 降解率。吸附剂可选择吸附 VOCs 和大量的高活性自由基，使吸附剂表面处活性物种和 VOCs 的浓度增大，有利于自由基和 VOCs 之间发生化学反应；而多孔性颗粒的表面在电子撞击下也可成为反应活性中心，促进微孔结构表面的多相降解反应，有利于提高放电能量的有效利用率，增加产物的选择性，减少副产物[67]。Huang 等[68]利用脉冲电晕放电协同吸收技术来降解四氯化碳，发现在接地电极上涂覆 $Ca(OH)_2$ 层可以有效减少中间产物 ClCN 和 $COCl_2$ 的产生。Song 等[69]采用吸附剂填充式反应器，发现吸附协同低温等离子体技术可以大幅度提高甲苯和丙烷的去除率。Urashitnal 等[70]利用活性炭协同低温等离子体技术降解甲苯和三氯乙烯，发现协同技术有利于提高甲苯和三氯乙烯的降解率，同时大大减少了副产物的产生。

3. 生化协同低温等离子体技术

VOCs 中许多气体毒性很强，很难直接生化降解，而低温等离子体技术对很多 VOCs 的降解不充分，有 VOCs 小分子产生。因此利用低温等离子体对难生化降解的 VOCs 进行预处理，将 VOCs 降解为易生化降解的 VOCs 小分子，再进行生化降解。这一技术解决了前两种协同技术的矛盾，是目前研究热点之一。

3.4　高压静电技术净化设备

高压静电油烟净化设备压力损失小，能耗低，噪声低，适用范围广，能根据饮食业单位规模的要求，制成大、中、小型的油烟净化装置，并且安装方便，产品分卧式、挂壁式、管道式等多种类别，不受现场安装位置限制。与其他油烟净化设备相比，结构相对复杂，设备一次性投资较大。

餐饮业外排油烟气包括颗粒物及气态污染物两类，其中颗粒物粒径较小，一般小于 10μm，颗粒物又分为固体、液体两种颗粒物，且液体颗粒物黏度较大，即餐饮业厨房油烟气包含气、液、固三相。油烟中的异味主要来源于气态污染物，而当前油烟净化设备大多只针对颗粒物的去除(静电油烟净化器应用较多)，却忽略了气态污染物的治理。因此针对当前餐饮油烟问题对城市空气治理的影响，需要提高餐饮油烟净化装置的净化性能，设计出能够对颗粒物和 VOCs 进行同步处理的净化装置。

3.4.1　高压静电油烟净化装置

王燕滨等[71]采用高压静电捕获油烟装置解决严重困扰城市居民生活的油烟污染问题，其不仅可以安全、高效地去除油烟，并减少油烟中有害气体成分，与其他油烟净化设备对比价格适中、性能良好。主要包括结构设计和高压静电电源设计。

1. 结构设计

高压静电捕获油烟装置的主要部件有吸烟罩、风机、前置滤网、高压静电电源、电极线、集油筒、绝缘支架、集油器、后置滤网、测试口。其核心部件是由高压静电电源、电极线、集油筒、绝缘支架组成的电晕工作区。

该装置具有如下工艺特点：

(1) 净化装置在高压静电作用下产生负离子，对异味进行分解，其净化率在 90%以上。

(2) 处理设施能耗低(功率≤150W)，体积小，质量轻，电机噪声小。

2. 高压静电电源设计

传统的静电高压电源常根据输出功率大或小，分别用变压器直接升压整流或电容倍压电路实现。随着新一代功率电子器件(如 MOSFET、IGBT 等)的应用，高频逆变技术越来越成熟，各种不同类型和特点的电路广泛用于直流-直流变换和直流-交流逆变等场合，用户系统总体积减小，质量减轻，系统效率也得到一定程度的提高。电源采用高压、高频逆变技术。负电晕放电形式，电路设计采用多组单独电源，使工作处于各自独立状态互不影响，延长了使用寿命，避免装置在使用过程中因过流、过压损坏电控或造成永久性停机，还具用自动保护和恢复功能。

电源具有 3 种运行状态：

(1) 恒压工作。电场处于稳定电晕放电状态，适用于燃烧状态较好、烟气浓度变化不大的场合。

(2) 恒流工作。电源按给定的电流供给，可减少电功率的损耗，适用于燃烧状态欠佳、油烟浓度变化较大的场合。

(3) 降压工作。使电源获得快速降压和慢速升压特性，其 du/dt 可自动整定，适用于烟气浓度和湿度较大、电场频繁产生火花闪烁放电的场合[72]。

为确保装置的安全使用，电源线采用标准三芯电源线，装置外壳与接地线可靠相连，装置的外壳另接一根地线备用，当三芯插座接地不可靠时，可将此线单独可靠接地，控制电源内有高压漏电保护，一旦漏电，电源快速实现自动保护。同时该装置考虑到阴雨、雾天电场上的绝缘器件可能发生爬电，采用开机延时电路，让抽风机吹干电场中的结露点，从而保证设备的正常运行。

3.4.2　新型复合油烟净化器设计

郑少卿[73]设计了一种新型复合油烟净化模块，可以多污染物协同处理，多模块净化处理。该净化过程采用三级净化处理，顺着油烟流向，分别为：第一级油烟气体过滤分离单元，采用纤维垫等材料作为滤层，油烟颗粒物在碰撞、拦截和扩散作用下被捕集于滤料中使油烟得到净化，以最大程度地去除油烟气体中大颗粒的油滴和水滴等颗粒物；第二级高压静电捕集单元，采用静电捕集原理，分为高压放电区和低压捕集区，通过高压电离作用使油烟颗粒荷电，在通过捕集区域时由于电场作用力而发生偏转，从而聚集在捕集极板上，使油烟得以进一步净化；第三级催化单元，催化分解油烟废气中的其他气态污染物，去除油烟中的异味及有害气体。

工作过程中，在一定范围内，电压越高则颗粒物捕集效率也越高，但同时也会产生更多臭氧。虽然局部高浓度臭氧对环境有害，但研究表明，臭氧可用于催化氧化 VOCs，改善污染物净化效果。

3.4.3　冷却-高压静电一体化技术净化油烟废气

采用水喷淋技术治理油烟废气容易带来二次污染[74]，且废油、余热回收率低。发达国家，如美国和澳大利亚，多采用水喷淋（直接水冷）与静电法结合的技术，即采用直接水冷、静电、油水分离联用技术治理高温定型机油烟废气。由于该工艺采用水幕洗涤法，虽然喷淋水气能起到降温作用，但因此也产生大量的油水混合液，需要配备专门的油水分离器。德国则多数采用旋涡式洗涤法与静电法结合的技术，即采用旋流板塔喷淋吸收作为预处理，除去颗粒物，然后再将油烟废气进行静电处理，去除烟气中的油烟。湿法静电技术和水喷淋技术容易把油烟、颗粒物、废热等污染因子转移到水相中，形成二次污染，因此未能彻底解决污染问题，迫切需要开发一种新型、实用且可靠的高温定型机油烟废气处理技术[75]。

顾震宇等[76]针对高温定型机油烟废气的特点，开发出适合高温定型机油烟废气处理的冷却-高压静电一体化技术，将蒸发冷却、间接水冷、高压静电法集成一体，弥补了水喷淋技术与湿法静电技术存在二次污染的不足。通过优化参数，提高了污染物去除率和废油、余热的回收率，每天每台白坯布高温定型机可回收废油 188kg，节煤 750kg。优化一体化设备的内部结构，设计为可拆卸的模块化结构，便于升级、维修，从而形成一种适用于高温定型机油烟废气处理的实用新技术，适合在印染企业中推广应用。

1. 印染行业油烟污染源

高温定型是将织物保持一定的尺寸，在一定温度下加热一定时间的生产过程。通过热定型，消除织物中纤维的内应力，使织物具有较好的稳定形态。

一般情况下，印染高温定型机在作业过程中都会排出含有机物、染料助剂(含蜡质、溶剂、乳化剂、高分子单体)的油烟，其主要成分为醛、酮、烃、脂肪酸、醇、酯、内酯、杂环化合物和芳香族化合物等，特别是纱线在织造过程中添加了润滑油剂，防水、阻燃等功能性面料的后整理中染料助剂的成分更为复杂。同时，某些布料经过高温定型后，布料中的一些细小纤维会大量进入废气，因此高温定型机废气，既含有大量油烟，又含有颗粒物，对环境空气造成了极大的污染。据调查，高温定型机油烟废气的典型参数为：废气量 12000～20000m^3/h，油烟质量浓度 200～700mg/m^3，颗粒物质量浓度 300～600mg/m^3。

目前，大多数印染企业都没有对定型机产生的油烟废气进行有效治理，一般只经过简单收集后直接排空，这不仅损耗大量余热，而且产生大量的废气，严重影响了周边环境空气质量和印染企业的形象。目前，常见的有湿式洗涤法吸收、湿法静电法等，但这些方法均存在技术含量低、废气不能稳定达标、容易引起二次污染、运行费用高、大部分余热和废油不能回收利用等问题。

2. 工艺流程

冷却-高压静电一体化高温定型机油烟废气处理技术的工艺流程如下：

(1) 定型机产生的油烟废气收集后被吸入管道，进入安装在电机上的离心轮，离心轮的核心部件是由双金属网构成的菱形扁锥体分离器。在电机的高速旋转下，废气中的很大一部分油滴及颗粒物被分离器拦截，并在离心力的作用下射入油槽。离心轮中装有水气雾化喷嘴，高速旋转的离心轮还可以强化水气雾化效果。离心轮作为前处理装置，可以拦截大部分粒径较大的油滴和颗粒物，减小后处理设备的净化压力，也可以延长冷却静电设备的清洗周期；去除颗粒物后，可以避免冷凝系统被堵塞；离心轮中适量喷入少量雾化的水气可以减小污染物的比电阻，进而提高后续静电设备对油烟的捕集率[77]；离心轮产生的水气有增湿作用，可以消除油烟起火的安全隐患。

(2) 经离心轮装置处理过的油烟废气经冷却箱后，再进入蜂窝式电场进行预处理。蜂窝式电场能承受 1500mg/m^3 高浓度的油烟，且工作稳定。其缺点为功耗大(为板式双区电场的 8～10 倍)、耗用钢材多、占地面积大，故仅用作预处理[78]。蜂窝式电场主要构成单元为过滤网、高压导电板、电场本体、高压穿墙管和接地弹簧。

(3) 经蜂窝式电场处理过的油烟废气进入板式双区(电离段与收集段)高效净化电场(简称板式双区电场)。废气中的微粒在通过电离器的强力静电场时被电离并带有正或负电荷。在收集段气流中的带电微粒被接地板吸引的同时也受到带电板的驱赶，可以被高效去除。由实践证明，板式双区电场回收的废油杂质少、品质好，是定型机油烟废气后处理的理想设备[79]。

(4) 处理后的油烟废气通过引风机由排气筒排空。

3. 工艺特点

(1) 采用离心轮装置进行前处理既可以去除部分油烟、纤维等颗粒物，又可以增加气体湿度，弥补了单纯干法静电设备易堵塞、易起火爆炸、设备清洗频率高等不足。

(2) 静电设备的前端采用蜂窝式电场，后端采用板式双区电场，既充分发挥了蜂窝式电场处理高浓度阵发性油烟废气的优势，又可以利用板式静电场对后处理阶段细小油烟粒子特有的高捕捉率、低能耗的优点。因此，在提高油烟废气净化效率的同时，也降低了静电设备的运行费用。

(3) 需要定时清洗的设备均为可拆卸的模块化产品，既方便了设备日常的清洗维护，也有利于这些部件的维修替换。

(4) 设备均采用标准法兰连接的组合结构，具有可升级性。模块化净化单元可根据不同的净化处理量及净化率要求灵活组合，单元数量可作适应性调整。

(5) 安全系统设计周密，检修门被打开，高压电源即自动切断；高电压电源精心设计成环氧树脂严密封闭的单元体，使用安全可靠；采用大型机所运用的网络跟踪技术，可配备远程控制系统，大大提高了运行的安全系数。

4. 净化效果

(1) 冷却-高压静电一体化技术对印染企业的高温定型机油烟废气具有很好的处理效果。油烟、颗粒物的去除率分别达 95.6%、98.4%。烟气温度从 123℃冷却到 42℃，高温定型机油烟废气中的余热得到有效利用。

(2) 采用冷却-高压静电一体化技术，对于白坯布而言，每天每台高温定型机回收的废油量为 188kg，出油品质好，油质纯度和透明度均较高。两年内可以全额回收废气治理工程总投资，具有很好的经济效益。

(3) 与传统的水喷淋工艺相比，冷却-高压静电一体化技术在治理高温定型机油烟废气方面优势明显，具有污染物去除率高、废油和余热回收率高、设备安全可靠且便于升级、维修的优点，是一种适用于高温定型机油烟废气处理的实用新技术。

3.4.4 高压静电油烟净化设备技术标准

我国较早就开始关注餐饮油烟的排放控制和净化处理。早在 2000 年 2 月，国家环保总局推出《饮食业油烟排放标准(试行)》(GWPB5－2000)，次年又修订升级为国家标准 GB 18483－2001[80]。净化设备的环保行业标准《饮食业油烟净化设备技术要求及检测技术规范(试行)》(HJ/T 62－2001)也随之出台。这两个标准为油烟净化行业的规范和发展做出了重要贡献，但随着行业的发展，各种新问题不断涌现，标准在执行过程中也暴露出一些自身问题，比如：针对性不强，安全性能规定欠缺很多，去除效率指标落后等。正是由于缺乏针对性规范，所以市场上许多静电除油烟的设备，其净化性能满足不了国家排放标准要求，还存在诸多安全隐患，既伤害了用户，扰乱了市场，又给环境治理造成麻烦。因此很有必要出台更新的、更具有针对性的油烟净化设备技术标准。

高压静电式餐饮油烟净化设备相关技术规范，首先目的就是为了统一设备的技术要求，包括：净化性能、安全性能、本体阻力等，为消费者提供产品质量保障，规范市场行为，促进产业发展。其次，设备的产品技术指标应尽量与相关排放标准匹配，排放标准是环境保护标准中的核心标准，也是对环境保护法律法规的补充和细化，产品标准与排放标准的统一，更有利于产品标准的执行和推广。

3.5 小　　结

随着全国各地餐饮油烟排放标准、油烟净化器产品标准及相关油烟净化器检测方法标准的逐步实施，目前已存在多种餐饮油烟污染治理技术，其中以高压静电技术最为成熟，但是其仍然存在二次污染、易燃、难清理等缺点。以高压静电技术为核心，同时辅助添加其他原理的复合油烟净化技术，以达到油烟排放各项指标更加优化的目的，是油烟净化的大势所趋。

参 考 文 献

[1] 马瑞巧. 餐饮业油烟净化废液处理方法的试验研究[D]. 天津: 天津大学, 2007.
[2] 王程塬. 兰州市餐饮油烟污染排放治理技术研究[D]. 兰州: 兰州大学, 2015.
[3] 陈学章, 尤今. 静电式餐饮油烟净化设备技术标准探析[J]. 标准科学, 2012(1): 43-46.
[4] 刘从平. 饮食业油烟治理中的几个典型问题及对策分析[J]. 污染防治技术, 2006(3): 52-54.
[5] 刘强, 史鉴洪, 刘英迪. 城市餐饮业油烟污染状况的分析与对策[J]. 中国环境管理干部学院学报, 2006, 16(2): 57-60.
[6] 翁雪飞. 空气净化设备在地铁中的适应性比选[J]. 都市快轨交通, 2014, 27(1): 108-117.
[7] 王建陇. 静电式油烟净化器技术探究[J]. 中国环保产业, 2004(4): 30-32.
[8] 胡继红, 崔立杰. 静电型油烟净化装置净化效率的理论分析[J]. 电站设备自动化, 2002(3): 30-32.
[9] 袁小康. 高压静电油烟机用的平板式电场发生器: CN1712138A[P]. 2005-12-28.
[10] 黄晨昀. 定形机废气的净化处理[J]. 印染, 2013, 39(2): 35-36.
[11] 陈焕良. 蜂巢状静电除尘技术在油烟净化上的应用[J]. 环境, 1999(6): 42.
[12] 牛晓明. 饮食业油烟污染现状分析与对策[J]. 科技情报开发与经济, 2006, 16(1): 156-158.
[13] 黄付平, 覃理嘉, 谢建跃, 等. 新型静电油烟净化设备的特点及应用[J]. 企业科技与发展, 2017(5): 136-137.
[14] 尤今. 一种用于静电式油烟净化器的电场结构: CN202778715U[P]. 2013-03-13.
[15] 刘洪华. 升降式隐形多功能油烟净化机: CN202442376[P]. 2012-09-19.
[16] 傅学起, 王诤. 氟氯烃破坏技术研究进展[J]. 环境科学动态, 1999(4): 17-19.
[17] Sekiguhci H, Honda T, Kanzawa A. Thermal plasma decomposition of chlorofluorocarbons[J]. Plasma Chemistry and Plasma Processing, 1993, 13(3): 463-478.
[18] 于勇, 李晖, 张振满, 等. 低温等离子体技术降解三氟溴甲烷(哈隆 1301)[J]. 复旦学报(自然科学版), 1997(1): 84-90.
[19] 于勇, 王淑惠, 潘循皙, 等. 低温等离子体降解哈隆类物质中的竞争反应[J]. 环境科学, 2000, 21(3): 60-63.
[20] Becker K, Koutsospyros A, Yin S M, et al. Environmental and biological applications of microplasmas[J]. Plasma Physics and Controlled Fusion, 2005, 47(12B): B513-B523.
[21] 熊匡, 杨长河, 李坚. 电晕放电等离子体降解酸性嫩黄 2G 及其机理探究[J]. 染整技术, 2019, 41(6): 19-24.
[22] 郭腾, 李建权, 杜绪兵, 等. 介质阻挡放电低温等离子降解挥发性有机物的研究进展[J]. 环境污染与防治, 2016, 38(3): 111.
[23] 马亚云, 龙海涛, 杜明远, 等. 辉光放电等离子体对葡萄汁中棒曲霉素的降解作用[J] . 生物技术进展, 2019, 9(2): 191-199.

[24] 孙晓. 内置式微波无极紫外灯处理气态污染物的研究[D]. 上海: 复旦大学, 2011.
[25] 盛焕焕. 电弧放电等离子体处理甲苯废气的研究[D]. 武汉: 华中科技大学, 2014.
[26] 徐楠. 人体可接触的火花放电低温等离子放电特性的研究[C]//第十八届全国等离子体科学技术会议摘要集. 中国力学学会等离子体科学技术专业委员会、中国物理学会等离子体物理分会、中国核学会聚变与等离子体物理学会、中国物理学会高能量密度物理专业委员会: 中国力学学会, 2017.
[27] Vercammen K L L, Berezin A A, Lox F, et al. Non-thermal plasma techniques for the reduction of volatile organic compounds in air streams: a critical review[J]. Journal of Advanced Oxidation Technologies, 1997, 2(2): 312-329.
[28] Francke K P, Miessner H, Rudolph R. Plasmacatalytic processes for environmental problems[J]. Catalysis Today, 2000, 59(3): 411-416.
[29] Koutsospyros A D, Yin S M, Christodoulatos C, et al. Plasmochemical degradation of volatile organic compounds (VOC) in a capillary discharge plasma Reactor[J]. IEEE Transactions on Plasma Science, 2005, 33(1): 42-49.
[30] 郭玉芳, 叶代启. 废气治理的低温等离子体–催化协同净化技术[J]. 环境污染治理技术与设备, 2003, 4(7): 41-46.
[31] 宋华, 王保伟, 许根慧. 低温等离子体处理挥发性有机物的研究进展[J]. 化学工业与工程, 2007, 24(4): 356-360, 369.
[32] 吴侨旭, 陈树沛. 低温等离子体协同光催化技术治理挥发性有机物[J]. 广东化工, 2017, 44(12): 225-226.
[33] Chang J S. Recent development of plasma pollution control technology: a critical review[J]. Science & Technology of Advanced Materials, 2001, 2(3): 571-576.
[34] Yamamoto T, Okubo M. Nonthermal Plasma Technology[M]. Humana Press, 2007.
[35] Mista W, Kacprzyk R. Decomposition of toluene using non-thermal plasma reactor at room temperature[J]. Catalysis Today, 2008, 137(2): 345-349.
[36] Zhang X, Feng W, Yu Z, et al. Comparison of styrene removal in air by positive and negative DC corona discharges[J]. International Journal of Environmental Science and Technology, 2013, 10(6): 1377-1382.
[37] 周勇平, 高翔, 吴祖良, 等. 直流电晕自由基簇射治理甲苯的试验研究[J]. 环境科学, 2003, 24(4): 136-139.
[38] 梁文俊, 李坚, 李依丽, 等. 低温等离子体技术处理挥发性有机物的研究进展[J]. 电站系统工程, 2005, 21(3): 7-9.
[39] Mizuno A, Clements J S, Davis R H. A method for the removal of sulfur dioxide from exhaust gas utilizing pulsed streamer corona for electron energization[J]. IEEE Transactions on Industry Applications, 1986, IA-22(3): 516-522.
[40] Vandenbroucke A M, Morent R, De G N, et al. Non-thermal plasmas for non-catalytic and catalytic VOC abatement[J]. Journal of Hazardous Materials, 2011, 195(195): 30-54.
[41] Yamamoto T, Ramanathan K, Lawless P A, et al. Control of volatile organic compounds by an

AC energized ferroelectric pellet reactor and a pulsed corona reactor[J]. IEEE Transactions on Industry Applications, 1992, 28(3): 528-534.

[42] Sobacchi M G, Saveliev A V, Fridman A A, et al. Experimental assessment of pulsed corona discharge for treatment of VOC emissions[J]. Plasma Chemistry & Plasma Processing, 2003, 23(2): 347-370.

[43] 翁棣, 张艳, 楼婷婷, 等. 脉冲电晕法处理含苯废气实验研究[J]. 实验技术与管理, 2011, 28(5): 32-36.

[44] Schiorlin M, Marotta E, Rea M, et al. Comparison of toluene removal in air at atmospheric conditions by different corona discharges[J]. Environmental Science & Technology, 2009, 43(24): 9386-9392.

[45] Jarrige J, Vervisch P. Decomposition of three volatile organic compounds by nanosecond pulsed corona discharge: Study of by-product formation and influence of high voltage pulse parameters[J]. Journal of Applied Physic, 2006, 99(11): 113303. 1- 113303. 10.

[46] 徐学基, 诸定昌. 气体放电物理[M]. 上海: 复旦大学出版社, 1996.

[47] Kogelschatz U. Dielectric-barrier discharges: their history, discharge physics, and industrial applications[J]. Plasma Chemistry and Plasma Processing, 2003, 23(1): 1-46.

[48] Lee H, Chang M. Abatement of gas-phase-xylene via dielectric barrier discharges[J]. Plasma Chemistry & Plasma Processing, 2003, 23(3): 541-558.

[49] 朱润晔, 张良, 毛玉波, 等. 介质阻挡放电反应器降解邻二甲苯的特性研究[J]. 浙江工业大学学报, 2014, 42(6): 650-654.

[50] Chang M B, Lee C C. Destruction of formaldehyde with dielectric barrier discharge plasmas[J]. Environmental Science & Technology, 1995, 29(1): 181-186.

[51] Ogata A, Shintani N, Mizuno K, et al. Decomposition of benzene using a nonthermal plasma reactor packed with ferroelectric pellets[J]. IEEE Transactions on Industry Applications, 1999, 35(4): 753-759.

[52] Ogata A, Yamanouchi K, Mizuno K, et al. Decomposition of benzene using alumina-hybrid and catalyst-hybrid plasma reactors[J]. IEEE Transactions on Industry Applications, 1999, 35(6): 1289-1295.

[53] Ogata A, Ito D, Mizuno K, et al. Removal of dilute benzene using a zeolite-hybrid plasma reactor[J]. IEEE Transactions on Industry Applications, 2001, 37(4): 959-964.

[54] Oda T, Takahahshi T, Yamaji K. Nonthermal plasma processing for dilute VOCs decomposition[J]. IEEE Trans. Ind. Appl, 2002, 38(3): 873-878.

[55] Kim J C. Factors affecting aromatic VOC removal by electron beam treatment[J]. Radiation Physics & Chemistry, 2002, 65(4): 429-435.

[56] Einaga H, Ibusuki T, Futamura S. Performance evaluation of a hybrid system comprising silent discharge plasma and manganese oxide catalysts for benzene decomposition[J]. IEEE Transaction on Industry Applications, 2001, 37(5): 1476-1482.

[57] Holzer F, Roland U, Kopinke F D. Combination of non-thermal plasma and heterogeneous

catalysis for oxidation of volatile organic compounds[J]. Applied Catalysis B: environmental, 2002, 38(3): 163-181.

[58] Futamura S, Zhang A H, Yamamoto T. Mechanisms for formation of inorganic byproducts in plasma chemical processing of hazardous air pollutants[J]. IEEE Transactions on Industry Applications, 1999, 35(4): 760-766.

[59] Futamura S, Zhang A H, Einaga H, et. al. Involvement of catalyst materials in nonthermal plasma chemical processing of hazardous air pollutants[J]. Catalysis Today, 2002, 72(3): 259-265.

[60] Van Durme J, Dewulf J, Sysmans W, et al. Abatement and degradation pathways of toluene in indoor air by positive corona discharge[J]. Chemosphere, 2007, 68(10): 1821-1829.

[61] Assadi A A, Bouzaza A, Vallet C, et al. Use of DBD plasma, photocatalysis, and combined DBD plasma/photocatalysis in a continuous annular reactor for isovaleraldehyde elimination—Synergetic effect and byproducts identification[J]. Chemical Engineering Journal, 2014, 254(13): 124-132.

[62] 叶菱玲. 介质阻挡放电结合锰催化剂降解甲苯研究[D]. 杭州: 浙江大学, 2013.

[63] Holzer F, Kopinke F D, Roland U. Influence of ferroelectric materials and catalysts on the performance of non-thermal plasma (NTP) for the removal of air pollutants[J]. Plasma Chemistry and Plasma Processing, 2005, 25(6): 595-611.

[64] Chavadej S, Kiatubolpaiboon W, Rangsunvigit P, et al. A combined multistage corona discharge and catalytic system for gaseous benzene removal[J]. Journal of Molecular Catalysis A: Chemical, 2007, 263(1–2): 128-136.

[65] 姚鑫, 陈猛, 陈铭夏, 等. 等离子体协同催化去除烹饪油烟污染的研究[C]//第九届全国环境催化与环境材料学术会议——助力两型社会快速发展的环境催化与环境材料会议论文集(NCECM 2015). 中国化学会催化委员会: 中国化学会, 2015.

[66] 吴祖良, 谢德援, 陆豪, 等. 挥发性有机物处理新技术的研究[J]. 环境工程, 2012, 30(3): 76-80.

[67] 郑水生. 低温等离子体技术处理挥发性有机废气的研究进展[J]. 科技广场, 2015(6): 117-122.

[68] Huang L W, Nakajyo K, Hari T, et al. Decomposition of carbon tetrachloride by a pulsed corona reactor incorporated with *in situ* absorption[J]. Industrial & Engineering Chemistry Research, 2001, 40(23): 5481-5486.

[69] Song Y H, Kim S J, Choi K I, et al. Effects of adsorption and temperature on a nonthermal plasma process for removing VOCs[J]. Journal of Electrostatics, 2002, 55(2): 189-201.

[70] Urashitnal K, Chang J S, Ito T. Destruction of volatile organic compounds in air by a superimposed barrier discharge plasma reactor and activated carbon filter hybrid system[C]. IEEE industry applications society annual meeting, USA: New Orleans, 1997: 1969-1974.

[71] 王燕滨, 陈振水, 王靖, 等. 高压静电捕获油烟装置原理及设计[J]. 河北工业科技, 2009, 26(2): 95-97.

[72] 张波, 苗志全. 多功能油烟净化、臭氧发生器设计方案[J]. 科技资讯, 2007(24): 138.
[73] 郑少卿. 餐饮业油烟中 VOCs 的排放特征及其治理技术的研究[D]. 石家庄: 河北科技大学, 2018.
[74] 牟永铭, 金鑫, 张海明. 定型机废气中油烟监测方法探讨[J]. 中国环境监测, 2007, 23(6): 25-27.
[75] 高华生, 陈和平, 徐继荣. 染整定型机废气治理技术进展[J]. 染整技术, 2011, 33(7): 34-38.
[76] 顾震宇, 邵振华, 陈德全, 等. 冷却-高压静电一体化技术在高温定型机油烟废气净化中的应用[J]. 环境污染与防治, 2008, 30(9): 99-101.
[77] 裴清清, 龙激波. 新型湿法离心式油烟净化器及技术经济分析[J]. 环境工程, 2005, 23(6): 42-44.
[78] 吴金申, 袁小康, 刘四平, 等. JJB 系列高频静电油烟净化机及高频高压开关电源的研制[J]. 中国环保产业, 2001(6): 34-36.
[79] 唐黔. 小型双区静电除尘器的极配形式及其应用[J]. 工程设计与应用研究, 2000(3): 10-12.
[80] 国家环境保护总局. 饮食业油烟排放标准: GB 180483－2001[S]. 北京: 中国标准出版社, 2004.

4 湿式处理净化技术

湿式处理净化技术是利用清水与油烟相互接触实现捕集、分离油烟粒子的技术，该技术较为成熟，具有设备压降较小、结构简单、投资低及运行安全等特点，但该技术需要对油烟净化废液进行处理，做到无害化排放。

本章主要介绍了湿式处理技术在净化油烟上的应用，首先介绍了油烟净化废液的危害及目前主要的处理技术，然后重点阐述了湿式处理净化技术的几种常见技术，从净化机理到研究现状，对喷淋式湿式净化技术、水膜式湿式净化技术、超声波雾化油烟处理技术以及雾化电晕等离子体油烟净化技术进行全面介绍，最后介绍了运水烟罩、洗涤塔等几种湿式处理净化设备，给出了湿式油烟净化技术和设备的发展方向。

4.1 背 景 介 绍

目前我国家庭厨房广泛采用的吸油烟机，其净化原理是，首先采用机械过滤除去大颗粒的油滴和水滴，再经过叶轮的旋转，一方面利用离心力产生惯性分离，另一方面产生气力输送作用，通过过滤对油烟起到一定的净化作用[1]。但吸油烟机只是将厨房污染转移到室外，在排放口仍然可见明显的烟雾[2]，污染大气。

湿式处理净化技术的原理是将油烟气通过特殊的气体分布装置与吸收液充分接触，将油烟气中的颗粒物从气相转移到液相而得以去除。通常采用喷淋、水膜以及集气罩相连的“运水烟罩”净化器。其对直径大于 2μm 的油烟颗粒有较高的去除效率，而对直径小于 1μm 的油烟颗粒去除效果较差[3]。

《饮食业油烟排放标准》(GB 18483－2001)规定：油烟净化分离和收集的油污、废水不得直接排放造成二次污染，为了避免二次污染，饮食业油烟净化过程中产生的高浓度油烟废液必须进行处理。

4.1.1 油烟净化废液的分类及危害

餐饮业油烟净化废液产生于油烟净化过程，属于含油废水，乳化现象明显，油烟当中的污染物在洗涤剂的作用下富集到水中，主要污染包括油类污染、有机物污染及悬浮物污染等。

1. 悬浮物污染危害

餐饮业油烟净化废液中的悬浮物质虽不多，但透明度低，乳化现象明显，如果直接排入水体，会使水体透明度降低，妨碍水体接收光照，降低水体中溶解氧浓度，抑制水生生物的正常活动，危害水体生态平衡。

2. 油类污染

油在水中的存在状态有 5 种[4]，分别为：

(1) 漂浮油。静置时能很快上升至液面，以连续相的油膜漂浮在水面的油脂。颗粒较大，油滴粒径一般大于 100μm，易于分离。

(2) 机械分散态油。油脂在水中被分散成细小的油粒，油滴粒径一般介于 10～100μm，悬浮于水中。由于受电荷力或其他力的作用，具有一定的稳定性，在油-水界面间未受表面活性剂的影响，静止一定的时间后，往往成为浮油。

(3) 化学稳定的乳化油。油滴类似于机械分散态，油滴粒径一般小于 10μm，但由于油-水界面存在表面活性物质，因而具有高度稳定性。

(4) “溶解态”油。包括化学概念上真实溶解于水的油和极细微的分散油珠，直径一般小于 5μm，这种形态的油非常稳定，通常无法用常规物理方法去除。

(5) 固体附着油。指的是吸附于固体颗粒表面形成油-固体物的油。

3. 有机物污染

油烟污染物主要有烷烃、烯烃、醛、酮、酯、脂肪酸、芳香族化合物、杂环化合物等，总数达 300 多种。这些有机污染物在油烟净化过程中富集到净化废液中，油烟净化废液如果不加处理直接排放，会造成水中溶解氧降低，导致水质恶化、变臭，从而影响水生生物生存，破坏水体生态平衡。

4. 餐饮油烟净化废液的危害

1) 对人体健康的危害

餐饮业油烟净化废液中存在许多有毒物质，如苯并芘、苯并蒽及其他多环芳烃等。这些物质在水体中被水生生物摄取、吸收、富集，造成水生生物畸变，如果通过食物链进入人体，会使肠、胃、肝、肾等组织发生病变。

2) 对水体的危害

餐饮业油烟净化废液如果不加处理直接排放，会造成水体富营养化，淤积堵塞管道，降低管网输水能力，降低城市污水厂出水水质等。进入城市污水处理厂的油类物质包裹在填料或颗粒污泥的外层，会使氧的传质受阻，导致好氧微生物代谢紊乱[5]。

综上所述，对餐饮业油烟净化废液进行处理净化是非常必要的。

4.1.2　餐饮业含油废水处理技术综述

根据餐饮业含油废水的水量和水质特点，餐饮业含油废水的处理技术主要有以下几类：

1. 重力除油技术

重力除油是餐饮废水预处理必不可少的处理单元，传统的除油方法是通过重力除油，如安装隔油池。其技术简单，投资维持费用较低，但只能去除部分漂浮油，无法去除乳化油、分散性油、溶解性油等。

2. 混凝处理技术

餐饮废水中的污染物多以胶体状污染物存在且呈电负性[6]。由于同类的胶体微粒带有同性的电荷，它们之间的静电斥力阻止微粒间彼此接近而聚合成较大颗粒；此外，带负电荷的胶粒与周围的水分子发生水化作用，形成一层水化壳，也阻碍各胶粒的聚合。

当投加铝盐、铁盐等金属盐或其聚合物絮凝剂后，发生金属离子水解和聚合反应过程，被吸附的带正电荷的多核络离子能够压缩双电层、降低电位，使胶粒间最大排斥能降低，从而使胶粒脱稳[7]，能破乳从而去除乳化油。同时，投加的金属盐，能使金属离子与水中磷酸根离子生成难溶性的盐，与水分离，从而去除大部分磷，并大大减弱表面活性剂对后续处理的影响。餐饮废水中氨氮较多时，可考虑同时投加一些石灰，石灰对氨氮去除率较高，同时能去除有毒物，如重金属等，但对硝态氮、亚硝态氮及有机氮去除能力较低[8]，同时会增加水垢，导致事故发生。

絮凝剂分为无机絮凝剂和有机絮凝剂两大类。无机絮凝剂的处理速度快，但污泥生成量多，可分为无机小分子絮凝剂和无机高分子絮凝剂。前者如氯化铁、氯化铝、硫酸铁等铝(铁)盐，后者通常指聚合氯化铝(PAC)、聚合硫酸铁(PFS)、聚合氯化铁(PFC)等聚合铝(铁)盐，它们通常带正电荷，能吸附水体中带负电的胶体而发生凝聚，并从水体中沉降从而除去水中的污染物。有机高分子絮凝剂由于分子量大，对水中胶体、悬浮颗粒的吸附-架桥能力强，且絮凝速度快、受共存盐类、pH 及温度影响小，生成污泥量少而在水处理中占有重要位置。有机高分子絮凝剂的研究发展很快，但目前有机高分子絮凝剂在含油废水处理方面的应用，仍然是主要用作其他方法的辅助剂。

3. 磁分离法处理技术

朱又春和曾胜[9]对磁分离法处理技术进行研究，其采用的磁粉是 Fe_3O_4，采用的混凝剂是硫酸铁和硫酸铝。由于磁粉带正电，乳化油带负电，使得磁粉具有磁吸附破乳的作用。研究表明在用混凝处理技术处理含油废水时，加入磁粉与不加入磁粉比较，加入磁粉对乳化油去除效果较好。因此该处理技术同混凝处理技术相同，也可同时破乳除油，并大大减弱表面活性剂对后续处理的影响，效果较混凝处理技术更好。

4. 粗粒化法处理技术

刘蓉和张大年[10]对粗粒化法处理技术进行研究，其采用的粗粒化材料是改性聚丙烯纤维材料，该材料具有疏水、亲油、耐油的功能，可以把粒径在 5～10μm 的油珠完全分离，对乳化油去除效果较好。

粗粒化材料是一种亲油、耐油、疏水性质的介质，当含油污水流经粗粒化介质时，悬浮在水中的微小油滴就会在粗粒化介质表面附着，随着水中油滴不断在介质表面附着，附着的油滴相互碰撞，凝聚成为大颗粒油珠，进而形成油膜，当油膜所受浮力和冲刷力大于附着力时，这些油膜便被分离而上浮进而被除去。粗粒化法可以把粒径 5～10μm 以上的油珠完全分离，分离最佳效果可达 1～2μm。

5. 电凝聚法处理技术

电凝聚法处理餐饮废水是利用废水中含有多种成分的电解质溶液，具有一定的导电性，在外加电流的情况下，废水的化学成分、不溶性杂质的性质和状态会发生变化。当阳极为可溶性金属(如铁或铝)时，金属电极溶解，由此产生的铁或铝的阳离子，与水中的羟基结合，生成它们的氢氧化物，从而对废水产生强烈的混凝作用。同时，电解产生气泡可靠地黏附于混凝产生的絮凝体之上，使其上浮而被去除；此外在电解过程中产生的氯、氧等氧化性物质，也会使废水中的污染物被氧化除去。因此，电凝聚法处理技术处理废水有三方面作用机理：电解凝聚、电解气浮及电解氧化还原。该处理技术同时也可以破乳、除污除油[11]。

6. 膜分离法处理技术

常用的膜分离法处理技术有微滤、超滤、反渗透和纳滤。其中，超滤应用较多，或以超滤为主与其他形式配合使用，主要用于截留含油污水中的乳化油和溶解油。

膜分离法处理技术的关键是膜和组件的选择。目前广泛使用的膜材料大多数是疏水膜，油滴在疏水膜上易于聚集粗粒化，有利于油水分离，因此在油水分离时多用各类疏水膜。常用的疏水膜有聚四氟乙烯、聚偏二氟乙烯和聚乙烯等[12]。但由于水通过疏水膜成为渗透液时，油等杂质留在膜表面，这样很快就会产生“浓度极化”，膜被严重污染，加上油分子还容易在疏水膜内聚集阻塞水通过，致使水通量急剧迅速降低。因此膜最好是有一定的亲水性，这样可以得到高的水通量和降低膜污染。亲水膜有纤维素酯、聚酰亚胺、聚醚酰亚胺、聚酯肪酰胺、聚丙烯腈等具有亲水基团的高分子聚合物，以及如 Al_2O_3、TiO_2 等陶瓷膜等。但是如果膜的亲水性过强，膜就容易溶解，而且将失去机械强度，故调节膜亲水性与疏水性的合理平衡是关键问题[13]。

这可以通过膜表面改性技术来改变膜的疏水性和亲水性，目前膜分离法处理技术处理含油废水趋向于用多种膜复合处理或与其他方法结合使用。如将超滤和微滤结合分离含油废水，膜分离法与电化学方法相结合等[14]。为了延长超滤设备使用寿命，超滤前必须做预处理，比如在混凝砂滤后超滤或者把膜处理作为深度处理技术。

7. 生物处理技术

餐饮业含油废水可生化性较好，目前利用生物方法处理餐饮废水的研究主要有以下几类：

1) 活性污泥法

活性污泥法是利用某些微生物在供氧条件下，生长繁殖形成表面积很大的菌胶团来大量絮凝和吸附污水中的悬浮状和溶解状污染物。然后在氧的作用下，进一步将污染物氧化分解，一部分合成微生物细胞，一部分转化为二氧化碳和水等物质，最终使污水得到净化。活性污泥法处理效果较好，但有占地面积大、能耗高、剩余污泥产量大、污泥处理工作量大、管理操作复杂等缺点。

于金莲和高运川[15]采用序批式(SBR)活性污泥法工艺处理餐饮废水，考察了污泥浓度、污泥负荷与处理效果的关系以及该工艺的脱氮性能。试验结果表明：在进水总氮含量(TN)＜30mg/L 时，TN 去除率能达到 85%以上。SBR 工艺对于间歇排放、水质水量变化较大的餐饮废水是一种理想的工艺选择。

浙江大学的范立梅[16]也对活性污泥法处理餐饮废水进行研究，利用活性污泥反应器，在进水重铬酸盐需氧量(COD_{Cr})为 3420mg/L、BOD_5(biochemical oxygen demand)为 1460mg/L、动植物油为 600mg/L、TKN 为 125mg/L 时，COD_{Cr} 去除率达 90.8%，BOD_5 去除率达 90.3%，动植物油去除率达 89.2%，TKN 去除率为 85.6%。

2) 膜生物反应器(MBR)工艺

膜生物反应器是将生物反应器与膜组件联用的一项废水处理新技术，其流程为：原水进入生物反应器与生物相充分接触，再在循环泵作用下，由生物反应器流经膜组件，过滤出水被排放，生物相回流入生物反应器；或者膜组件浸入生物反应器中进行负压抽吸出水。污泥被膜完全截留在反应器中，剩余污泥被排放以确保固定的污泥泥龄，定期对膜进行反冲洗或采用化学清洗法[17]。该法具有出水水质好、污泥量少、易于自动控制等优点，但主要缺点是膜的堵塞与清洗，耗费较大。

尹艳华等[7]对膜生物反应器处理餐饮废水进行研究，动植物油和 COD_{Cr} 去除率分别为 98%、99.2%，该法具有抗冲击负荷能力强、投资省、运行费用低、出水水质优良、出水可回用等优点，对于间歇排放、水质水量变化较大的餐饮废水是一种较理想的工艺选择。

3) 复合厌氧颗粒床处理餐饮废水

南京大学的张志等[18]对该方法进行研究，该法对于无调节池的餐饮废水具有耐负荷冲击、节能等优点，缺点是 COD_{Cr} 去除率相对较低，在 85%左右。

4) 生物填料塔处理餐饮废水

华南理工大学的邹华生和陈焕钦[19]对该项技术处理餐饮废水作了研究。试验结果表明当入塔 COD_{Cr} 大于 800 mg/L 时，对运行不利。但该法具有占地面积小、结构紧凑、操控方便等特点，当能对入塔 COD_{Cr} 进行严格控制时，也不失为一种好的处理方法。

5) 三相生物流化床处理餐饮废水

谢涛等[20]对该项技术处理餐饮废水作了研究，实验研究表明进水 COD_{Cr} 在 350～1350mg/L、BOD_5 在 210～490mg/L 时，COD_{Cr} 去除率达 93.2%，BOD_5 去除率达 95.2%。但该法涉及气、液、固三相的传质与反应过程，在放大试验及设计时较为棘手。

4.2 湿式处理净化技术分类及其机理

4.2.1 喷淋式湿式处理净化技术

1. 喷淋式湿式处理净化机理

喷淋式湿式处理是油烟净化的一种方法，属于物理净化，应用液体洗涤法的原理，使油烟气通过喷淋产生的水雾而实现净化，将油烟气与喷嘴产生的水雾接触，使油烟气中的颗粒物从气相脱除到液相，从而达到净化的目的。水喷淋净化器的原理是通过特制的喷嘴在罩内的空间形成水雾、水膜，油烟通过引风机负压吸到罩内后，油雾粒子与水雾、水膜充分接触，经过惯性、截留、扩散作用而黏附在水滴上，水滴依靠本身的重力下降到水喷淋式油烟净化器的底部，回流到循环水箱。

熊辉等[21]采用自吸式文丘里旋流板净化油烟废气显示：采用清水作为吸收液，其净化效率较低，达不到《饮食业油烟排放标准》；采用 1% NaOH 溶液作为吸收液，出口浓度可达标，但仍有油烟异味；采用自制吸收液，净化效率达 96.6%，油烟异味可有效去除。故针对不同性质的油烟气采用不同吸收液，吸收液的选择对油烟气的净化效率有显著影响。

水喷淋油烟净化器的工作原理及流程一般如下[22]：

(1) 油烟进入水喷淋油烟净化器的第一喷淋室。采用水雾对油烟进行降温阻拦处理，使油烟和气体温度降低，处理后的油雾粒子进入净化器，风管内残留少量油烟。

(2) 剩余油烟进入综合净化室，此阶段采用多目不锈钢丝网带进行转动喷淋处理，网带上的油粒子随喷淋水流入净化箱进行净化。

(3) 水喷淋油烟净化器在净化油烟过程中，网带上积累的油垢会导致通风量减小，水喷淋油烟净化器将自动清洗网带，清洗网带上的油垢，用户也可根据实际使用情况自行定时清洗。

(4) 流回到水喷淋油烟净化器净化箱内的油水混合物和其他杂质，经处理后的水被循环利用。

(5) 水喷淋油烟净化器采用电子模块控制，检测到进风口中有热气和油烟通过，将自动启动网格。

(6) 网格带运转，喷淋。喷淋回水，网带自动清洗，自动上水，净水和污水自动转换排放，还可根据实际情况控制电动阀关闭开启，不必为管道清理油污烦恼，使用此设备能把管壁油全部清洗，还具有火灾预警功能。

2. 喷淋式湿式净化技术应用

李岳春等[23]利用风管、风机及辅助设备对纺丝生产过程中产生的油烟废气进行有组织收集，通过喷淋洗涤法对纺丝油烟中的含油成分进行洗涤溶解，然后进一步利用加压溶气气浮法对含油废水进行有效的处理，彻底去除纺丝油烟废气中的含油成分。结果表明，当喷淋液与油烟废气比例为 2.0～4.0 时，除油效果最为理想，可减少纺丝油烟废气排放造成的环境污染，净化厂区及周边的空气环境。

喷淋洗涤+加压溶气气浮法的处理工艺是：首先将纺丝油烟废气经引风机引入喷淋洗涤塔进行洗涤，喷淋过程中油烟废气中的含油物质被水捕集，进入气浮装置进行除油处理，通过加压溶气法对含油喷淋洗涤水中的油脂进行分离，去除水中的油脂类物质，分离出来的油脂最后进入浓缩分离装置，喷淋水继续循环使用。在喷淋洗涤过程中，为提高油水分离效果，对喷淋洗涤塔的喷淋液添加适量的混凝剂，在循环洗涤液中添加碱液。其工艺流程如图 4-1 所示。

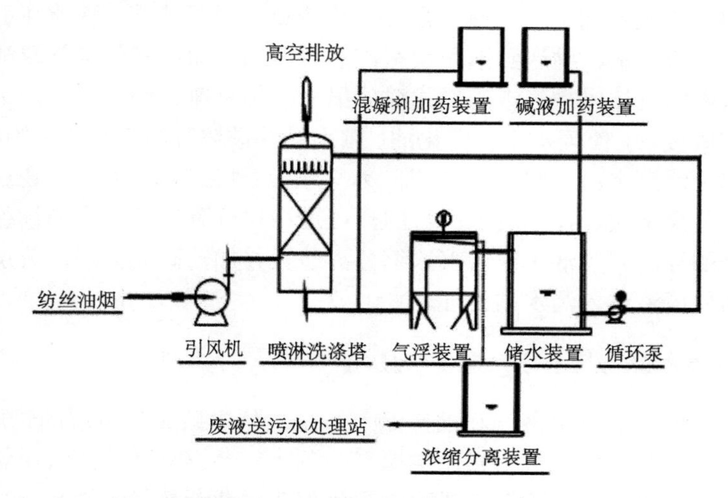

图 4-1 喷淋洗涤+加压溶气气浮法处理工艺流程

纺丝油剂是多种有机化合物和表面活性剂的复配物，因此在纺丝牵伸热定型温度下易挥发产生油烟废气，油烟废气具有一定的刺激性气味，是纺丝油剂中的有机化合物或表面活性剂原组分或分解物，其大多数组分一般以分子状的气态物质或者以微小液滴在空气中所形成的气溶胶物质等形式存在。

通过对纺丝油烟废气的分析可知，冷凝能使大部分油状物颗粒变得易于分离，同时也减轻了后续工序的处理压力；油状物能与水、醇、醚、酯等有机溶剂任意混合，因此可以采用喷淋洗涤方法将纺丝油烟废气进行洗涤，达到净化纺丝油烟的目的；同时又考虑到仅用喷淋洗涤将纺丝油烟废气净化，污染物只是从气体转移到液体，并没有根本去除，采用喷淋洗涤+加压溶气气浮法对纺丝油剂废气进行除油的处理。

1) 喷淋洗涤塔结构及工作原理

纺丝油烟废气的除油处理基本在喷淋洗涤塔发生。喷淋洗涤塔主要由主筒体、喷淋盘、填料、清理孔、视镜孔、循环泵等组成。其工作原理为：在引风机的作用下，废气气流被吸入风道并进入塔体，洗涤液从洗涤塔上部喷淋盘射入筒内，使整个筒体的填料与洗涤液混合形成雾状洗涤液水膜从上而下流动(填料在气流的作用下不停翻滚，使废气和洗涤液充分混合)，废气在筒体内旋转上升，并与筒体内的洗涤液水膜发生摩擦，因此废气气体被洗涤液水膜充分湿润，达到气液两相在喷淋塔内进行接触分离的目的，从而实现废气的净化。

2) 加压溶气气浮法处理工艺及流程

加压溶气气浮法的主要设备为水泵、溶气罐和气浮池及控制系统等。其工艺流程为：油剂废水进入气浮池，通过水泵对溶气罐进行加压(压力一般控制在200～350 kPa)，使得进入溶气罐的压缩空气更好、更多地溶于废水中。空气溶入水中后水变成溶气水，并达到饱和状态，然后溶气水通过减压至气浮池。在常压下，溶气水中的气体以微气泡的形式释放出来，并迅速、均匀地与油剂废水中的油状颗粒物质接触，使废水中的乳化油、微小悬浮颗粒等污染物质黏附在气泡上，随气泡一起上浮到水面，形成泡沫-气、水、颗粒(油)三相混合体，通过收集泡沫或浮渣达到分离杂质、净化废水的目的。经过净化分离的喷淋水继续循环使用，而分离出来的浮渣和废液再次进入浓缩分离装置并加药破乳分层，分层后的油进行回收，其他废液进入污水站处理。

3. 喷淋湿式静电技术净化定型机废气

定型机废气中的有机蒸气和油雾烟气，是大气中破坏臭氧层的物质和 $PM_{2.5}$ 的重要来源，也是构成空气中光化学烟雾的源头，会影响环境空气质量和破坏地球生态。现如今市场上的喷淋湿式静电净化工艺已渐渐替换了原来的两种主要工艺：干式静电净化工艺[24]和单一喷淋净化工艺[25]。因为干式静电工艺存在易着火、难清洗的缺点；单一喷淋净化工艺虽然价格低廉，但不论是油烟还是颗粒物的去除效率都较低。

1) 高效低阻喷淋湿式静电净化工艺

喷淋湿式静电净化工艺主要由两大系统组成：高效静电喷淋净化器和油水分离器[26]。烟气首先通过喷淋助排装置被带入填料层，其中的大颗粒杂质及油雾被填料层拦截，然后烟气与雾化喷淋系统接触，通过有效接触，其中的油雾和固体颗粒物被进一步去除，再上升进入高压静电净化层，静电将低温气体中的油雾进一步地净化，使排气管出口的白雾变淡，达到真正的无色无味气体排入大气中去；被去除的油水混合物经油水分离器分离，油渣回收产生可观经济效益，废水循环利用。

2) 高效低阻喷淋湿式静电技术净化工艺的优点[27]

与干式静电净化工艺和单一喷淋净化工艺相比较，高效低阻喷淋湿式静电净化工艺存在着如下的优点：

(1) 安全。彻底避免着火、爆炸发生，由于喷淋层的存在，废气温度不会超过 180℃而引起静电场着火乃至爆炸。

(2) 达标。填料层的拦截，喷淋系统去除油雾，再加上静电场的净化，完全能确保各项污染物的达标排放。

(3) 高效。颗粒物和油雾去除效率均可达 90%～95%。

(4) 低阻。高效低阻喷淋湿式静电设备进气口设置喷射助排装置，可以抵消设备所产生的阻力，不需另外增加排风机。

(5) 节能。只需利用定型机设备自带的排风机，不增加额外的电能损耗。

4.2.2 水膜式湿式处理净化技术

水膜式净化油烟方法一般是采用水或其他洗涤剂，以喷头喷洒的方式形成水膜来吸收油烟。油烟粒子与喷嘴喷出的水膜相接触，经过相互的惯性碰撞、滞留，细微颗粒的扩散和相互凝聚等作用，随水滴流下，从而使油烟中污染物从气流中分离出来[28]。

1. 水雾水膜式油烟净化装置

林斌等[29]研制出集排烟、净化于一体的湿法去除厨房油烟的装置，其技术核心在于喷嘴在较低的泵压下形成的伞状水膜和在其下部形成的雾化效果极佳的水雾。该装置主要由净化式排烟罩、与之配套的低噪声引风机和循环泵及循环水箱这三大部件构成。

1) 净化式排烟罩工作原理

(1) 除油烟原理。通过特制的喷嘴在罩内的空间形成水雾、水膜，油烟通过引风机负压被吸到罩内后，油雾粒子与水雾、水膜充分接触，经过惯性作用、截留作用、扩散作用而黏附在水滴上，水滴依靠本身的重力下降到罩的底挡板上，底挡板向罩里边的沟槽倾斜，黏附了油珠的水流到沟槽后，通过回水管流到循环水箱，水箱做成特殊的形式兼起隔油池的作用。因为油的比重小于水，油珠依靠自身的浮力上升到水面，聚集成油层后可人工去除或自动流出加以回收。去除了浮油后的水再通过循环泵打到罩内循环使用。循环水定期更换，废弃的循环水加入破乳剂去除乳化油后达标排放。

(2) 去异味原理。在水箱中加入除味剂，与水均匀混合，除味剂在罩内与油烟中的异味分子基团发生氧化还原反应而使异味得到去除。

2) 净化式排烟罩的结构及说明

净化式排烟罩结构如图 4-2 所示，该排烟罩分 A、B 两部分。其中 A 为集烟空间，它起到收集油烟的作用；B 为净化空间，A 收集到的油烟通过前、后条缝吸风口 11、7 进入净化空间，由于净化空间水平截面积很大，烟气速度在这里骤然衰减，与喷嘴 4 喷出的水膜、水雾充分接触，绝大多数油雾粒子黏附到水滴上得到去除，黏附了油雾粒子的水滴下落到活动挡水板 5 上后流入水流沟槽 9 中，最后汇集起来的含油水通过回水管 8 回到循环水箱中。为防止风机将水雾带走，在出风口 1 设置了一个折板脱水器 2，目的是将水雾脱除而使气流通过。

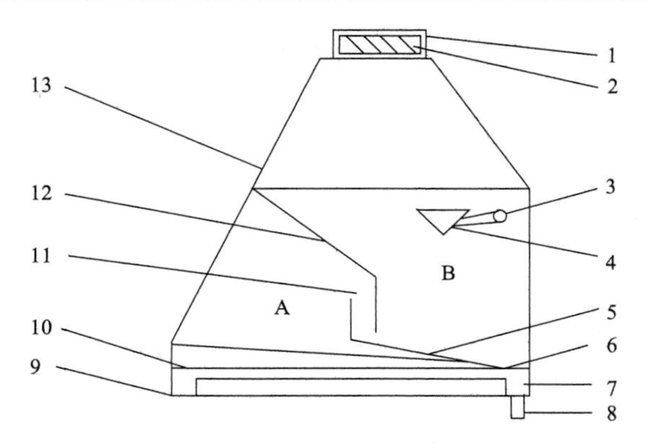

图 4-2　净化式排烟罩结构

1.出风口；2.折板脱水器；3.镀锌管；4.喷嘴；5.活动挡水板；6.挡水板插槽；7.后条缝吸风口；8.回水管；9.水流沟槽；10.挡水板托架；11.前条缝吸风口；12.固定挡水板；13.排烟罩外壳

3) 循环水箱和喷嘴

循环水箱分为清水区和浊水区，它们之间通过倒“U”形管相连。清水区为经过隔板和倒“U”形管去除浮油后的水，经过循环泵打到罩内使用；浊水区为含有油脂等污染物的水，浮油漂在水面上，累积到一定的厚度后可自动流出或人工撇除。

喷嘴是影响油烟净化效率的关键因素，需要在较低的泵压下即可形成水雾、水膜，且要求雾化角度大，雾化细，效率高，不易结垢堵塞，使用周期长。

4) 净化式除油烟装置的技术关键

(1) 罩面风速。适宜的罩面风速是取得良好油烟捕集效果的关键，研究发现罩面风速可参照以下三种情况而定：罩子三面靠墙风速为 0.26m/s；罩子一面靠墙风速为 0.38m/s；罩子悬在厨房中间风速为 0.54m/s。根据不同安装情况选用不同的罩面风速从而选择适宜的风机，达到既能有效捕集油烟又避免风机流量过小使油烟外逸，或者因流量过大导致能源浪费的问题。

(2) 液气比。液气比是决定净化效率的关键。液气比过小，由于喷淋量少油烟与水接触不充分，甚至短路，容易造成去除率下降；液气比过大，易造成回水管回水不及时，从罩四周的水流沟槽处溢水。适宜的液气比应该为 1∶500～1∶1000。

(3) 折板脱水器处风速。折板脱水器处风速有一个范围，高于或低于此范围脱水效果急剧下降，风机和风道中就有水滴出现，适宜的风速范围是 3～4m/s。

(4) 排烟罩阻力。净化式排烟罩采用大风量低压头以减小气流噪声，系统阻力主要在排烟罩的条缝进风口和出风口的折板脱水器处，要求阻力之和不大于 100Pa。

2. 液膜过滤法净化油烟

刘祖文和刘国平[30]把水和碱性物质按照一定比例配制成液体吸收剂，通过液膜与金属滤网相结合的方法来治理宾馆厨房油烟，取得了很好的效果。该处理技术具有系统阻力小、环境噪声小、工程造价低和净化效果好等特点，但是该处理技术对亚微米级的颗粒物净化效率较低。

在净化器靠近进风口一边安装多个环形喷头，喷头采用相向布置，相隔一定距离，位于净化器内进气端三分之一位置；一定目数的金属网安置在净化器的中间位置，采用倾斜布置；净化器内出气端三分之一的位置安装脱水板。配制好的液体吸收剂经加压后由环形喷头喷出，形成一定厚度的液膜。厨房油烟由风管进入净化器，经过液膜后，油烟中颗粒物从气相进入液相并被金属网阻截，最后从金属网滑落进入净化器底部后随液体排出，液体中的污染物在净化器底部的储液池中过滤清除，过滤后的液体可循环使用。净化后的气体经脱水板脱水后，由排气管排出。

3. 油烟湿式迷宫分离净化设备

天津大学的张宝刚等[31]从降低能耗和提高油烟捕集效率的角度出发，在水膜式油烟净化技术的基础上建立了迷宫分离油烟装置，并对其结构进行优化。结果表明，湿式迷宫分离段的最优结构布置方式为：分离装置空腔直径为 15mm、宽度为 50mm、表面波纹角度为 90°，并采用插板式滤油水箱治理含油废水，减少二次污染。

该装置的核心为迷宫分离区段，分离来自水雾水膜式油烟净化段含有高效吸收液和油烟的混合物，减少油烟雾中的过水量。并在装置末端设置含有吸收液的插板式滤油水箱治理含油废水，采用循环喷淋，减少二次污染。该装置在传统油烟分离技术的基础上，结合离心分离、冷凝聚并、惯性碰撞、液体吸收净化、碱性除油和去味等联合机理，提高了复合油烟净化设备的净化效率，减少了油烟雾中的过水量，其最佳油烟气净化效率可达到 96.9%。

1) 湿式迷宫分离区的油烟复合净化机理

油烟经过运水烟罩一级净化后进入湿式迷宫分离区，该分离区由高强度超薄铝合金压制成 W 形组合，每组由 2 片不同形状的表面光滑的薄铝合金组成。为便于捕集含有吸收液的油滴，其中一片为竖向条纹，使分离后的油滴迅速靠重力作用流入集油槽，减少系统阻力和油烟过水量；另一片主要起到改变气流方向、离心分离等作用。将每组单片均匀布置在湿式迷宫分离段内，形成光滑涡流迷宫样的内腔空腔，起到惯性碰撞、离心分离的作用。在湿式迷宫分离区内，包含油滴的两相系统形成湍流旋涡后不断挤压、交汇、碰撞，从而使气体溶解、凝聚[32]。

溶解和凝聚的液滴在旋流过程中频繁与其他液滴碰撞、黏合而变得越来越大。当液滴达到足够大时，由于其流动动能增大，靠惯性碰撞附在介质内腔壁上，当油珠大到其重力足以克服两相流的动能和与介质的附着力时，就会沿光滑的介质内腔壁流到集油槽内，达到净化油烟的目的[33]。分离后的油滴靠重力作用流入集油槽，从排油口排出进入插板式滤油水箱，除油后循环使用，经过净化后的气体由排气管排出。

2) 插板式滤油水箱治理含油废水

当含油废水进入滤油水箱后，废水中大颗粒的油珠借助浮力上浮至水面，较细小的油珠顺水流过多孔板，沿着滤油水箱长度方向缓慢浮升，同时也受到前挡水板的阻挡作用而向上运动，其中较大的油珠上浮至水面被聚丙烯吸油毡吸附除去，另一部分浮力不足以使它们到达水面的，只能到达设置有聚丙烯吸油毡的吸油插板而被除去。吸油插板的作用就相当于增加了滤油水箱油水分离的有效工作长度，使本来不能上升至水面除去的细小油珠也能受到吸附捕捉而被除去，从而提高了滤油水箱的分离效率。

4.2.3 其他形式湿式处理净化技术

1. *超声波雾化油烟处理技术*

目前，饮食业厨房油烟净化设备依据不同的治理技术方法，主要有如下设备：过滤式油烟净化设备、水膜式油烟净化设备、蜂窝式油烟净化装置、静电型油烟净化装置等。但这些技术方法分别存在能耗高、设备复杂、管理麻烦、运行费用高等问题。因此，需要找到一种新的处理技术来解决以上问题。超声波雾化油烟处理技术是一种价廉高效、有前景的油烟处理技术，应用具有巨大的经济效益、环境效益和现实意义。超声波雾化油烟处理属于湿法油烟处理法，拥有传统湿法的优点，与此同时，与传统湿法相比，在原理和效率上又有质的变化。由于超声波雾化产生的水雾粒径为1～10μm，其粒径小，与空气接触面积大，蒸发率高，能使水蒸气迅速达到饱和，凝结于微细颗粒物上，开始了凝聚与合并的微物理过程实现“云”的物理沉降。云物理学、空气动力学、斯蒂芬流的输送等为超声波雾化油烟处理的主要机理，其中云物理学是核心机理[34]。

1) 超声雾化的介绍

超声波技术从 20 世纪 70 年代初发展到现在，已有 40 多年的历史，在工业的应用方面也有快速的进步，其应用领域越来越广泛，其中超声波雾化为其应用之一。人们早就有利用超声波雾化液体，促进燃烧、提高传热效果和减少污染的研究，但是由于雾化机理的复杂性，充分理解和证实超声波对这些因素的真实影响是非常困难的。对于弱声，例如日常接触的声音，声场中的媒质介点(这里首先指气态质点)只不过在平衡位置振动，但是对于远比这种声音强得多的声场，在其中的媒介质点不仅产生振动，而且还产生人们所熟知的超声波二次效应。这时媒质质点被移动，形成一种气流，即所谓的“声风”现象。如果将液面暴露在这样的声场中，能使液体经历初期波动，然后是大振幅的波动，接着形成大液滴，最终液滴分离，实现雾化。

超声雾化是利用超声能量使液体在气相中形成微细雾滴的过程。超声波雾化器有两大类：电声换能器型和流体动力型。

2)雾化的原理

超声波的形成：由稳压电源输出的50V、500mA的电流经超声波雾化器中的电振荡器形成高频交变电流，这个高频交变电流使雾化器上的振动膜片产生高频振荡，形成超声波。超声波具有良好的方向性、反射性和穿透能力，能在气体、液体及固体媒介中传播，产生各种超声波效应，如机械效应、热效应、化学效应、声空化等。其中对水雾化起主要作用的有如下几种：

(1)机械效应。超声波在介质中传播引起质点振动，其位移、速度、声压、声强等力学量所引起的各种效应都称为机械效应，它能在液体内部产生很大的液压冲击，破坏液体分子间的作用力。

(2)热效应。超声波具有很高的能量，通过介质时会引起分子间剧烈摩擦及分子的强烈振动，将声能转变为热能，产生热效应，为分子之间作用力的破坏提供能量。

(3)声空化。向液体辐射超声波时，在一定声强作用下液体内部会产生大量小气泡，气泡随声压振动强烈生长、合并直至破裂，称之为声空化现象。

超声雾化原理正是利用超声换能器产生的超声波通过雾化介质传播，在气液界面处形成表面张力波，超声空化作用使液体分子作用力破坏，液体从表面脱出形成雾滴，从而液体被雾化为气溶胶状态。超声雾化产生的液滴喷射速度低，可制得分散均匀的2～4μm级液滴。液滴的初始速度几乎为零，容易产生高浓度细小的液滴流[35]。

3)雾化效果的影响因素

(1)雾化溶液的表面张力。雾化原理是利用超声波在气-液界面处形成表面张力波，产生超声空化作用，进而使液体分子作用力破坏，液体从表面脱出形成雾滴。雾化溶液的表面张力对雾化的效果有很大的影响，主要体现在空化所需的能量随溶液的表面张力增大而增大。不同的液体有各自的表面张力，表面张力的增大使得雾化所需要的超声能量增大。当超声能量不足以克服液体自身的表面张力，空化效果就变差，进而严重影响雾化效果，甚至无法雾化。张绍坤等[36]对重油雾化和净水雾化做研究，研究表明在相同气压条件下，相同的油压和水压下，重油的雾化速率明显低于净水的雾化速率。正是因为重油的表面张力大于水，如果要得到相同的雾化效果，就要增大超声雾化装置的功率。

在净化油烟实验里，随着处理系统的运行，雾化液滴和油烟气体不断混合，形成油水液滴；其中，一部分油水液滴汇入雾化池中，使原雾化溶液的黏度及表面张力增大，大大影响雾化效果。可以通过碱液的配制来控制此消极效果，使处理系统正常运作。

(2) 雾化池的液面高度。Langlet 和 Joubert[37]发现固定频率的超声波的能量密度是固定的。当液面高度处于超声波能量密度最大处附近时，超声空化作用最强，溶液的雾化速率达到最大；当液面高度继续增大，超过超声波在液体中能量密度最大处时，超声空化作用减弱，溶液的雾化速率急剧减小。

(3) 载气流速。载气流速与雾化速率并无直接关系，但关键问题在于实际雾化液滴的排出速率及雾化粒径，则与载气流速密切相关。净化油烟时，载气流速对雾化效果的影响是双向的。一方面，由于载气流量加大，气体流速加快，输运管路中气流扰动激烈，雾滴在离开液面后发生非弹性碰撞而聚合的程度加大，雾化粒径增大，不利于油烟的吸收和凝聚，影响处理效果；另一方面，随着载气流量加大，气体流速加快，使雾化液滴迅速离开雾化区域，减小区域内非弹性碰撞和聚合的程度，空间中小粒径雾滴较多，有利于油烟气的净化。因此，选择合适的流速对提高系统的油烟净化效率是很重要的。

(4) 雾化器的自身功率。雾化器自身功率是影响雾化效果的最主要因素。功率越大，雾化速率越高；反之亦然。但雾化粒径与功率大小无关，只与雾化系统参数有关。

4) 雾化水雾的粒径

超声雾化所生成雾滴的直径可用 Lang 式计算：

$$d = 0.34\left(\frac{8\pi v}{\rho f^2}\right)^{1/3} \tag{4-1}$$

式中：d 为液滴直径；v 为液体的表面张力；ρ 为液体密度；f 为超声波频率。

由上式可看出，雾滴粒径主要由液体密度 ρ、表面张力 v 和超声波频率 f 决定。超声波频率越高，液体表面张力越小，则雾滴亦越小。

式(4-1)为雾滴刚离开液面时的粒径计算经验公式，实际上随着雾滴离开液面进入气流，液滴粒径就渐渐增大，但变化幅度逐渐减小。原因是：声强在喷嘴出口处最大，雾化能力最强，故喷嘴出口处雾化粒径最小；油滴离开喷嘴以后，沿喷雾方向上，发生非弹性碰撞、聚合和挥发，其中碰撞和聚合起主要作用，所以随着离喷嘴距离的增大，雾化粒径逐渐增大。由于空气中存在阻力，雾化液滴离喷嘴距离越大，速率越小，发生非弹性碰撞和聚合的程度减小，因此液滴粒径增大的幅度趋缓。此外，液体的表面张力也会影响液滴粒径增大的幅度。因为表面张力越大，液滴离开喷嘴后发生非弹性碰撞和聚合的程度就越小，所以液体表面张力较大的液体，雾化后其粒径变化不大，不利于后续的凝聚和沉降。

5) 传统湿式油烟净化原理

超声波雾化油烟处理技术实质上是一种湿式油烟净化技术，但其原理又不完全等同于传统的湿式油烟净化技术。传统湿法又称为液体洗涤法，其机理是对油烟气的捕集和吸收，根据气液接触的方式不同，又可分为冲击式和喷淋式两种。冲击式是依靠吸油烟机的动力，使油烟气冲击水体，如陈喜山等[38]将含油烟气的气流通过净化装置的折返式通道，高速冲击溶液表面，使洗涤液翻腾飞溅和雾化，激起大量的泡沫和雾滴，与气流中的油烟雾滴充分接触，将其乳化和溶解，达到净化油烟的目的。又如郑展飞[39]将冲击除油和筛板除油两种机理结合在一起，取得了较好的效果。而喷淋式则是烟气通过喷淋产生的水雾而达到净化。

6) 超声波雾化油烟净化技术工作原理

(1) 气动力学原理。根据空气动力学原理，含油烟废气绕过雾滴时，废气中的颗粒物及微小油滴由于惯性会从绕流的气流中偏离而与雾滴相撞被捕捉，即通过颗粒物及微小油滴与液滴的惯性碰撞、拦截以及凝聚、扩散等作用实现捕捉。其被捕捉的概率与雾滴直径、颗粒物及微小油滴受力情况有关。雾滴大时，颗粒物及微小油滴仅仅是随绕流绕过雾滴而不能被捕集。当雾滴与颗粒物及微小油滴粒径相近时，更容易产生相撞而实现微细颗粒物及微小油滴的捕集。超声波雾化正是通过产生 10μm 以下与颗粒物及微小油滴粒径相近的雾滴来实现捕集的。

(2) “云”物理学原理。微细水雾喷向含微细颗粒物及微小油滴的空间时，能在很短时间内蒸发，使喷雾区水蒸气迅速饱和，过饱和水蒸气凝结在空间中悬浮的大量微细颗粒物及微小油滴上，然后发生聚并。这主要是由于水的相变和云滴形成所导致的温度、浓度变化，加之喷雾雾流引起的油烟气的运动，使携带着微细颗粒物或微小油滴的云滴和其他水雾粒子相互碰撞、聚并进而增重下沉，形成“油雨”降落下来。另外，水蒸气在微细颗粒物及微小油滴表面的凝结，不仅改善了微细颗粒物及微小油滴亲水性能，而且增大了微细颗粒物及微小油滴的体积与质量，这对捕集作用起着促进作用。这种机理对除去亚微米及微米级的微细颗粒物及微小油滴特别有效。

(3) 斯蒂芬流输送机理。在喷雾区内，液滴快速蒸发后会在液滴附近区域内产生蒸汽组分的浓度梯度，形成由液滴向外流动扩散的斯蒂芬流；同样，当蒸汽在某一核上凝结时，也会造成核周围蒸汽浓度的不断降低，形成由周围向凝结核运动的斯蒂芬流。因此，悬浮于喷雾区中的微细颗粒物及微小油滴，必然会在斯蒂芬流的输送作用下运动，最后接触并黏附在凝结液滴上被润湿并捕集。

2. 雾化电晕等离子体油烟净化技术与装置

目前国内外油烟净化设备主要分为静电沉积设备、过滤设备、洗涤设备、惯性分离设备等几类，这些油烟净化方法各有所长，但都不能完全满足饮食业油烟净化的要求。先进的饮食业油烟净化设备，应针对油烟的特点，既要能高效去除细小油滴，且不产生二次污染；又要能克服油滴黏性，长期稳定运行，且可去除部分气态污染物。简单地将上述两种装置组合，只会综合其缺点，使整台装置既不能长期稳定工作，又不能防止二次污染。因而饮食业油烟净化迫切需要引入新的烟气净化机制，研制先进的新型烟气净化设备[40]。下面介绍一种接地放电极雾化电晕等离子体烟气净化新技术。

1) 技术原理

接地放电极雾化电晕等离子体烟气净化技术是在传统的静电除尘技术的基础上发展而来的[41]，同传统的静电除尘相反，该技术中，收集电极与正高压电源相连，放电极接地，而且供水系统是与放电极一起接地的，从而解决了供水系统高压绝缘的难题。收集电极与放电极间形成非匀强电场，放电极可以在高压收集电极的感应下产生稳定的负电晕放电。供水系统在工作时连续向放电极供水，放电极不断形成电流体动力学雾化，雾化水滴结合自由电子和离子而带电，在电场作用下高速飞向高压收集电极[42]。该技术应用于处理烟气时，机制如图 4-3 所示。

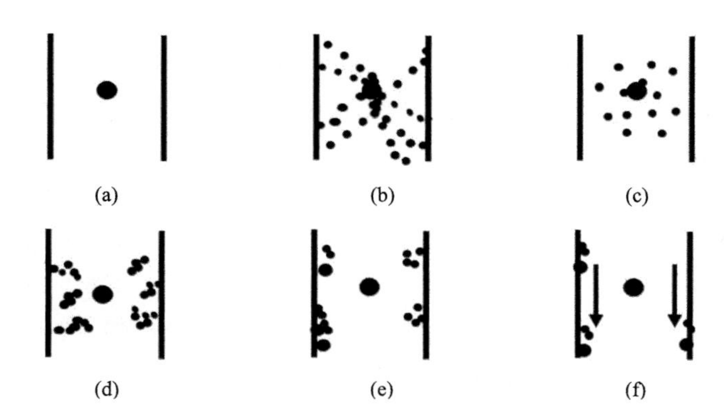

图 4-3　雾化电晕等离子体烟气净化技术处理油烟的机制示意图

图 4-3(a) 表示电场的结构，收集电极(板电极)与正高压电源接通的同时，由水管向放电极通水，并保证流速恒定；图 4-3(b) 表示在两电极间形成了非匀强电场，由放电极雾化产生的水雾，经剥离荷电以及近电晕区的电子荷电和高强度离子荷电，在极间形成粒径为几十微米且高度荷电的雾滴，同时雾化的液滴还可保

证放电极不会因运行时间过长而被黏性颗粒黏附导致电晕熄灭；图 4-3(c)表示油烟颗粒进入电场；图 4-3(d)表示除传统静电除尘对油雾的荷电去除机制外，油烟颗粒在电场中被荷电液滴捕集，油烟颗粒的粒径很小，一般为微米甚至亚微米级，传统静电设备很难捕集，而在该技术中油烟颗粒通过静电聚并和动力聚并被雾化荷电液滴捕获并形成较大的颗粒，因而能被收集电极板顺利捕集；图 4-3(e)表示荷电的颗粒在电场的作用下高速向收集电极飞去，同时放电极雾化电晕放电产生的低温等离子体，能在一定程度上去除有害气体和油烟中的异味；图 4-3(f)表示在收集电极表面，雾化液滴的作用使得沉积在收集电极表面的粒子流动性增强，从而可以自动沿收集电极流下，这样就避免了长时间运行时因油烟的黏性黏附在收集电极表面的油烟层过厚导致的反电晕，且可达到清洁收集电极板的作用，解决了黏性油烟净化的收集电极板清洗困难的难题。

2)湿式接地放电极雾化电晕等离子体烟气净化装置

湿式接地放电极雾化烟气净化装置是指放电极有少量水的电雾化湿状态，雾化水滴冲击收集电极板并在极板表面形成一层薄而均匀下淌的水膜。淌下的水分离出油污后泵回放电极循环使用。

该装置适用于同时处理饮食业烹饪油烟和灶烟，启动该烟气净化器后，高压电源、引风机、阀门和水泵开启，油水分离器里的水被抽出后形成水循环。被处理的油烟由吸烟罩吸入，并经油烟入口和喷淋器进入净化器。上水箱向喷嘴供水形成众多接地细水线，在高压电极的作用下细水线放电雾化，对油烟进行高效净化，同时对循环水进行处理。被净化后的气体由引风机排出，引风机和绝缘子因不被污染能长期运行而不用维护。水雾清洗电极和净化气体后流入下部水箱，再经过滤器和水泵进入上水箱，从而实现循环供水。

3)半湿式接地放电极雾化电晕等离子体烟气净化装置

半湿式接地放电极雾化烟气净化装置是指放电极有微量水的电雾化湿状态，收集电极板为稀释的薄油层。净化过程只增加烟气的湿度，不产生污水排放。该装置适用于单纯净化饮食业烹饪油烟。

半湿式净化器由净化器主体和辅助部件两部分构成。辅助部件包括烟罩、进烟道、电控箱、进水阀和热水阀。净化器主体由外壳形成方形封闭容器；净水器上部设有使烟气均匀分布的均流板；其处于中部的大部分容积内间隔排列着多排供水管和高压极板，供水管上间隔排列着许多针状外渗型放电极，放电极在高压极板的静电感应下，产生雾化电晕放电低温等离子体，进行高效除尘和气体净化。被高压极板收集的废油流入废油收集盒，净化后的气体由引风机排出。打开进水阀，自来水经进水管进入供水排管，管内的水被油烟加热，打开热水阀可获得洁净热水，高压极板由高压绝缘箱中的绝缘子支撑固定并由高压电源供电。

使用时，首先打开进水阀，然后按电控箱上的电源开关，开启引风机和高压电源，烟气净化时，随时可开启热水阀获得热水。烹饪结束后，可用电控箱上的按钮关闭引风机和高压电源，然后关闭进水阀且打开热水阀，放出热水备用，且可防止冬季净化器内排管冻裂。雾化电晕等离子体可随时净化循环水，最大限度减少污水排放，半湿式装置可完全避免污水排放。

4.3　湿式处理净化设备

湿式处理油烟设备类型主要有两类，第一类是运水烟罩，这些设备安装在集烟罩的前端，该法对粒径大于 2μm 的烟雾颗粒有较高的去除效率，而对粒径小于 1μm 的烟雾颗粒去除效果较差。具有系统阻力小、无噪声污染、工程造价低和净化效果高等优点。第二类是洗涤塔，利用正方向喷雾、增设中间隔板等方式，甚至使用流化床，增加净化液与油烟的接触时间，达到净化效果，一般洗涤塔安装在后端。

4.3.1　运水烟罩除油烟

运水烟罩属于厨房排烟烟罩的一种，对维持厨房清新空气环境起到了一定的作用，有着严格的技术参数和专业的使用方法。运水烟罩是近年来商用厨房最普遍的一种排烟净化设备，对油的净化率可达到 95%以上，对烟及气味的隔绝率可达 55%以上。

1. 运水烟罩的工作过程

(1) 循环水经喷头雾化后进入烟罩内，喷头的设计比较特别，能使水流呈扇形雾状喷出，且覆盖面积比较大，水雾不易出现死角。部分体积较大的水珠，经反射板反弹，可以重新雾化。

(2) 由于排油烟系统的强制抽风，在往上流动的过程中与雾水交叉混合，此时由于风速不高，加入化油剂的水雾最大限度地与油烟混合并产生皂化反应，对油烟起到净化分离作用，油及气味全随水而走。

(3) 穿过雾水区的水气混合体在水气分离扇的旋转作用下，气体被抽风系统的风机抽走，水又流回水循环系统。

(4) 与油烟充分接触后的雾水打在托水板上流回水槽[43]。

2. 运水烟罩除油烟的应用

孙伟波和沈仲辉[44]发明了一种运水烟罩，该运水烟罩包括壳体、风机、离心脱水风扇、挡油板、喷嘴、导油槽和排水口，壳体内设有风机、离心脱水风扇、挡油板、喷嘴，风机与离心脱水风扇连接，离心脱水风扇下方设有挡油板，壳体内侧前部固定有喷嘴且该喷嘴处于挡油板下方，壳体内侧上部设有导流管，导流管与喷嘴连接，壳体后部下端设有导油槽，导油槽下侧设有排水口。壳体内侧前部固定有喷嘴且该喷嘴处于挡板下方，排油过程中通过喷嘴喷水将油烟吸附于水中，使运水烟罩除油烟效果更好，更为节能环保，壳体下侧设有下挡板，下挡板呈台阶状，可以达到更好的油烟净化效果。

4.3.2 洗涤塔除油烟

洗涤塔是一种新型的气体净化处理设备。它是在可浮动填料层气体净化器的基础上改进而成的，广泛应用于工业废气净化、除尘等方面的前处理，净化效果较好。

1. 洗涤塔工作原理

洗涤塔与精馏塔类似，由塔体、塔板、再沸器、冷凝器组成。由于洗涤塔是进行粗分离的设备，所以塔板数量一般较少，通常不会超过十级。洗涤塔适用于含有少量粉尘的混合气体分离，各组分不会发生反应，且产物应容易液化，粉尘等杂质(也可以称之为高沸物)不易液化或凝固。当混合气从洗涤塔中部通入洗涤塔，由于塔板间存在产物组分液体，产物组分气体液化的同时蒸发部分，而杂质由于不能被液化或凝固，当通过有液体存在的塔板时将会被产物组分液体固定，产生洗涤作用，洗涤塔就是根据这一原理设计和制造的。

在使用过程中再沸器一般用蒸汽加热，冷凝器用循环水导热，在使用前应建立平衡，即通入较纯的产物组分用蒸汽和冷凝水调节其蒸发量和回流量，使其能在塔板上积累一定厚度液体，当混合气体组分通入时就能迅速起到洗涤作用。一般来说，气体进口温度越高越好，可以防止杂质凝固或液化不能进入洗涤塔，但是也不能太高，以防系统因温度过高而不易控制。控制温度的同时还需保证气体流速，即进口的压力不能太小，以便粉尘能进入洗涤塔。混合气体通入洗涤塔后，部分气体会冷凝成液体而留在塔底，调节再沸器的温度使液体向上蒸发，再调节冷凝器使液体回流至塔板，形成一个平衡。由于塔板上有一定厚度液体，所以洗涤塔塔间会有一定压差，调节再沸器和冷凝器时应尽量使压差保持恒定才能形成一个平衡。调节塔顶温度时应防止温度过高而使杂质汽化或升华为气体而不能起到洗涤作用，但冷凝温度也不宜过低，防止产物液体在冷凝器积液影响使用。在注意以上要点的同时，还需注意用再沸器调节洗涤塔的液位，为防止塔釜液中杂质浓度过高产生沉淀，应使其缓慢上涨。

2. 洗涤塔除油烟的应用

倪雪文等[45]发明了一种新型的洗涤设备，包括洗涤塔本体、循环水槽和循环水泵。洗涤塔本体设有导入废气的进风口和输出净气的出风口。该设备的特点是，洗涤塔本体内由下而上顺序设有循环液层、整流层、填料层、喷淋管道以及丝网除沫层；循环液层连接水槽和循环泵进水口，循环泵出水口通过连接管道连接喷淋管道；喷淋管道设置在所述丝网除沫层的下方，该喷淋管道的底部设有若干个螺旋式喷淋头；进风口与所述的整流层连通，该进风口的输入端与需处理的废气输送总管的输出端连接；出风口设置在洗涤塔本体的顶部，与丝网除沫层连通。处理废气效率高，解决了以往工业生产中尤其橡胶塑炼过程中产生的油烟直接排放到空气中产生异味，而影响居民的生活及环境的问题。

4.3.3 “4 合 1”复合式油烟净化设备的设计

现有的组合式油烟净化设备大多采用两种至三种油烟净化技术的组合，净化率有待进一步提高，尤其是对油温超过 270℃以上产生的“青烟”微粒，净化效果较差。另外，大部分组合式油烟净化设备只是将不同净化技术进行简单的串联、叠加，各级油烟净化设备的结构未经优化设计，不能有机组合，存在设备本体阻力过大、体积庞大等问题。

彭来强[46]为解决现有组合式油烟净化设备本体阻力过大、体积庞大等问题，采用湿式喷雾喷淋、斜流风机离心分离、旋转滤芯过滤和液体吸收 4 种净化技术，在传统组合净化技术的基础上，增加带旋转滤芯的斜流风机净化装置，并对喷雾系统、气水分离系统、油水分离系统等进行优化，提高油烟净化率。测试结果表明，该油烟净化设备结构紧凑，本体阻力达标，性能稳定性好，运行与维护方便，大大提高了油烟净化率。

1. “4 合 1”复合式餐饮业油烟净化设备结构

该油烟净化设备由 7 个系统分工合作，共同完成油烟净化过程。

(1) 油烟收集输送系统：包括集烟罩、管道，进行油烟的收集与输送，减少油烟逃逸。

(2) 净化系统：是由湿式喷雾喷淋、旋转滤芯过滤、斜流风机离心分离和液体吸收 4 种净化技术组成的四级净化装置，用于油烟冷却、净化。

(3) 气水分离系统：主要结构为脱水器，实现气与水的分离，含油的水溶液流入水箱，气体通过排放管排出。

(4) 油水分离系统：运用隔油水箱进行油水分离，废油通过管道流入回收装置，防止二次污染。

(5) 水循环系统：由滤网、水泵、上水管、喷头、下水管、浮球自动补水器、清洗剂补给器等组成，负责实现洗涤液循环使用。

(6) 油污过滤回收系统：收集从隔油水箱里溢出来的油污，防止二次污染。

(7) 动力系统：由斜流风机组件构成，既是整台设备的动力来源，也是净化装置的核心部件。

2. 净化系统的优化

斜流风机在电机的驱动下开始工作，设备内部形成负压，油烟废气被吸入集烟罩，通过烟道输送到净化系统，经过湿式喷雾喷淋、旋转滤芯过滤、斜流风机离心分离和液体吸收四级净化，油烟中颗粒物被捕获分离，与水溶液一起进入脱水器，进行气水分离，含油水溶液进入隔水箱进行油水分离，净化空气通过排烟管道排入大气。7 个装置中油烟收集输送装置和油污过滤回收装置采用传统结构，关键在于对净化系统、气水分离系统、油水分离系统、水循环系统和动力系统进行优化设计，使油烟净化设备结构紧凑，提高油烟净化率。

(1) 一级净化采用湿式喷雾喷淋净化技术，该技术属于惯性碰撞捕获净化技术，其净化效率与斯托克斯数有关，斯托克斯数与油烟微粒直径的平方成正比，与油烟气流和喷雾的相对速度成正比，与液滴微粒直径成反比。当斯托克斯数小于临界值时，油烟微粒不会被捕获；当其大于该临界值时，油烟微粒才会被捕获。因此，一级净化装置主要用于去除中、大颗粒油烟微粒，而对微小颗粒的"青烟"净化效果比较差。

为提高惯性碰撞净化率，对喷雾系统加以改进。一是在净化筒内按一定间隔设置若干组喷头，喷头方向与烟气运动方向相反，形成细密的立体雾场，增加雾滴与烟气的相对碰撞速度，提升对油烟的捕获能力；二是根据有关经验数据，液滴尺寸在 40～200μm 范围内净化效果较好，100μm 时效果最佳[47]，据此通过选择合适喷头在兼顾喷头堵塞问题的同时，使雾化后液滴直径为 100～200μm；三是充分利用输送烟道至斜流风机之间的空间，合理设置喷头位置与喷头数量，增加有效净化距离和净化时间，提升油烟微粒与水雾的接触概率，提高净化率。

(2) 二级净化通过旋转滤芯得以实现。传统设备的过滤系统由多层叠加的金属滤网组成，滤网太薄过滤效果差，太厚则阻力太大，而且必须定期清洗。使用旋转滤芯并安装在高速旋转的斜流风机叶轮前盘前端，跟随斜流风机一起做高速旋转，滤芯的锥面与烟气方向垂直，高速旋转的滤芯，加强了对含油烟气的切割与碰撞作用，提高了过滤效果。另外，在滤芯上方设置一个实心锥喷头，喷雾与滤芯锥面正交，雾滴在滤网的切割作用下而进一步细化。一方面，喷洒在滤芯上的洗涤液在旋转滤芯高速旋转带动下，因离心力的作用沿径向方向"射出"，形成细密的过滤水网，它与旋转金属网一起对油烟进行过滤与捕获，构成净化油烟的第二级净化机构；另一方面，洗涤液中加有适当浓度的亲水亲油基表面活性剂，喷到旋转滤芯上会产生细小泡沫并黏附在滤网表面，金属网、水网、泡沫共同作用完成对油烟的过滤净化，水泡的存在增强了对油烟微粒的捕获能力。这种湿式旋转滤芯动态过滤方式，不仅可过滤大、中粒度的油烟微粒，而且对细微的油烟微粒也有较好的过滤效果，可实现有效去除异味的目的。由于高速旋转的离心力作用与洗涤液的清洗作用，油污不会黏附在滤网上，滤芯具有自动清洁与防阻塞功能，无须定期清洗，降低了运行与维护成本。

(3) 三级净化采用惯性碰撞净化和离心分离净化两种净化技术，在斜流风机[48]的叶轮内部进行。实心锥喷头将喷雾喷到锥面滤芯上，经碰撞、切割而二次细化，由离心力作用加速“甩出”，在叶轮内部形成均匀细密的雾场，与含油烟气组成混合气流，在叶轮内部做高速螺旋式运动，气流处于强烈的紊流状态，油烟微粒和雾滴剧烈碰撞而被捕获。气体在运动中受到的离心力与径向运动的阻力基本相等，没有径向运动而进入脱水器内层空间，最后经排烟管排出。

(4) 四级净化采用液体吸收净化技术[49]，其净化机理符合气液双膜吸收理论[50]。由于喷雾和斜流风机的作用，净化筒的内壁、斜流风机外壳的内壁及脱水器的内壁与底部壁面能够形成连续稳定的液膜，油烟废气流经这些表面时，与洗涤液发生接触，油烟中的有害颗粒物从气相转移到液相，从而得到净化。根据双膜吸收理论，在水中加入适量的洗涤剂，利用洗涤剂与油的亲和性，可提高净化率。

3. 气水分离系统的优化

气水分离在脱水器内实现，斜流风机出口的混合气流，含有大量水气，必须经过脱水处理才能排入大气，否则出口含水率将会超标。混合气体在斜流风机的离心力作用下，油烟微粒与水雾微粒由于粒径与质量较大，受到的离心力大于径向运动阻力，被甩到外筒内壁，与洗涤液混合后经脱水器内外筒之间的间隙流入外层“空腔”。气体分子由于质量较小，离心力不足以克服运动阻力，所以经过脱水器中间通道由出风口排入大气，从而实现气水分离。

4.3.4　湿式油烟净化技术和设备展望

由于油烟雾滴的疏水性，在净化液中加入的表面活性剂可改善油水混合性能，提高去除效率。梁斌等[51]认为选择净化液时应该主要考虑以下几个方面：对油烟的溶解度大；蒸气压低，不易挥发，沸点高，以减少油烟吸收时吸收液的损失，避免造成新的污染；熔点低，避免在冬天低温操作时冻结；化学性质稳定，不含易燃、易爆化学品，不含三制毒性物质，具有很高的安全性；价格低廉，容易获得。如果吸收液中再加入适当的化学药品，还可以同时去除油烟中的气味和部分挥发性有机物，但洗涤废液不能直接排入下水道，需经过油水分离装置处理后循环使用，否则会出现二次污染问题。居德金和梁文艳[52]研制了一种多组分高效碱性净化液用来处理油烟废气，结果表明，该吸收液对油雾的去除效率为

97.1%，对烟尘的去除效率为 96.3%，对 SO_2 的去除效率为 63.9%。唐秀云等[53]研制出一种新型复合油烟吸收剂，该净化吸收液能够全面包络、黏合、皂化、附着和分离油烟废气中的油类物质，对饮食油烟具有快速、高效、彻底的治理效果，而且无毒、易降解。湿式油烟净化技术和设备的发展需要考虑以下几点：

1. 制造成本

湿法油烟净化器需要配置循环水泵、水箱以及匹配的引风机。从整体结构来讲，设备体积比较庞大，为减少占地面积，一般采用立式结构，并要求加装水气分离装置，造价较高。

2. 可靠性、安全性与稳定性

一般讲，湿法油烟净化器是一台完整的净化设备配置，即配置净化设备主体以及与主体处理风量相匹配的风机和循环水泵。在安装时，要求拆除原有集油罩出风口的排气扇。优良的湿式设备都将风机装在经处理净化后的油烟气排气设备的后部，这样可以保持风机的叶轮不受油污的污染，基本保证风机叶轮清洁、正常、长期运转。只要在循环洗涤液中保持药剂的规定浓度，油烟去除率就能保证与认定条件下所检测的数值差别不大，不会因运转时间的增加而使去除效率下降。

3. 维持保养的工作量

湿式油烟净化器内净化的油污全部由循环洗涤液带入循环水箱，只要经常清理循环水箱上部半固体状的油垢漂浮物以及沉淀于下部的油泥，就能基本保持水箱内洗涤液中浓度不变。定期更换循环水箱的洗涤用水，即能保证该设备的油烟去除率的稳定性。其主机设备内部基本上保持清洁，不结油污，平时无须保养。

4. 运行成本

一般来讲，油烟净化器均为复合式结构，因此，按 HJ/T 62—2001 的规定，油烟净化器主体设备阻力均要低于 600 Pa，为使集油罩排气通畅，配置的风机压头都要高于 600 Pa。但湿式油烟净化器需要额外配置循环水泵，导致用电量和用水量增加。此外，湿式油烟净化器在日常运转中需要在循环洗涤液中加入适量的药剂(一般为 2%)，增加了运行成本。

5. 二次污染

湿式油烟净化器净化油烟后产生的废水中含有大量颗粒物、油脂及其他污染物，因此需要对废水中的污染物进行收集处理，否则会对环境造成二次污染，有报道指出可在循环水箱污水排放前 3～4 h 加入适量凝聚剂使乳化液澄清，达到排放标准[54]。

4.4 小　结

本章主要介绍了湿式处理技术在净化油烟上的应用，并指出了湿式处理净化油烟存在的问题；重点阐述了几种常见的湿式处理净化技术，从净化机理到研究现状对喷淋式湿式净化技术、水膜式湿式净化技术、超声波雾化油烟处理技术以及雾化电晕等离子体油烟净化技术进行全面的介绍；最后通过介绍几种湿式处理净化设备，给出了湿式油烟净化技术和设备的发展方向。

随着全国各地餐饮油烟排放标准、油烟净化器产品标准及相关油烟净化器检测方法标准的逐步实施，油烟净化设备的市场日趋规范化。湿式处理净化技术由于具有造价低、防火性好、维护成本低等优点，被广泛应用于油烟处理，但是油烟净化废液易产生二次污染，限制了其应用。因此，湿式油烟净化技术与其他技术相结合，并将废液通过混凝处理等技术处理后循环使用，才是湿式处理净化油烟设备发展的方向。

参 考 文 献

[1] 夏正兵，袁惠新. 旋流管式厨房油烟净化技术的研究[J]. 化工装备技术，2008，29(2)：13-16.

[2] McDonald J D, Zielinska B, Fujita E M, et al. Emis-sions from charbroiling and grilling of chicken and beef[J]. Journal of the Air ＆ Waste Management Association, 2003, 53(2): 185-194.

[3] 刘章现，肖晓存，杜玲枝，等. 饮食业油烟净化技术与应用[J]. 环境工程学报，2006，7(9)：105-108.

[4] 马瑞巧. 餐饮业油烟净化废液处理方法的试验研究[D]. 天津：天津大学, 2007.

[5] 韦朝海，梁世中，吴超飞. 废水处理生物流化床中 O_2 传递特性的研究[J]. 环境科学与技术，1996(1): 13-16.

[6] 王汉道. 餐饮废水处理方法的现状与展望[J]. 四川环境, 2004, 23(2): 14-16.

[7] 尹艳华, 赵毅, 王连军, 等. 絮凝法处理餐饮废水[J]. 工业用水与废水, 2002, 33(4): 46-47.

[8] 郑平, 徐向阳, 胡宝兰. 新型生物脱氮理论与技术[M]. 北京：科学出版社, 2004.

[9] 朱又春, 曾胜. 磁分离法处理餐饮污水的除油机理[J]. 中国给水排水, 2002, 18(7): 39-41.

[10] 刘蓉，张大年. 粗粒化法处理乳化食用油脂废水的研究[J]. 上海环境科学，2001，20(7)：331-334.

[11] 潘怀玉，杨岳平，徐新华，等. 电凝聚气浮法处理餐饮废水试验研究[J]. 环境科学导刊，2001, 20(3): 43-46.

[12] 杨振生，李亮，张磊，等. 疏水性油水分离膜及其过程研究进展[J]. 化工进展, 2014, 33(11)：3082-3089.

[13] 张春华, 杨峰, 刘则中. PVDF 超滤膜材料表面亲水性改性技术[J]. 材料保护, 2013(S2): 167-168.
[14] 杨维本, 李爱民, 张全兴, 等. 含油废水处理技术研究进展[J]. 离子交换与吸附, 2004, 20(5): 475-480.
[15] 于金莲, 高运川. SBR 法处理餐饮废水的工艺实验研究[J]. 上海环境科学, 1999, 18(4): 167-169.
[16] 范立梅. 餐饮废水生物处理试验[J]. 环境污染与防治, 2000, 22(2): 18-20.
[17] 赵英, 白晓琴, 张颖, 等. 序批式膜生物反应器处理生活污水的特性[J]. 化工学报, 2005, 56(11): 2195-2199.
[18] 张志, 任洪强, 李志荣, 等. 复合厌氧颗粒床处理餐饮废水的研究[J]. 环境工程, 2004, 22(2): 25-27.
[19] 邹华生, 陈焕钦. 生物填料塔处理餐厅污水的研究[J]. 工业水处理, 2001, 20(6): 24-27.
[20] 谢涛, 蓝平, 吴如春, 等. 三相生物流化床处理餐饮废水工业性试验研究[J]. 环境工程, 2004, 22(3): 17-19.
[21] 熊辉, 张秋根. 自吸式文丘里旋流板油烟净化设备研究与开发[J]. 环境科学与技术, 2009(3): 54-56.
[22] 李华. 商业综合体餐饮排油烟方案规划与系统设计[J]. 中国工程咨询, 2014(9): 26-28.
[23] 李岳春, 魏中青, 朱太球, 等. 纺丝油烟净化技术探讨[J]. 现代纺织技术, 2014, 22(4): 47-49.
[24] 胡满银, 赵毅, 刘忠. 除尘技术[M]. 北京: 化学工业出版社, 2006.
[25] 刘云, 叶长明, 方少明, 等. 水吸收法净化纺丝油剂油烟废气的研究[J]. 郑州轻工业学院学报(自然科学版), 2006, 21(1): 25-26.
[26] 高华生, 陈和平, 徐继荣. 染整定型机废气治理技术进展[J]. 染整技术, 2011, 33(7): 34-38.
[27] 陈庆荣, 王伟能, 刘子辉, 等. 喷淋湿式静电净化定型机废气的应用[J]. 能源环境保护, 2014, 28(2): 43-46.
[28] 裴清清, 龙激波. 新型湿法离心式油烟净化器及技术经济分析[J]. 环境工程, 2005, 23(6): 42-44.
[29] 林斌, 吕红镰, 胡若民. 水雾水膜式厨房油烟净化装置[J]. 环境保护科学, 1999, 25(2): 27-30.
[30] 刘祖文, 刘国平. 用液膜过滤法治理宾馆厨房油烟和火烟[J]. 环境工程, 1999, 17(1): 41-42.
[31] 张宝刚, 由世俊, 冯国会, 等. 厨房油烟湿式迷宫分离净化设备的实验研究[J]. 环境工程学报, 2006, 7(11): 129-133.
[32] 王祖武, 黄梅, 王聪玲, 等. 文丘里水膜除尘器除尘脱硫增效技术研究[J]. 环境污染与防治, 2003, 25(4): 231-233.
[33] 金向红, 金有海, 王建军, 等. 气液旋流器的分离性能[J]. 中国石油大学学报(自然科学版), 2009, 33(5): 124-129.
[34] 李冠文. 超声波雾化技术在油烟净化上的应用研究[D]. 广州: 广东工业大学, 2008.

[35] Messing G L, Zhang S C, Jayanthi G V. Ceramic powder synthesis by spray pyrolysis[J]. Journal of the American Ceramic Society, 2010, 76(11): 2707-2726.

[36] 张绍坤, 王景甫, 马重芳, 等. 流体动力式超声波喷嘴雾化特性的实验研究[J]. 石油机械, 2007, 35(6): 1-3.

[37] Langlet M, Joubert J C. Chemistry of Advanced Materials[M]. Oxford: B lackwell Scientific, 1993.

[38] 陈喜山, 梁晓春, 李瑛, 等. 过滤-洗涤复合法净化饮食业油烟的试验研究[J]. 环境科学与技术, 2006, 29(11): 71-73.

[39] 郑展飞. 用液体吸收法治理饭店厨房的油烟和火烟[J]. 环境工程, 1992, 10(4): 28-29.

[40] 蒋长敏, 王海红, 徐渭芳. 饮食业油烟净化设备技术性能的探讨[J]. 上海环境科学, 2002, 21(5): 316-318.

[41] Xu D, Li J, Wu Y, et al. Discharge characteristics and applications for electrostatic precipitation of direct current: corona with spraying discharge electrodes[J]. Journal of Electrostatics, 2003, 57(3): 217-224.

[42] 米俊锋. 磁场、雾化共同作用下电晕放电机理及对微小颗粒荷电与捕集的研究[D]. 长春: 东北师范大学, 2010.

[43] 何红勤, 袁建平, 张杰, 等. 烹饪油烟污染与净化技术[J]. 排灌机械工程学报, 2007, 25(1): 62-64.

[44] 孙伟波, 沈仲辉. 一种运水烟罩: CN202852929U[P]. 2013-04-03.

[45] 倪雪文, 赵勇, 王郁辉, 等. 一种新型的洗涤设备: CN203389516[P]. 2014-01-15.

[46] 彭来强. “4 合 1”复合式餐饮业油烟净化设备的设计与实现[J]. 温州职业技术学院学报, 2017, 17(2): 46-50.

[47] 谭天佑, 梁凤珍. 工业通风除尘技术[M]. 北京: 中国建筑工业出版社, 1984.

[48] 区颖达, 吴克启. 提高轴流及斜流风机性能的试验研究[J]. 风机技术, 1989(4): 30-34.

[49] 庞明军, 黎定标, 孙懋. 油烟净化方法及净化机理[J]. 南昌工程学院学报, 2003, 22(1): 58-62.

[50] 丁锁根. 气液反应双膜论吸收速率及计算应用[J]. 能源化工, 2000, 21(3): 4-6.

[51] 梁斌, 王寅儿, 金嘉佳, 等. 餐饮油烟废气的危害及其净化技术综述[J]. 安徽化工, 2011, 37(3): 59-61.

[52] 居德金, 梁文艳. 洗涤吸收法处理饮食业油烟的新探索[J]. 环境保护, 1999(5): 18.

[53] 唐秀云. 饮食业复合油烟吸收剂的研制开发[J]. 环境工程学报, 2004, 5(2): 77-80.

[54] 余正芳, 张慧. 湿法油烟净化设备的优点[J]. 能源工程, 2002(4): 57-58.

5 吸附净化技术

吸附净化技术主要是利用多孔性固体物质(常见的如活性炭、硅胶、分子筛等)对非期望成分或污染物进行吸附脱除。吸附作为一种传质现象，是一种自发进行的热力学过程，工业上常利用这一现象处理流体混合物，使流体中的某些组分浓集在多孔物质表面，与其他组分分离，从而达到净化流体混合物的目的。

随着科技的发展以及人民生活水平的日益提高，不仅国家对环保的要求越来越严格，人们对室内空气质量也越来越关注。厨房烹饪油烟，作为室内颗粒物污染和气态污染物的重要来源，对烹饪人员身心健康和室内外环境质量均产生了巨大的威胁，而中国“煎、炸、炒、烤”的传统烹饪方式更是加重了这一污染的危害性。吸附净化处理作为一种设备简单、操作方便安全、净化效率高、无二次污染的净化手段，可以很好地吸附去除烹饪油烟(烹调油烟和燃料燃烧产物组成)中的挥发性有机物(VOCs)、二氧化硫、二氧化氮、碳氧化合物等气态污染物。吸附法作为目前处理 VOCs 的最常见的方法，尤其适用于处理低浓度的油烟 VOCs。这类多孔物质(如活性炭)一般原料廉价充足，且经过相关处理还可以实现循环再利用，因此吸附净化是一种应用价值很高的油烟气处理方法。本章将对这一项技术在烹饪油烟气净化过程中的作用机理和实际应用进行详细介绍。

5.1 背 景 介 绍

5.1.1 概述

1. 吸附作用产生的原因

自然界中所有的物质，不论其聚集状态如何，其组成粒子(分子、原子、离子等)之间都有相互作用力。在物质的体相中，每个粒子虽然会受到来自各个方向其他粒子的作用力，但所受合力为零；而在表面(界面)层中的粒子由于受到两侧介质体相中不同粒子的作用力而处于非均衡状态，从而产生垂直于表面的合力，这种不平衡力场的存在使得表面层中粒子具有附加的表面能量(即表面吉布斯自由能)。由于固体本身不能通过收缩表面的方式来降低表面吉布斯自由能，但可以在表面剩余力的作用下，使表面(界面)层中粒子能自发地从周围介质中吸引捕捉其他粒子使其不平衡力场得到某种程度的补偿，以此降低表面吉布斯自由能(图 5-1)，最终在宏观上表现为表面(界面)层中某种或几种组分粒子的浓度与体相不同，这就是吸附产生的原因[1]。吸附通常是发生在固体表面的局部位置，这样的位置也被称为吸附中心或吸附位。根据接触相的不同，吸附作用可以发生在气/固、液/固、气/液、液/液系统中。如果将吸附作用应用在油烟的净化处理上，则可以通过吸附油烟中某些组分来达到净化的目的。

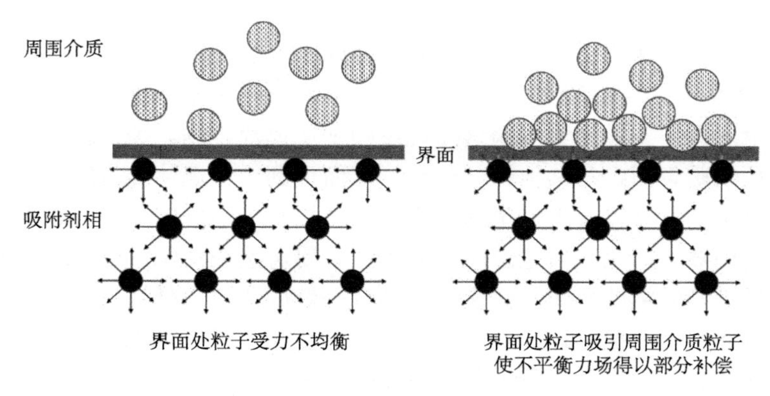

图 5-1　吸附作用产生的原因

2. 吸附剂与吸附质

吸附法净化技术是利用混合物（一般指气体混合物或液体混合物）中各组分理化特性的差异，使流体混合物中的一种或数种组分在通过多孔性固体材料时，被吸附浓集在固体材料表面或孔径内，从而达到分离、富集和净化的目的[2,3]。在吸附过程中，这种起分离混合物组分作用的多孔性固体材料被称作为“吸附剂(adsorbent)”，而能被吸附剂吸附的物质则被称作为“吸附质(adsorbate)”[4]。吸附质在吸附剂表面上形成吸附作用后存在的状态称为吸附态(adsorption states)。吸附剂是吸附净化过程得以进行的材料支撑。虽然从广义上来讲，具有吸附能力的物质即可称为吸附剂，但在自然科学领域和工业生产实践中我们所接触到的吸附剂还是一种狭义上的概念。从狭义上而言，吸附剂一般需要具备两个主要特征：第一，拥有大的比表面积、适宜的孔径(道)构造和分布情况以及表面化学性质；第二，对吸附质有强大的吸附能力，且吸附剂的吸附容量应达到具有实用价值的要求。例如[5]，质量为 1g、厚度在 2mm 的普通玻璃，其表面积只有 5.1cm^2，对吸附质的吸附能力并不显著，甚至可以忽略不计；而直径为 5μm 的玻璃纤维，其比表面积却高达 3100cm^2/g。玻璃纤维足够大的比表面积和孔径分布构造使得其成为一种良好的纤维类吸附剂(fiber-based adsorbent)。一般而言，在一定温度和压强下，吸附剂对吸附质的吸附能力随着吸附剂本身比表面积和孔隙率的增大而增强。当然在实际应用中，还会要求吸附剂有较高的机械强度，能够再生使用。

另外还要求吸附剂材料的化学稳定性较优，以防止吸附剂中的残留物质或降解物质对流体混合物造成污染。常见的吸附剂有(改性)活性炭、硅胶、活性氧化铝、海泡石、沸石分子筛、硅藻土和凹凸棒石等。这些多孔吸附剂对多种气态和液态污染物往往具有较高的选择性和较优的分离效果，能脱除痕量物质，在空气污染控制、废水净化处理、油烟净化处理中都有着广泛的实际应用。

3. 吸附、吸收和吸着

吸附剂和吸附质构成了吸附系统。与“吸附”相逆的一个过程是“脱附”(desorption)，也被称为“解吸”。其含义是：已被吸附剂吸附的原子或分子，在一定的条件下从吸附剂表面返回到原先本体介质中的过程。国际纯粹与应用化学联合会(The International Union of Pure and Applied Chemistry, IUPAC)对吸附(adsorption)和吸收(absorption)给出了具体的定义：吸附是一种物质的分子、原子或离子附着在某固体表面上的现象，是一种典型的表面(界面)现象(surface(interface) phenomenon)。“吸收”则是指一种物质的分子、原子或离子经两相界面进一步渗入另一种物质本体的过程，如块状金属钯材(Pd)能够吸收大量氢气(H_2)[6,7]、水对氨气(NH_3)的吸收等。当某一过程同时存在着吸附与吸收两种作用时，这一过程就被称为“吸着”(sorption)。“sorption”这一术语最早由McBain J W在1909年提出来[8]，用以概括表面上的吸附、孔内的毛细凝聚和透入固体晶格中的吸收。因此，有的书中也将吸附剂表面的吸附和孔内的毛细凝聚统称为“吸附”[9,10]。为了方便理解，图5-2将吸附、吸收、吸着三个作用过程以示意图的形式向读者进行说明。

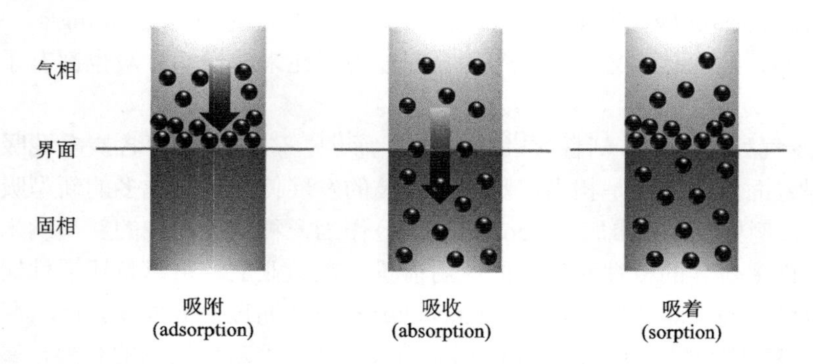

图5-2　吸附、吸收、吸着作用示意图

4. 吸附法净化烹饪油烟

油烟是在较高温度下的产物，所以在吸附净化过程中对吸附剂的性能提出了特定的要求：除了拥有大的比表面积、高的孔隙率、较大的吸附容量、较高的机械强度以及稳定的化学性质之外，还要求有良好的热稳定性、耐酸碱性、亲油憎水性等特性。

根据吸附法的原理，利用油烟与有强吸附能力的多孔吸附剂相接触，使其中的一种或数种组分在吸附剂表面分子剩余力的作用下，从油烟中分离出来而被吸附在吸附剂表面，从而达到油烟净化的目的。吸附法对气溶胶的净化率高达85%～95%[11]，同时能够起到较好的除味作用，并且具有设备结构简单、能耗低等优点；但也需要经常替换吸附剂材料导致维护成本较高[12]，并且如果不及时处理，替换下来的吸附剂材料还容易滋生细菌、霉菌等而引起二次污染[13]。

5.1.2　发展现状及历程

吸附净化技术是一种较早应用在工农业生产方面的净化技术。

(1)废水处理工业。活性炭为典型的非极性吸附剂，对于溶解在极性介质(如水)中的非极性物质的吸附作用较强。活性炭吸附法因其适应性广、去污能力强等特点，被公认为是一种优良的废水深度处理技术[14,15]。陈小敏等[16]采用静态吸附实验研究了活性炭对工业废水的深度处理效果，研究发现活性炭对共轭结构物质和芳香族物质具有良好的吸附效果，有机物的去除效率随着活性炭粒径的变小而升高。Monser L 等[17]利用四丁基碘化铵(TBAI)和二甲氨基二硫代甲酸钠(SDDC)对活性炭表面进行改性，旨在考察改性 TBAI-Carbon 和改性 SDDC-Carbon 对电镀工业废水中有毒离子CN^-、Cu^{2+}、Zn^{2+}和Cr^{6+}的吸附性能。研究发现，TBAI-Carbon吸附剂实现了对氰离子(CN^-)的完全吸附，其吸附能力大约是未改性活性炭的 5 倍；SDDC-Carbon 吸附剂对 Cu^{2+}、Zn^{2+}和 Cr^{6+}的去除量分别是 38mg/g、9.9mg/g 和 6.84mg/g，对 Cu^{2+}、Zn^{2+}和 Cr^{6+}的吸附能力对比未改性活性炭也都有了数倍的增强。

(2)废气处理工业。活性炭[18]、碳分子筛[19]、碳纤维[20]等含炭多孔吸附剂在废气处理方面的应用也是相当广泛的。科技的发展使得越来越多的新型吸附剂被开发出来。例如，硅气凝胶(silicon aerogels)作为一种结构可控的新型纳米多孔材料，有着许多奇异的特性和广阔的应用前景。在工业上，可以替代活性炭用在气流中有机废气的去除和回收工段。Štandeker S 等[21]通过研究发现，硅气凝胶吸附剂对工业 BTEX(苯、甲苯、乙苯、(邻、间、对)二甲苯异构体的合称，属于单环芳烃类物质)蒸气的吸附效果远远优于最常用的活性炭和硅胶。硅气凝胶吸附剂对 BTEX 蒸气的吸附性能虽然随着其疏水性程度的升高而有所下降，但是它对气流中的 H_2O 却并不产生吸附作用。

(3)农业方面。利用土壤重金属吸附剂对土质进行改良，刘洁等[22]利用水蒸气活化法制备出竹基活性炭，探究了竹基活性炭对土壤的修复及改良效果；且在研究中，发现随着竹基活性炭添加量的升高，土壤 pH 和有机质逐渐上升，且土壤中的重金属含量下降明显；活性炭和农药、肥料混合施用可以提高地温，增加土地水容量，改善土壤透气性，使农药和肥料缓释、延长药效和肥效，进而达到增加农业产量之目的[23]。日本已在农林、花卉栽培方面对这一技术进行推广[24-26]。不仅如此，农业废弃物作为生物质吸附剂或吸附剂提取原料，对废水、废气的处理也是收益颇丰[27-30]。农业废弃物主要包括植物的根粉、秸秆、叶片、果壳等在内的生物质[31]，例如，麦麸、米糠、稻壳、花生壳、椰子壳、核桃壳、树皮、橘子皮、玉米芯、甘蔗渣、秸秆、木屑等。利用这些废弃物中的纤维素、半纤维素、木质素、蛋白质、脂类、单糖、碳水化合物等组分中的活性基团与染料分子及金属离子进行络合达到吸附净化的目的。

(4) 食品生产领域。McNeill J 等[32]尝试用活性炭和二氧化硅除去已用过煎炸油中的降解产物来提高煎炸油的品质。通过检测吸附后的各项指标发现，用活性炭和二氧化硅的混合物来处理已用过的煎炸油，可以有效降低油的过氧化值、酸价、饱和及不饱和羰基、极性化合物含量和光度颜色。Vázquez G 等[33]将板栗壳进行碱液预处理（25℃下浸于 4% NaOH 水溶液中 4h）来提高板栗壳对 Cd^{2+}、Cu^{2+}、Zn^{2+}和 Pb^{2+}的吸附能力，研究发现，碱液改性的板栗壳对镉离子（Cd^{2+}）的吸附量最大可达 9.9 mg/g，对试验阳离子（Cd^{2+}、Cu^{2+}、Zn^{2+}和 Pb^{2+}）的亲和性顺序为：$Cd^{2+}>Cu^{2+}\approx Zn^{2+}>Pb^{2+}$。

(5) 医药生产领域。大孔吸附树脂在制药工业的应用由来已久。吸附树脂对天然植物中活性成分（如牡荆素[34]、香草醛[35]、阿拉伯半乳聚糖[36]、野黄芩苷[37]、黄酮类化合物[38]等）的提炼也贡献巨大。活性炭由于理化性质较为稳定，生物相容性优良，可以作为一种理想的医药活性吸附材料。利用活性炭的功能缓释性[39]：被活性炭吸附的药物其浓度与周围游离的药物浓度可以保持一种动态平衡关系，从而提高药物利用率，降低病人服药频率，减少因服药过频对人体造成的伤害[40,41]。

日常生活中常见的活性炭包去除冰箱异味、厕所臭气，或者利用硅胶除湿，这些应用本质上也是利用吸附剂的吸附作用。

通过上述例子可以知道，吸附现象和基于其原理的吸附净化技术已经渗入工农业生产和日常生活的方方面面。事实上，人们发现吸附现象并利用吸附作用达到污染物净化目的的历史可以追溯到公元前。

虽然吸附作用在生活和生产活动中应用的历史起源已不可考，但种种考古发现说明我国早在 2000 多年前对吸附的应用已具相当水平[42]。例如，在湖南长沙马王堆一号汉墓中，人们发现棺椁的外面有一层多孔的木炭作为防腐层用以防水吸湿。公元前 5 世纪，古希腊医学家希波克拉底也曾用木炭来治疗某些疾病（如炭疽），以除去腐败伤口的污秽气味。

通常认为吸附作用的现代应用起源于 1785 年，俄国科学家 Lowitz T 利用木炭对酒石酸溶液进行脱色处理以除去溶液中的有机杂质[43]。1814 年，瑞士学者 de Saussure[44,45]对吸附现象作出系统性的研究，他指出气体吸附过程是一放热过程，同时他还发现吸附剂对吸附质有吸引力，距离界面越近，这种吸引力则越强，吸附质密度也随之增大。

1881 年，Heinrich Kayser 创造了“adsorption”这一科学术语[46,47]，随后几年，吸附理论中“adsorption isothermal curve”（吸收等温线）被创造出来，借以描述在固定温度下的吸附过程。根据吸附曲线可以了解吸附剂的吸附表面积、孔隙容积、孔隙大小分布及判定吸附剂对吸附质的吸附性能。

19 世纪 80 年代，Chappuis P[48-50]研究了木炭和石棉在恒温下对氨气（NH_3）的吸附过程，以及二氧化硫（SO_2）、二氧化碳（CO_2）和空气的气压变化对木炭吸附过程的影响，并利用量热法测量吸附剂在被液体润湿过程中的能量变化。

20 世纪初，Tswett[51]发现了吸附剂的选择性吸附现象，这一发现也扩大了吸附现象的实际应用范围。他发现硅胶可能对不同色素具有不一样的吸附亲和力。利用这一点他成功将叶绿素从其他植物色素中分离出来。他构建了一套液-固吸附色谱法（liquid-solid adsorption chromatography, LSC），这种方法如今已发展成为一门独立的科学，被广泛应用在工业分离净化或者复杂混合物的分离过程中[52-61]。

1900～1901 年，Raphael von Ostrejko 在英国[62]和德国[63]申请的活性炭专利问世，由此奠定了活性炭工业生产的基础。1911 年，阿姆斯特丹的“NORIT”工厂成立并开始商业生产活性炭[64]。而活性炭作为一种人造材料，问世初期除了用于制糖工业之外，最大的应用是在军事方面：第一次世界大战期间使用的军用防毒面具以及潜艇内部空气的净化[65]。如今活性炭已经发展成为人类生活中不可或缺的一种净化用碳材料。随着科技的进步，越来越多的吸附剂被开发出来，吸附技术的应用领域也在不断扩大，影响也日益突出。

下面就三种主要的吸附净化技术：物理吸附净化技术、化学吸附净化技术、复合式吸附净化技术及其作用机理进行详细介绍。希望帮读者厘清这三种吸附净化技术之间的关联和差异。

5.2 吸附净化技术及其机理

吸附净化技术是一种应用非常广泛的油烟净化技术。从吸附动力学（adsorption kinetics）角度来看，吸附是一种自发过程，是通过吸附质（油烟污染物）分子碰撞固体吸附剂材料表面实现的。无论是何种类型的吸附，油烟污染物分子和吸附剂材料之间一般都会经历以下三个阶段，其作用机理可用单分子层堆积模型示意图来阐述，如图 5-3 所示。

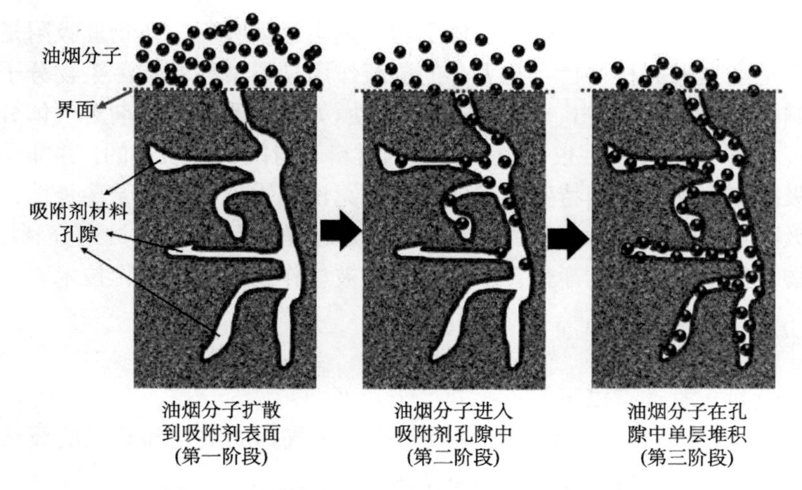

图 5-3　吸附机理——单分子层堆积模型示意图

(1)第一阶段，即所谓的“外部扩散”(external diffusion)，也称“对流扩散”。这一步是吸附过程发生的首要前提，指的是油烟污染物分子从油烟气流主体中逐渐扩散到与吸附剂接触的界面(interface)。

(2)第二阶段，“内部扩散”(internal diffusion)联合“表面扩散”(surface diffusion)。油烟污染物分子在固体吸附剂表面原子剩余力的作用下被“捕捉”在吸附位(adsorption sites)上。尤其是具有高度发达孔隙构造的固态吸附剂，这种“捕捉”油烟污染物分子的能力更为强大。吸附剂可以利用自身孔隙将油烟污染物分子“吸入”孔内。

(3)第三阶段，即“吸附过程”(adsorption process)。随着吸附剂表面(含孔隙表面)吸附位的逐渐被占满，油烟污染物分子在吸附剂孔隙内的单分子层堆积(monolayer buildup)也愈发明显，直至完成单分子层吸附。其中，吸附质分子在吸附剂微孔内的填充状态称为微孔填充(micropore filling)。

5.2.1　物理吸附净化技术

1. 概念

物理吸附净化技术，就是利用被吸附的流体杂质分子和固体表面分子之间的物理吸附力来满足净化要求的一种技术手段。在油烟净化过程中，若油烟混合物中的吸附质分子与吸附剂表面分子之间发生相互作用，并且这种相互作用是由物理性作用力(例如范德瓦耳斯力、氢键作用力等)引起的，这种吸附作用就被称为物理吸附。发生物理吸附所需要的条件并不严苛，一般低温、低压时均可发生，且发生速率相对较快。

一般而言，任何气体在任何固体上均可发生物理吸附，即物理吸附是无选择性的。但是当吸附剂材料自身孔大小的屏蔽作用使得某些油烟污染物分子不能进入其孔洞内时，也会表现出一定的选择吸附性(如分子筛类吸附剂对气体分子的筛分作用)。这种选择吸附性仅仅是由吸附剂材料本身的构造引起的，并非是由油烟分子及吸附剂表面性质的特殊要求所决定。无论是物理吸附的无选择性，还是仅仅由于吸附剂材料本身孔洞拦截引起的"部分选择性"，都可以被充分利用，而这种运用物理吸附方式达到净化要求的技术则被称作物理吸附净化技术。

2. 物理吸附的基本特点

物理吸附一般具有以下特点：

(1)针对气体而言，气体的物理吸附类似于气体的液化和蒸汽的凝结，物理吸附热一般较小，接近相应气体的凝聚热。

(2)气体或蒸汽的沸点越高或饱和蒸汽压越低，它们就越容易液化或凝结，也越容易被吸附剂物理吸附。

(3)物理吸附一般不需要活化能，吸附和脱附都比较容易进行。

(4)物理吸附几乎没有选择性(或者较弱)。

(5)物理吸附可以是单分子层吸附，也可以是多分子层吸附。

(6)被吸附的分子其结构变化不大，不形成新的化学键。

(7)物理吸附是可逆过程，其逆过程就是脱附过程，并且两者之间的吸附平衡很容易达到。

3. 物理吸附力的本质

物理吸附的驱动力是范德瓦耳斯力(van der Waals force)，范德瓦耳斯力早已被证明存在于各种原子和分子之间[66,67]，范德瓦耳斯力可以存在于物质本身内部分子之间，也可以存在于不同物质分子之间。按起源来分可以将范德瓦耳斯力分为三类：取向力(也常被称为静电力)、色散力(也可称为伦敦力)和诱导力。这三种力在数值上均是负值，其数量级在1～10kJ/mol，表明这三种作用力本质上都是吸引力。范德瓦耳斯力一般没有方向性和饱和性。只要周围空间允许，当气体分子凝聚时，这种分子间作用力总是尽可能地吸引其他分子，表现出对周围空间其他分子无方向的吸引力和无终止的饱和性。

(1)取向力(orientation force, dipole-dipole attraction)发生在极性分子之间。极性分子(polar molecules)指的是分子中正负电荷中心不重合，从整个分子来看，电荷分布并不均匀也不对称，也就是偶极矩μ不为零的分子。如果分子的构型不对称，则该分子就是极性分子。由于极性分子的电性分布不均匀，一端带正电，一端带负电，形成偶极。如果油烟净化器中的吸附剂采用的也是极性分子材料，当两种极性分子相互接近时，由于它们各自偶极的同极相斥，异极相吸，两个分子必将发生相对转动。这种偶极子的相互转动，就会迫使偶极子相反的极相对，这便是“取向”(orientation)。此时由于相反的极相距较近，同极相距较远，结果使得引力大于斥力，两个分子有所靠近；当接近到一定距离以后，引力和斥力达到相对平衡。这种由于极性分子的取向而产生的分子间作用力，叫做“取向力”。大部分的有机物分子均具有极性。在油烟成分中，如一氧化碳(CO)、一氧化氮(NO)、二氧化氮(NO_2)、甲醛(HCHO)、丙烯醛(CH_2CHCHO)、1–棕榈酸单甘油酯($C_{19}H_{38}O_4$)等[68]，这些极性污染物分子与吸附剂材料极性分子之间就会产生取向力。

(2)任何一个分子或原子，由于电子的不断运动和原子核的不断振动，常常发生电子云和原子核之间的瞬时相对位移，从而产生瞬时偶极，分子或原子因而发生变形，这种瞬时偶极也会诱导邻近的分子或原子产生瞬时偶极，且两个瞬时偶极总采取异极相邻状态，于是两个分子或原子可以依靠瞬时偶极相互吸引，这种瞬时偶极产生的分子间作用力称为色散力(dispersion force)。色散力是根据近代量子力学方法证明的，由于从量子力学导出的理论公式与光色散公式相似，因此把这种作用力称为色散力。虽然瞬时偶极存在时间较为短暂，但异极相邻的状态却不断重复，因此分子间始终存在着色散力。

色散力存在于一切分子之间。量子力学计算表明，色散力与分子变形性有关，变形性越强越易被极化，色散力也越强。分子中电子数越多，原子数越多，原子半径越大，分子越容易变形。虽然初期对色散力的研究着力于两种非极性分子之间，但由于各种分子均有瞬间偶极，最后证明色散力不仅存在于非极性分子之间，也存在于极性分子之间，以及极性分子和非极性分子之间。而且在一般情况下，色散力是主要的分子间作用力。只有极性相当强的分子，取向力才显得重要。

(3)在极性分子的固有偶极(永久偶极)诱导下，邻近它的分子会产生诱导偶极，分子之间的诱导偶极和固有偶极之间的电性引力，一般被称作为诱导力(induction force)。在极性分子和非极性分子之间以及极性分子和极性分子之间都存在诱导力。诱导偶极其实与瞬时偶极产生原因相似。例如，在极性分子和非极性分子之间，由于极性分子偶极所产生的电场对非极性分子产生影响，使非极性分子电子云发生变形(即电子云被吸向极性分子偶极的带正电的一极)，结果使非极性分子的电子云与原子核发生相对位移，本来非极性分子中的正、负电荷重心是重合的，发生相对位移后就不再重合，使非极性分子产生了偶极。这种电荷重心的相对位移叫做“变形”，因变形而产生的偶极，叫做诱导偶极，以区别于极性分子中原有的固有偶极。同样，在极性分子和极性分子之间，除了取向力外，由于极性分子的相互影响，每个分子也会发生变形，产生诱导偶极[69]。

一般而言，极性分子与极性分子之间，取向力、色散力和诱导力均会存在；

极性分子和非极性分子之间存在诱导力和色散力；非极性分子和非极性分子之间，则只存在色散力。这三种类型力的比例大小，取决于相互作用分子的极性和变形性。从上面三种分子间作用力的解释来看，不难得出，极性越大，取向力的作用越明显；变形性越大，色散力越重要；而诱导力则与这两种因素都有关。但对于大多数分子来说，色散力则是最主要的一种分子间作用力。例如，对于非极性分子四氯化碳(CCl_4)和苯(C_6H_6)两种物质各自内部分子之间的色散力在三种分子间作用力上贡献了100%的吸引力[70]；而对于极性分子甲苯，色散力、取向力和诱导力的贡献值分别为99%、0.1%和0.9%；同样的，对于乙醚中的极性分子，色散力、取向力和诱导力的贡献值分别为82.7%、10.2%和7.1%。

除了上述三种不同形式的范德瓦耳斯力，还有一种特殊的物理吸附形式——氢键作用力吸附。对于一些含氢原子的化合物，在吸附剂表面的吸附可能是由于氢键作用力所产生的。从物理化学理论的角度，氢键的形成条件是氢与一个电负性(指元素的原子在化合物中吸引电子的能力的标度。元素的电负性越大，表明其原子在化合物中吸引电子的能力越强)较大的原子X(如氧O、氮N、氟F等)以共价键结合在一起，同时该氢原子又与另一个电负性强的原子Y以一种特殊的偶极作用结合，一般可表示为X—H…Y，式中“…”表示氢键。所以从本质上来看，氢键的形成还是源于静电吸引力。值得一提的是，此处的X、Y除了表示电负性较强的原子之外，也可表示充当电子供体/受体的某些官能团，如碳碳双键、碳碳三键、芳香环等[71]。这些吸附质分子能够与吸附剂表面上的电子受体/供体作用生成电荷转移性络合物。某些氢键的形成可以是分子内，也可以是分子间。前者比较常见的有HNO_3分子、邻硝基苯酚($NO_2C_6H_4OH$)分子等；后者有NH_3与H_2O之间(不同分子间形成氢键)、HF与H_2O之间(不同分子间形成氢键)、HF与HF之间(同分子间形成氢键)等。凡具备形成氢键条件的无机物或有机物中都可以形成氢键，如H_2O、NH_3、HF、H_2SO_4、醇、羧酸、酰胺、氨基酸、蛋白质等。

氢键不同于范德瓦耳斯力，它具有方向性和饱和性。氢键的方向性是指Y原子与X—H形成氢键X—H…Y时，在尽可能的范围内要使氢键的方向与X—H键轴处于同一个方向，即以H原子为中心的三个原子尽可能在一条直线上(分子内氢键除外，因为分子内氢键不可能在同一条直线上)，此时形成的氢键最稳定。氢键的饱和性表现在X—H只能和一个Y原子相结合。因为X、Y原子都比H原子大，H原子体积相对小很多，所以当另一个Y原子接近它们时，这个Y原子受到X—H…Y上X和Y的排斥力大于受到H原子的吸引力，使得X—H…Y上的氢原子不能再与第二个Y原子结合(负离子之间的相互排斥力远大于吸引力)，这就是氢键的饱和性。

氢键是一种比分子间作用力(范德瓦耳斯力)稍强、比共价键和离子键弱很多的相互作用，氢键的强弱决定于X、Y的电负性强弱及其原子半径的大小：电负性越强，原子半径越小，所形成的氢键越强[72]。其键能与物理吸附能量相近，且远小于化学吸附能量。氢键键能大多在20～40kJ/mol。此外，由于物理吸附的结果相当于吸附质在吸附剂表面的凝聚，释放出来的吸附热一般与凝聚热差不多。因而习惯上常把能量在这一数量级的其他作用(例如氢键)引起的吸附都称为物理吸附，所以氢键吸附也属于物理性吸附。不过，由于氢键强度高于一般的范德瓦耳斯力，通过氢键吸附的吸附质分子的脱附过程通常需要在一定温度(100～150℃)或者真空条件下才能进行。如果是含有微孔结构的吸附剂与吸附质分子发生了氢键吸附的情形，则一般需要更高的脱附温度。

4. 物理吸附技术的理论基础

物理吸附技术的理论基础是建立在吸附过程的动力学研究上的。物理吸附过程中的动力学研究主要是描述吸附剂吸附吸附质速率的快慢，通过动力学模型对数据进行拟合，从而探讨吸附机理。

对物理吸附作用净化油烟污染的材料而言，油烟吸附容量是一个很重要的工艺参数。所谓吸附容量(adsorption capacity)，是指在一定温度及一定吸附质浓度下，1g(或 $1m^2$ 吸附剂表面)吸附剂对吸附质能够吸附的最大物质的量(质量、体积等)，常用 V 表示。吸附容量不仅与吸附质和吸附剂本身性质(如吸附剂比表面积、空隙大小、孔径分布、分子极性、吸附剂分子上官能团性质等)有关，也是一个关于温度 T、气体平衡压力 p 的函数。因此，当油烟净化器中吸附剂材料选定、油烟组分大体固定后，油烟中的吸附质被吸附剂吸附的吸附容量仅仅是温度和气体平衡压力的一个函数：吸附量 $V=f(T,p)$。如果压力保持恒定，吸附容量随吸附温度的变化而变化，即吸附量 $V=f(T)$，这种情况下的吸附曲线被称为吸附等压线(adsorption isobar)；如果温度保持恒定，吸附容量随吸附压力的变化而变化，即吸附量 $V=f(p)$，这种情况下的吸附曲线被称为吸附等温线(adsorption isotherm)；如果保持 V 一定，$p=f(T)$，此时描述 p 和 T 的吸附曲线被称为吸附等量线(adsorption isostere)。其中，吸附等温线是最为常见的一种关系曲线。研究物理吸附平衡常用的模型通常有弗罗因德利希吸附等温式(Freundlich adsorption isotherm)、朗缪尔吸附等温式(Langmuir adsorption isotherm)和BET吸附等温式(Brunauer-Emmett-Teller adsorption isotherm)。下面介绍这三种最常见的吸附模型。

1) 弗罗因德利希(Freundlich)经验吸附模型

表面科学的发展一般都是建立在理论研究和实验测试的基础上，但在1914年之前，学界还没有一个合理的理论公式来解释表面吸附平衡过程。据文献[73]记载，弗罗因德利希(Freundlich)方程最早是由van Bemmelen在1888年提出来的。严格地说，弗罗因德利希方程并不能算是理论模型，因为它本身仅仅是一个纯经验公式，没有假定条件。在 1895 年，Boedecker 提出了弗罗因德利希经验吸附等温式(式(5-1))。1926 年，Freundlich 将这个经验公式写入文章[74]，并进行了相关说明，这一经验公式才得以推广应用。

弗罗因德利希方程式是实验总结得出来的，其基本形式如下：

$$V = kp^{1/n} \tag{5-1}$$

将式(5-1)两边取对数可得

$$\lg V = \lg k + \frac{1}{n}\lg p \tag{5-2}$$

式中，V 是以固体吸附剂材料单位质量上所吸附的气体的质量或所吸附的气体体积(标准状况)来表示的吸附量；p 为吸附平衡时气体的分压，Pa；k 是与吸附剂、吸附质种类和吸附温度有关的经验常数；$1/n$ 一般称为 Freundlich 经验常数。

此经验公式一般适用于那些吸附极限很大的吸附剂和在中等压力条件下的例子，在压力较高时将产生显著偏差[75]。必须指出的是，这个公式在确立之初，不仅适用于很多气体在固体表面上的吸附，而且适用于溶液中溶质在固体表面上的吸附。

2) 朗缪尔等温吸附模型

单分子层吸附(monomolecular adsorption)机理的核心概念是表面吸附平衡过程的朗缪尔等温吸附公式，而朗缪尔等温吸附方程则是由著名的朗缪尔方程(Langmuir equation)推导而来。朗缪尔方程是美国化学家欧文・朗缪尔(Irving Langmuir)在 1916 年研究吸附剂表面动力学过程中推导出来的[76]。朗缪尔方程的确立是建立在一系列假定条件上的：假设吸附剂表面上的吸附位数量是一定的，并且这些吸附位的吸附能量是等效的，也就是假设吸附剂表面是均匀的，每个吸附中心点对气体分子均具有相同的亲和力，并且在每一个具有剩余作用力的吸附中心点上仅能吸附一个理想气体分子。吸附质和吸附剂分子之间的作用力可以是物理作用力，也可以是化学作用力，但无论是何种作用力，都要足够强从而避免已被吸附剂吸附的吸附质分子在吸附剂表面的移位(displacement)。因此，在朗缪尔这些假定条件下，被吸附的气体分子是一种定域(位)型吸附(localised adsorption)，而不是非定域(位)型吸附(non-localised adsorption)。由于气体体相内部是具有均一性的，因此朗缪尔也没有将吸附质分子之间的横向作用力考虑进去。而吸附剂表面的不饱和力场的作用范围相当于分子的直径范围，约在 2～5Å，这样在各处吸附能力相同的吸附剂表面就形成了一层单分子吸附质层[77]。朗缪尔等温吸附方程也包含了化学吸附的现代概念(将在 5.2.2 节中介绍)，被应用在催化领域提供理论基础。朗缪尔在 1932 年被授予诺贝尔化学奖，以表彰他在表面化学方面(realm of surface chemistry)的卓越成就。

朗缪尔等温吸附方程表示如下：

$$V = V_{\text{mono}} \times \frac{k_{\text{L}} p}{1 + k_{\text{L}} p} \tag{5-3}$$

对式(5-3)整理可得

$$\frac{p}{V} = \frac{p}{V_{\text{mono}}} + \frac{1}{V_{\text{mono}} k_{\text{L}}} \tag{5-4}$$

式中，V 指被单位质量固体吸附剂所吸附气体的吸附量，mL/g；V_{mono} 是吸附剂被覆盖满一层(覆盖率为 100%)时吸附气体的饱和吸附量，即单分子层饱和吸附容量，mL/g；p 是吸附质在气相中的平衡分压，Pa；k_{L} 是吸附速率与脱附速率常数之比，是一个常数，称之为朗缪尔平衡常数，此常数与吸附剂和吸附质以及温度有关，其值越大，表明吸附剂的吸附能力越强。

式(5-4)，以 p/V 对 p 作图可得一直线，由此直线的斜率和截距便可算出 V_{mono} 和朗缪尔常数 k_{L}。

对于吸附剂表面的吸附作用力均匀且表面只有一种类型的吸附活性中心的单分子层吸附体系，朗缪尔吸附模型可以很好地描述低、中压力范围的吸附等温线。朗缪尔吸附等温线对许多实际体系是适用的，但由于它的假定条件与实际情况并不完全一致(吸附剂表面很难是完全均匀的)，也造成了该模型本身的局限性。例如，当气体中吸附质分压较高，接近饱和蒸气压时，该方程会有一定的偏差，这是由于吸附质分压较高时，吸附质还能发生毛细凝聚。

朗缪尔模型是在大量数据的基础上推导出的，也得到大量实验数据的验证，为后来的 BET 吸附模型理论奠定基础。

3)BET 吸附模型

1938 年，Stephen Brunauer、Paul Hugh Emmett 和 Edward Teller 三位科学家从经典统计理论推导出多分子层吸附(multimolecular layers adsorption)模型，旨在解释气体分子在固体表面的吸附现象[78]，因此，该模型也被称为 BET 多分子层理论模型。

BET 多分子层理论模型是在朗缪尔的单分子层吸附模型的基础上发展而建立起来的。BET多分子层理论认为，固体对气体的物理吸附是由于范德瓦耳斯力引起的，因为气体分子之间也存在范德瓦耳斯力，所以后续气体分子碰撞在已被吸附的气体分子上时也是有可能被吸附的，也就是说，吸附可以形成多分子层。

与朗缪尔单分子层吸附模型类似，BET 多分子层吸附模型也是基于一定的假设而建立的：

(1) 朗缪尔吸附理论对每一单分子层均成立；

(2) 第一层的吸附热是一常数；

(3) 第二层开始的每一层单分子层的吸附热都是一样的，而且在数值上都等于气体的液化热。

据此，推导出著名的 BET 吸附等温式：

$$\frac{p}{V(p_0-p)}=\frac{C-1}{V_m\cdot C}\left(\frac{p}{p_0}\right)+\frac{1}{V_m\cdot C} \tag{5-5}$$

或表示为

$$\frac{1}{V\left(p_0/p-1\right)}=\frac{C-1}{V_m\cdot C}\left(\frac{p}{p_0}\right)+\frac{1}{V_m\cdot C} \tag{5-6}$$

式中，V 是以单位质量固体上所吸附的气体的质量或所吸附的气体体积(标况)来表示的吸附量，mL/g；V_m 是表面覆盖满一个单分子层时的饱和吸附量，mL/g；p 是吸附质在气相中的平衡分压，Pa；p_0 是吸附温度下吸附质气体的饱和蒸气压，Pa；C 与吸附热有关，称之为 BET 常数，该参数反映了吸附质与吸附剂之间作用力的强弱，通常在 50～300。

在式(5-6)中，包含两个常数 C 和 V_m，因此也被称为 BET 二常数吸附等温式。根据式(5-6)，将在温度恒定的情况测得的实验数据以 $1/V[(p_0/p-1)]$ 对 (p/p_0) 作图，若得一直线，则说明该吸附规律符合 BET 公式，且由该直线的斜率和截距可算出 V_m 和 C。

如果吸附过程发生在多孔吸附剂表面，则吸附层数理论上就不可无限叠加，而是会受到限制。假设吸附层数最终为 n，并且设相对压力 p/p_0 为 x，由此推导出 BET 模型为

$$V=\frac{V_m Cx}{(1-x)}\cdot\frac{1-(n+1)x^n+nx^{n+1}}{1+(C-1)x-Cx^{n+1}} \tag{5-7}$$

因为式(5-7)中有 3 个常数(C、V_m 和 n)，因此式(5-7)也被称为 BET 三常数吸附等温式。

检验 1：式(5-7)中如果令 $n=\infty$，$n\approx n+1$，这是一种理想情况，表明吸附质分子在吸附剂表面的吸附层数不受限制，代入式(5-7)中，得到

$$V=\frac{V_m Cx}{1-x}\cdot\frac{1}{1+(C-1)x}=\frac{V_m C(p/p_0)}{1-p/p_0}\cdot\frac{1}{1+(C-1)(p/p_0)} \tag{5-8}$$

将式(5-8)经过化简可得

$$\frac{V}{V_m}=\frac{Cp}{(p_0-p)\cdot[1+(C-1)(p/p_0)]} \tag{5-9}$$

而式(5-9)正是 BET 二常数模型的另一种表达式，也就是式(5-5)或式(5-6)的变

形式。

检验 2：式(5-7)中如果令 $n=1$，则说明是单分子层吸附。因为，将 $n=1$ 代入式(5-7)中化简可得

$$V=\frac{V_{\mathrm{m}}Cx}{1+Cx}\Rightarrow\frac{V}{V_{\mathrm{m}}}=\frac{C(p/p_0)}{1+C(p/p_0)}=\frac{(C/p_0)\cdot p}{1+(C/p_0)\cdot p} \tag{5-10}$$

令 $b=C/p_0$，代入式(5-8)中可得

$$V=\frac{bp}{1+bp} \tag{5-11}$$

可以发现简化得出的式(5-11)与式(5-3)相类似，也就是说 $n=1$ 时，此时的 BET 方程正是 Langmuir 单分子吸附方程式。检验 1 和检验 2 两种情况说明，Langmuir 模型和 BET 二常数模型是 BET 三常数模型的两种特殊形式。值得说明的是，BET 三常数模型虽然考虑到毛细孔空间对吸附层数 n 的限制，但仍不能处理出现毛细凝聚现象的实验数据结果。

BET 理论最大的用处是测定固体吸附剂的比表面积[79-83]。根据国际纯粹与应用化学联合会 IUPAC 推荐，气体吸附 BET 法适用于吸附剂比表面积的测定[84]。我国国家标准《气体吸附 BET 法测定固态物质比表面积》(GB/T 19587—2017)[85]中亦采用该法。在国标中说明了 BET 适用于分散的、无孔或大孔固体，抑或是介孔固体(孔径在 2～50nm)的吸附等温线。只要是通过弱键物理吸附(范德瓦耳斯力)在固体表面并且在相同温度下通过降低压力可以脱附的任何气体，都可以使用。

现在通用的标准方法是采用沸点为 77.3K(−195.85℃)的 N_2 作为吸附气体，对于石墨化的碳和羟基氧化物表面而言，有时也可以采用沸点为 87.27K(−185.88℃)的氩气(Ar)作为吸附气体。在如此低温下，一般可以避免化学吸附的干扰。测定比表面积时，通常只要在 $p/p_0=0.05$～0.35 的范围内(当相对压力低于 0.05 时，不易建立多层物理吸附平衡；当相对压力高于 0.35 时，则容易发生毛细凝聚作用，破坏多层物理吸附平衡)测定 4～5 个相对压力点，测出每一个氮气分压下的氮气吸附量 V，然后将实验数据用 BET 公式进行直线化处理，求出 V_{m}(标准状况下)后，从而计算出总的表面积。

5.2.2　化学吸附净化技术

1. 概念

化学吸附净化技术是利用吸附质分子、原子或原子团和吸附剂表面分子(原子)之间发生化学作用来达到净化要求的一种技术手段，其核心概念是化学吸附(chemical adsorption)。化学吸附可视为吸附质分子(原子)与吸附剂分子(原子)之

间通过相互作用形成了新物质，这种相互作用包括发生电子转移或共享（一个或多个电子轨道的重叠）、原子重排以及化学键断裂与重新形成等过程。例如，氧气(O_2)在炭上的吸附，在高温下脱附而出的气体却是一氧化碳(CO)[1]。

由于化学吸附涉及吸附剂表面分子（原子）与吸附质分子（原子）之间化学键的形成，所以这种化学键一旦形成，吸附质分子便不再保持其原来的状态（例如界面处吸附质分子的解离过程），所以化学吸附具有很强的方向性——只能在界面处形成单分子层。化学键一般键能较大，不易断裂，使得化学吸附较牢固，不易脱附。化学吸附同物理吸附过程一样，也是一个放热过程，化学吸附过程释放的热量与化学反应热相当（一般在 40～400kJ/mol），比物理吸附过程释放的热量多得多。化学吸附过程可以视作发生化学反应的过程，且此过程不可逆，也导致了化学吸附具有一定的选择性，即某种吸附剂只对某些特定的吸附质有化学吸附作用，如氢(H_2)在金属表面上的吸附：氢可以在金属钯(Pd)[86-89]、铂(Pt)[90-92]、铁(Fe)[93-95]和镍(Ni)[96-98]上发生化学吸附，但在金属铝(Al)、锌(Zn)或铜(Cu)上则不能发生化学吸附。类似地，氧气(O_2)可以被银(Ag)[99-101]吸附，却不能在金(Au)表面发生化学吸附。值得注意的是，化学吸附的选择性不仅体现在一种吸附剂对不同吸附质表现出不同的吸附原理，还可以表现在对同一晶体不同晶格取向的择优取向性吸附。例如，理论研究表明，极性基团羟基(—OH)在 Ni 的表面优先占据高对称的吸附位：羟基垂直吸附于 Ni(100)表面四重洞位，垂直吸附于 Ni(111)表面三重洞位。而在 Ni(110)表面存在着两种吸附态：垂直吸附于长桥位和倾斜 14°吸附于赝势三重洞位[102]。亦有实验发现，H_2 在金属 Pd 表面发生解离吸附时，H 原子有占据 Pd 金属表面高配位吸附位的倾向。如 H 在 Pd(100)表面四重洞位的吸附[103]；在 Pd(111)表面 Fcc 型三重洞位的吸附[104]；在 Pd(110)表面赝势三重洞位的吸附[105]。

化学吸附需要在特定的条件下才可以发生（例如，只有在吸附剂表面存在活性位处才可以发生化学吸附，也是一种定域（位）吸附）。一般化学吸附常在较高的温度下进行，温度升高时吸附速率有所增加。化学吸附的多少，不仅取决于温度、压力和表面大小，而且还与吸附剂表面的微观结构密切相关[106]。化学吸附按过程是否需要活化能，可以分为两大类：活化吸附(activated adsorption)[107,108]和不需要活化能的非活化吸附(non-activated adsorption)[109,110]，绝大部分化学吸附均是活化吸附。

2. 化学吸附的基本特点

在 5.2.1 节中已经介绍过物理吸附的一般特点，为了方便读者进行对比，表 5-1 中列出了物理吸附和化学吸附的一些相异点。

表 5-1 物理吸附和化学吸附的相异点

吸附特性	物理吸附	化学吸附
吸附力的本质	范德瓦耳斯力(包括氢键)	化学键力(化学键的形成)
吸附层结构	基本同吸附质分子结构	形成新的化合态
电子转移	无	有
吸附热	较低，近乎于凝聚热，数值一般在 1～10 kJ/mol	较高，近乎于化学反应热，数值一般在 40～400 kJ/mol
吸附层数	单分子层或多分子层	仅是单分子层
吸附选择性	几乎没有(或者很弱)	有
吸附可逆性	可逆	不可逆
吸附活化能	不需要	绝大部分必要
吸(脱)附速率	较快	较慢，升高温度时吸附、脱附速率均会有所提高
吸附温度	低温(低于气体临界温度)	一般在较高温度下(远高于沸点)
吸附稳定性	不稳定，易脱附	稳定，一般不易脱附

从表 5-1 可以看出，虽然化学吸附和物理吸附有着明显的区别，但是两者并不是绝对不相容的，仅凭个别吸附特性来判定一个吸附过程是物理吸附还是化学吸附是不科学的。因为吸附热的多少、吸附温度的高低，以及吸(脱)附速率的快慢等都是相对的，并无严格的界限。因此，在区别物理吸附和化学吸附时，应综合各方面因素进行辨别。在特定的条件下，吸附剂的表面上还常常会出现物理吸附和化学吸附同时发生的情形。又或者，同一种物质，低温时在吸附剂表面发生的吸附是物理吸附，当温度上升到一定程度时，开始发生化学吸附。例如，CO 气体在 Pd 上的吸附，当温下发生物理吸附，高温下则表现为化学吸附。又比如，氧在金属钨(W)上的吸附同时有三种情形：①有些氧是以氧分子(O_2)状态被吸附在 W 表面的，这是纯粹的物理吸附；②有一部分氧是以氧原子状态(O)被吸附在 W 表面的，这同样是纯粹的化学吸附；③还有一部分氧以氧分子(O_2)的形态被吸附在氧原子(O)的上面，造成多层吸附。这两个例子均说明物理吸附和化学吸附可以伴随发生。因此并不能简单地认定某一个过程只有物理吸附，或者某一个过程仅有化学吸附，在实际情况中，往往需要同时考虑两种吸附类型在整个吸附过程中的作用。只不过随着温度的变化，起主导作用的吸附类型可以发生改变。对于某些吸附质在吸附剂表面的吸附，低温时以物理吸附占主导地位，而在高温时主要进行化学吸附。在适当的范围内升高温度，吸附过程的主导类型将由物理吸附逐渐过渡到化学吸附。

3. 化学吸附的本质

化学吸附的本质是吸附质分子或原子与吸附剂分子或原子之间发生了化学键的断裂与重新形成，化学吸附和物理吸附的根本区别在于吸附作用力的不同[111]。前者是化学键力，后者则是范德瓦耳斯力(氢键是一种特殊的分子间或分子内作用力，或者可视为广义范德瓦耳斯力的一种)。

针对化学吸附和物理吸附本质上的区别，可以利用伦纳德-琼斯(Lennard-Jones)吸附势能曲线来阐述和理解[106,112]。在吸附过程中，曲线纵坐标代表吸附势能，横坐标表示吸附质分子或原子与固体吸附剂表面的距离。作为水平线的横轴表示体系的位能为零，需供给能量才能达到横轴水平线以上；降低至此水平线以下时，则表示体系放出能量[113]。Lennard-Jones 势(Lennard-Jones potential)，也称 L-J 势，是由数学家约翰・伦纳德-琼斯(John Lennard-Jones)在 Mie 势能(Mie potential)[114]的基础上于 1924 年提出来的[115]，用以描述两个中性分子(原子)之间的相互作用势能。因为分子间的相互作用力关系极为复杂，无法由实验直接测定，从理论(即使是量子理论)上也不容易得到一般性的解决[116]，所以在物理学上通常采用实验结合简化模型的方法来处理相关问题[117]。Lennard-Jones 势能模型也是一种近似模型(假设分子间的相互作用具有球对称性)。Lennard-Jones 势能公式(半经验公式)可以简单表述为

$$U(r)=-\frac{A}{r^{6}}+\frac{B}{r^{12}} \tag{5-12}$$

式中，r 是两个中性分子(原子)之间的距离(原子核之间的距离)；U 为伦纳德-琼斯势能，即两个中性分子(原子)之间的势能；A 为两个中性分子(原子)相互靠近时的引力系数，一般可由实验数据拟合或精确量子计算结果确定；B 为两个中性分子(原子)相互靠近时的斥力系数，其确定方法同 A。

从物理意义上讲，或从 A、B 的物理含义也可以看出，式(5-12)中第一项的 $1/r^6$ 表示的是两个中性分子(原子)在远距离以互相吸引为主的作用(吸引势)；第二项的 $1/r^{12}$ 表示的是两个中性分子(原子)在近距离以互相排斥为主的作用(排斥势)。

将式(5-12)对距离 r 求一阶导数，进而推导出伦纳德-琼斯势相应的分子(原子)作用力 $F(r)$，即 $F(r)=-\mathrm{d}U(r)/\mathrm{d}r$，表示为一般分子或原子之间的范德瓦耳斯力与粒子间距离的 7 次方成反比，发生物理吸附的作用距离长于化学吸附(化学吸附位阱更深，作用距离更短)，因此，物理吸附开始于吸附质分子趋近吸附剂表面之时。随着作用距离的缩短，系统在最低势能值(物理吸附的位阱，即平衡位置)的时候达到稳定物理吸附态。越过平衡位置后，当吸附质分子再进一步趋近于吸附剂表面，吸附质原子核和吸附剂原子核间电荷的斥力增强使得系统势能增加(位

能曲线急剧上升)。在平衡位置时，如果吸附质分子(原子)吸收了适当的能量越过化学吸附激活位垒后，便开始由物理吸附向化学吸附转变。对于非活化化学吸附，化学吸附激活位垒为零或者为负值。一旦化学吸附开始，系统势能又开始下降，逐渐达到稳定化学吸附态(化学吸附的位阱)。不难看出，化学吸附是在物理吸附的基础上发生的。借助现代仪器分析技术，可以通过吸收光谱对物理吸附和化学吸附过程有直观的认识，在紫外、可见光及红外光谱区，如出现新的特征吸收带，则说明发生了化学吸附。因为，物理吸附只能使得原吸附分子的特征吸收带产生一定位移或者在强度上有所改变，却不会有新的特征光谱带产生[118]。

4. 化学吸附技术的理论基础

利用化学吸附法去除油烟污染物分子的吸附机理一般可以分为以下三种情况：

(1)油烟污染物分子或原子失去电子成为带正电荷的离子，失去的电子被固体吸附剂分子或原子所得，这样产生的结果就是油烟污染物正离子被吸附在带负电荷的吸附剂表面上。

(2)固体吸附剂分子或原子失去电子成为正离子，油烟污染物分子或原子得到这些电子而带负电荷，结果仍是由于电荷异性相吸导致带负电荷的油烟污染物被吸附到带正电荷的固体吸附剂表面上。

(3)油烟污染物与固体吸附剂之间形成共价键或配位键。例如，乙烯等不饱和链烃分子在贵金属银表面上的吸附就是通过双重作用结合在一起的。一方面乙烯分子满的π 轨道与银离子空的 s 轨道重叠形成σ 键，另一方面银离子的 d 轨道与乙烯分子的反键轨道(π^*)重叠形成 d-π^*反馈键。

研究这三种化学吸附机理，依然需要通过数学建模的方式来实现。研究物理吸附平衡常用的模型一般最常见的有弗罗因德利希经验吸附模型、朗缪尔吸附模型和多分子层吸附模型(BET 模型)。由于化学吸附均是单分子层的吸附，因此，弗罗因德利希经验吸附模型和朗缪尔吸附模型同样可以描述化学吸附过程。大量实验证明，在低覆盖率时，弗罗因德利希经验吸附模型普遍适用于描述气固化学吸附平衡[119]。相对于 BET 多分子层吸附模型一般只用于物理吸附，Temkin 等温吸附模型(Temkin adsorption isotherm model)则只适用于化学吸附。

Temkin 等温吸附模型引入了吸附质-吸附剂之间的相互作用因素，Temkin 和 Pyzhev 在实验中发现[120]，体系吸附热更多的时候是随着吸附质分子在吸附剂表面吸附率的增加而有所减小，并指出吸附层中所有分子的吸附热(温度的函数)随覆盖率 θ 的增加是呈直线下降，并不是呈现指数下降：

$$Q_{ad} = Q_{ad}^0(1-\alpha\theta) \tag{5-13}$$

式中，Q_{ad}为吸附热；Q_{ad}^0指的是覆盖率$\theta = 0$时的初始微分吸附热；α是一个与吸附物质之间相互作用有关的参数。

由式(5-13)推导出Temkin吸附等温方程式

$$\theta = \frac{1}{f}\ln Kp \tag{5-14}$$

式(5-14)经线性化可得

$$V = \frac{V_{max}}{f}\ln p + \frac{V_{max}}{f}\ln K \tag{5-15}$$

式中，f、K是与吸附体系的性质和温度有关的经验常数；p为吸附平衡时气体的分压，Pa；V是以单位质量固体上所吸附的气体的质量或所吸附的气体体积(标况)来表示的吸附量；V_{max}是气态吸附质在固态吸附剂表面发生化学吸附时的饱和吸附量。

Temkin等温吸附方程主要考虑了化学吸附过程中的吸附热和覆盖率，只适用于中等覆盖率的吸附情形。例如，NH_3在铁上的化学吸附符合Temkin吸附模型。值得注意的是，Temkin吸附等温模型并未考虑吸附表面的均匀性和吸附质分子是否解离等情况。

5.2.3　复合式吸附净化技术

复合式吸附净化油烟技术一般从两个角度考虑：第一，作为吸附剂材料的复合性，意即混合性、多样性，指的是通过吸附净化材料的复合作用(包括物理负载和化学改性)，从而制备出复合吸附剂(composite adsorbent)；第二，作为吸附方法的联合使用，既可以是物理吸附和化学吸附的耦合作用，也可以是吸附技术与其他油烟处理净化技术的协同作用。在某种程度上，这两个角度之间并无明显的界限。

1. 复合式吸附净化技术的特点

物理吸附剂虽然具有较稳定的吸附性能：吸附量随着使用时间延长变化较小，但其吸附量一般较小。而化学吸附剂虽然一般具有较大的吸附量，但由于吸附剂材料本身与吸附质分子之间产生了化学键，容易造成膨胀、结块等现象，导致吸附性能随着运行时间衰减较为明显[121]；同时也存在热量传递性能差、气体渗透性能差等不足[122]。复合吸附剂可以将两者的劣势降低，并能在综合吸附性能上保持明显优势[123]。例如，将活性碳纤维与某些高分子材料物理掺杂或化学联结，可以制备出具有油烟净化能力的复合吸附剂。活性碳纤维与传统纳米碳材料相比，更适合作为复合吸附剂的基础材料。因为一方面，活性碳纤维具有较大的比表面积，可复合更多高分子材料，也能保证复合材料的大比表面积；另一方面，由于活性碳纤维表面含有大量含氧官能团(如羟基、羰基等)、含氮官能团(如氨基、类吡啶、类酰胺等)，这些官能团可以通过化学键与高分子材料相连接，也可以通过表面改性等方式，提高复合吸附剂的均一性和稳定性。如果将高分子材料定性为泡沫塑料，与活性碳纤维复合制备出的复合吸附剂可以让活性碳纤维更加充分地与甲醛、丙烯醛等有毒致癌污染物接触。聚氨酯和酚醛树脂等泡沫塑料本身具有较好的热稳定性、力学强度、保温性能、抗静电性能、阻燃性能，被广泛应用于保温阻燃设施中[124-127]。这些优良性能均能为油烟用复合吸附剂的开发所利用。复合吸附剂内的传质过程通常是多孔吸附剂对油烟分子的吸附过程、多孔介质传质过程、化学吸附过程的耦合[128]。

2. 复合式吸附净化技术的机理

根据用途的不同，复合吸附剂拥有不一样的特性。针对油烟净化处理，一般需要复合吸附剂具有良好的热稳定性、化学稳定性、机械强度、孔隙结构、耐酸碱性、亲油疏水性等特性。这样就需要对吸附剂进一步处理，改善其结构性或功能性，满足油烟净化需要。对于同一种吸附剂，可以通过改性，使其对某类油烟污染物吸附容量大大增加；又或者更有选择性地去吸附某一类油烟分子。对于结构改性而言，改性可以优化其结构特征，使其强度更高、孔洞更小、耐热性更好或耐酸碱性更优等。因此如何利用两种或两种以上合适的吸附剂进行人工组合，制备出符合油烟净化要求的复合吸附剂，成为学术界与产业界聚焦的热点之一。

常用的复合吸附剂的制备方法主要有物理掺杂和化学改性两种。物理掺杂是一种相对简单的吸附剂混合方式，即按照一定的比例将多孔介质和化学吸附剂直接混合在一起。物理掺杂制备工艺简单，快捷，易于操作，适用范围广，但其制备的复合吸附剂稳定性相对较差，一般用于粉末状的多孔介质。化学改性是通过化学反应改变吸附剂的理化性质，达到提高目标吸附物吸附能力目的的一类方法。化学改性常用方法包含接枝改性(将含有吸附官能团的化合物接枝到材料表面)、等离子体改性(将吸附剂材料暴露于非聚合性等离子体环境中，利用等离子体轰击吸附剂材料表面，引起吸附剂材料表面结构的变化而实现对吸附剂的活化改性)和辐射改性(利用电离辐射改善高分子材料的理化性能)等。目前的化学改性方法主要有直接合成和后改性两种。

复合式吸附净化技术的机理从本质上就是复合吸附剂的工作原理，要想探讨复合吸附剂的工作原理，则必须对其制备工序有一定了解，在此了解的基础上加深理解，从而研发出新型适用于吸油烟机内部的吸附剂材料。目前，关于油烟净化处理方面的新型复合吸附剂的文献并不多见，更多的是油烟机净化效率方面的报道[129-133]。选取了几种典型的案例来介绍有关复合吸附剂的制备方法和实际应用，以帮助读者更好地理解复合吸附剂的吸附机理，也希望对油烟净化复合吸附剂的开发有所裨益。

1) 高岭土-石灰石复合吸附剂吸附燃煤 $PM_{2.5}$ 的研究

燃煤产生的颗粒物的来源主要是煤中的无机矿物元素。这些颗粒物中极易富集重金属、有机污染物等有毒成分，一旦被人体吸入之后，会引发哮喘[134-136]、支气管炎[137-139]以及心血管[140-142]等方面的疾病，对人类的身心健康造成巨大的危害。尤其是烟尘颗粒中的 $PM_{2.5}$，已成为全球大气污染的重大问题，引起国内外广泛关注。

在燃煤电厂燃烧炉内添加吸附剂可以作为一种控制颗粒物产生的方法，不仅可以在源头上解决问题，而且还可以节省成本。燃烧炉内添加吸附剂的具体方式是在煤粉中添加一定比例的添加剂，或者在煤粉燃烧过程中喷入一定比例的添加剂。目前的添加剂主要是：①钙基吸附剂，包括石灰石、氢氧化钙和氧化钙等。钙基吸附剂主要通过直接硫化或者间接硫化，吸收烟气中的 SO_2，防止 SO_2 向细颗粒物转移。②硅铝基吸附剂，包括高岭土等硅铝类矿物、铝土以及石英等。硅铝基吸附剂主要是通过吸附燃煤过程中挥发的气态碱金属，抑制其向颗粒物中的迁移，从而减少颗粒物的生成量。举例来说，高岭土的添加一方面可以通过表面反应抑制 $PM_{2.5}$ 前驱体的均相成核，另一方面高岭土反应生成的硅铝酸钠在高温下可以形成液相熔融体实现对颗粒物的捕集。③镁基吸附剂，如氢氧化镁、醋酸镁等。镁基吸附剂主要通过熔融液相捕获机理实现对细颗粒物的减排。镁基吸附剂可以与煤灰颗粒中的硅铝酸盐反应生成低温共熔融体，在高温条件下，这些低温共熔融体易形成液相，小颗粒极易与其发生碰撞黏连，形成粒径较大的颗粒物。④钛基吸附剂，如锐钛矿等。钛基吸附剂目前研究较少，但有研究表明[143]，锐钛矿即使在高温燃烧中依然保持良好的吸附性能，不但可以吸附烟气中的 Na 蒸气，而且对超细颗粒物的脱除效率较高。

闫宝国[144]以高岭土和石灰石为吸附剂原材料，通过机械复合的方式制备出一种新型的复合吸附剂，其设计原理源于硅铝基可以吸附反应碱金属蒸气，而钙基吸附剂则用来吸附含硫物质，希望这两种吸附剂可以协同作用适用于更多的煤种。

在闫宝国的研究方案中，复合吸附剂是通过添加不同煤基比重的高岭土和石灰石混合而成。相比于单体吸附剂，复合吸附剂由于多了一种物质，使得燃煤过程中的物化反应更加复杂。通过理论计算可知，复合吸附剂对燃煤产物中 Na 和 S 的交互作用并不是一种简单的组合，而是两种吸附剂复杂的交互反应导致的。在他所选择的研究煤种条件下，若同时考虑到复合吸附剂对 Na 和 S 的控制效果，添加煤基质量 5%的高岭土和煤基质量 3%的石灰石为最优添加方案；在这个比例下，900～1100℃为最佳温度窗口。

2)硅胶/氧化石墨烯复合吸附剂在开式吸附下的吸附性能研究

开式吸附是指吸附剂在空气环境条件下对水蒸气的吸附。目前复合吸附剂存在开式吸附性能较低、吸附性能不稳定等问题，影响了太阳能空气制水的产水率。氧化石墨烯其片层上含有很多含氧官能团，具有较高的比表面能，良好的亲水性和机械性能，在水中和大多数极性有机溶剂中具有很好的分散稳定性。而硅胶作为一种无定形结构的硅酸干凝胶，有着丰富的孔结构和较大的比表面积，是一种很好的吸水材料(干燥剂)。极性气体分子与硅胶表面的羟基形成氢键也可被硅胶物理性吸附。赵惠忠等[145]以硅胶为基质，与 Hummers 法合成的氧化石墨烯通过浸泡、沉淀等方法复合，制备出新型复合吸附剂硅胶/氧化石墨烯(silica-gel/graphene-oxide, SG/GO)，并将其用于太阳能空气制水管获取淡水，提高产水效率。复合吸附剂 SG/GO 的吸附性能相比单一的粗孔硅胶有明显的提升：复合吸附剂 SG/GO 不仅能够充分利用硅胶发达的孔隙结构容纳碳型材料，实现利用原有孔隙结构吸湿的功效，而且能够通过碳型材料强化吸湿效果。此外，还发现，氧化石墨烯更适合常温下的吸附。这是因为在常温下，氧化石墨烯表面存在丰富的含氧官能团，使得单原子层或寡层的氧化石墨烯被剥离，增加了材料的比表面积和吸附位点。但温度升高，破坏了氧化石墨烯的层间结构和吸附位点，进而使复合吸附剂的吸附性能降低。而硅胶的吸附性能稳定，当温度高于 50℃时才开始脱水。因此，在一定范围内升高温度，其吸附性能有所提高。

3)海泡石复合吸附剂处理燃料废水

染料废水具有水量大、色度高、有毒有害物质含量高、处理难等特点[146,147]。谢治民等[148]考虑到海泡石的比表面积较大，吸附能力优良，且价格低廉，采用离子交换法改性海泡石，制备出 Fe-海泡石、Al-海泡石复合吸附剂，使得吸附脱色率增大(较原矿粉提高了 10 倍之多，较活性炭也提高了 3～4 倍)。之所以选择用 $FeCl_3$ 和 $AlCl_3$ 溶液对海泡石进行改性，制备复合吸附剂，是由于海泡石八面体结构边缘的 Mg^{2+} 被极化能力较强的金属阳离子 Fe^{3+}、Al^{3+} 取代，从而改变了原有海泡石的永久负电荷和表面酸性，使得吸附作用增强。进一步对两种复合吸附剂(Fe-海泡石和 Al-海泡石复合吸附剂)的吸附等温线进行了测定和模型拟合[149]，结果表明，复合吸附剂对活性艳蓝的吸附不是单分子层吸附，而是物理吸附和化学吸附相结合的混合吸附行为。Freundlich 等温吸附模型可以很好地模拟两种复合吸附剂的等温吸附曲线，拟合结果表明：Fe-海泡石、Al-海泡石复合吸附剂对活性艳蓝的吸附属易吸附类型，且 Fe-海泡石复合吸附剂的吸附效果优于 Al-海泡石复合吸附剂。

5.3 吸附技术净化设备

5.3.1 油烟机设计结构

1. 基于空气倍增的吸附电解净化环保吸油烟机设计

空气倍增机(air multiplier)也就是常见的无叶风扇，是由英国人詹姆斯·戴森发明的。杜杰伟等[150]提出了一种基于空气倍增的冷凝电解环保吸油烟机的新结构，其工作流程图如图 5-4 所示。

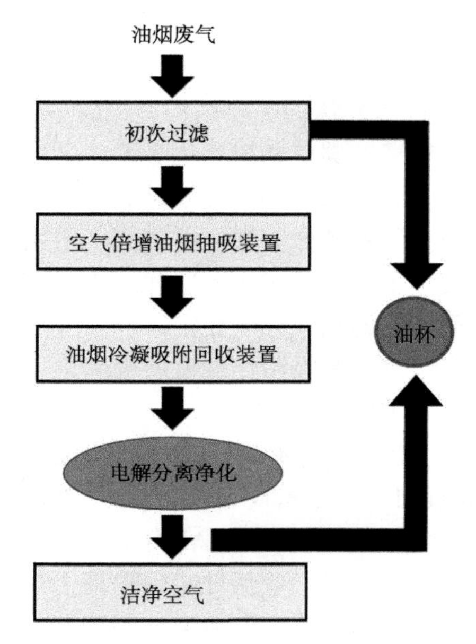

图 5-4　基于空气倍增的冷凝电解净化环保吸油烟机工作流程图

该油烟机主要由三个部分组成：①基于空气倍增原理的油烟抽吸装置；②冷凝吸附回收装置；③油烟电解分离净化装置。其工作原理是：油烟由基于空气倍增的油烟抽吸装置吸入，经初次过滤网过滤后由阿基米德螺旋线通道进入冷凝吸附回收装置，吸附的油液经管道回收到油杯中，残余的烟气经电解分离净化装置后排放到空气中，从而达到环保的效果。

空气倍增技术能够克服传统吸油烟机利用风扇旋转产生低压来抽吸油烟，导致扇叶粘黏油污的缺点。因为一旦扇叶粘黏了油污，不仅要在清洁上耗费更多的精力和财力，久而久之也会出现振动、噪声、能耗增加等问题。在核心净化工段，冷凝吸附回收装置作为核心，主要由冷凝板、吸附材料、回油管以及油杯组成，实现对高温油烟的冷凝吸附回收。常温常压下油烟中的高碳有机污染物容易液化冷凝，于是在该设计中冷凝固定箱中安装有与箱体平行的长方形冷凝板，这样就可以使高温油烟接触到冷凝板时迅速冷凝成液体，附着在冷凝板上。未冷凝的油烟穿过冷凝板网孔后被吸附材料吸附回收。

2. 四层顺序吸附式油烟机设计原则

艾希顺等[151]提出了一种基于四层顺序吸附的油烟净化排放以及安装方式设计方案。该方案旨在全面、高效率地对油烟进行净化，降低 $PM_{2.5}$ 的排放量。

在该方案中，油烟机完成吸附，需要通过四层顺序吸附工段。每一层的吸附都会使得油烟颗粒物浓度不断降低，最终达到油烟净化排放标准。四层顺序吸附技术为：油网的冷凝吸附→动态过滤网盘吸附→风道总成吸附→静电吸附。此四种吸附过程的原理及功效见表 5-2。

表 5-2 四层顺序吸附各工段作用原理及功效

工段序	吸附原理和功效
油网的冷凝吸附	借助油烟颗粒与油网之间的温差，使得进入倒锥双层油网中的油烟颗粒与油网碰撞被冷凝而吸附
动态过滤网盘吸附	未被油网初级冷凝的油烟颗粒物透过油网进入动态离心网盘，动态离心网盘使油烟在离心力的作用下发生油烟分离，油颗粒与烟尘颗粒通过撞击拦截，被动态离心网盘过滤掉 85%左右的大颗粒物；动态过滤还解决了最后一步静电吸附中油烟大颗粒物使电极上的油烟加厚形成的电极屏蔽问题
风道总成吸附	经过动态过滤，部分油烟小颗粒进入风道，通过蜗壳与叶轮表面时被二次冷凝吸附
静电吸附	经过三层吸附装置仍未被吸附的剩余小颗粒物在经过出风口时被安装在出风口处的静电吸附装置内高压电场电离，油烟颗粒电离后被高压静电产生的静电场吸附，以此来分离净化油烟颗粒

5.3.2 油烟机用吸附剂选择

1. 吸油烟机用多孔树脂吸附剂

黄一磊和李忠[152]采用纯度为 98.5%的甲基丙烯酸十二酯(DMA，作为反应单体)、分析纯的三羟基甲基丙烷三甲基丙烯酸甲酯(TRIM，作为交联剂)、含水量 30%的过氧化苯甲酰(BPO)、型号为 PVA-505 的聚乙烯醇、分析纯的甲苯和正庚烷(两者作为混合致孔剂)为原料合成吸油烟机用多孔树脂吸附剂。实验发现，交联剂的用量决定着多孔树脂交联度的大小，交联剂用量大，交联点间的链段就短，易形成较小的三维交联网状结构的高分子，比表面积变大，孔径变小，有利于油烟吸附性能的提高。当交联剂 TRIM 含量达到 90%时，多孔树脂的吸油烟率最高，可达 0.256 g/g。交联度过高之后，连接点间和链段间会紧密接触，使油烟分子进入树脂的网络结构中变得困难。

此外，实验结果表明致孔剂用量多少也会影响树脂对油烟的吸附性能。使用甲苯作为致孔剂时，其浓度(相对于单体与交联剂的量)有一定的限制：浓度在100%前，多孔树脂吸附剂吸油烟率上升很快；超过 100%之后，多孔树脂吸附剂吸油烟率变化不大甚至略微下降。分析其原因，在浓度未达到 100%时，甲苯浓度的上升，使得多孔树脂吸附剂比表面积不断增加，有助于吸油烟率的提高。但是多孔树脂的孔径分布也会朝小孔的方向移动，孔径的缩小必然会加大油烟吸附的阻力，而且孔容在甲苯浓度超过 100%时会稍微减小，两者综合影响下，多孔树脂吸附剂的吸油烟效率自然会有所降低。为了弥补这一不足，使用具有强烈致大孔作用的正庚烷与甲苯一起作为混合致孔剂。正庚烷作为致孔剂时，制备出的多孔树脂吸附剂的孔径分布和孔容均会变大。甲苯和正庚烷作为混合致孔剂，可以有效地减小油烟吸附时的阻力和提高多孔树脂吸附剂的吸附容量，吸附容量可达 0.305 g/g。

2. 吸油烟机用复合吸附剂的微波辐射制备法

黄一磊和李忠[153]不仅探讨了多孔树脂吸附剂的制备方法，也考察了微波辐射法制备吸油烟无纺布复合材料的各项工艺参数及复合材料净化油烟的性能。实验发现，制备出的多孔树脂吸附剂虽然油烟净化性能优于普通活性炭和一些商用吸油树脂，但因为树脂一般为粉末状，使得加工变得困难。于是提出采用无纺布作为吸油烟树脂的载体的方案，无纺布的多孔结构适合负载吸油烟树脂，也可以借助其强韧的力学性能设计成各种形状和结构的吸附油烟材料，以便在实际中得到应用。应用微波辐照的方法制备出一款新型的油烟复合材料：将无纺布浸泡在亲油性单体、引发剂、交联剂的溶液中，溶液分子充分渗透到无纺布的内部，在微波辐照下发生交联反应形成吸油性聚合物并负载在无纺布纤维上。

实验考察了微波辐照时间、合成温度等因素对吸油烟复合材料的吸油烟性能的影响。微波辐照合成时间太短或者太长所制备的复合材料的油烟净化效率都较低。微波辐射时间太短，树脂的聚合度不高，没有有效的网络结构生成，吸油烟效率下降。微波辐射时间如果过长，吸油复合材料上的树脂负载率早已达到100%。合成温度也是一个重要的合成参数，太高或太低也会造成很大的影响。微波辐照合成温度比较低时，引发剂分解较慢，不能够产生足够的自由基，聚合速率相对较低，反应不完全导致吸油烟效率低下；微波辐照合成温度过高，引发剂分解过快，产生大量的自由基，使得聚合物的链长变短，网络结构减小，吸油烟率也会有所下降。

5.4 小　　结

本章在介绍了吸附法的背景和发展历程的基础上，主要阐述了吸附净化技术在油烟机应用领域的内容。在净化领域，需要理解“吸附”“吸收”“吸着”这三个概念的不同含义。按照吸附作用力的不同，可将吸附净化技术分为物理吸附净化技术和化学吸附净化技术，这两者的结合被称为复合式吸附净化技术。本章详细介绍了物理、化学、复合式吸附净化技术的相关概念、基本特点、本质特征及其理论基础，总结出这三种吸附净化技术之间的差异性和关联性。本章最后一部分主要从油烟机结构和净化用吸附材料选择方面，介绍了运用吸附净化技术的油烟净化设备，为读者提供了理解方向和研发角度。

参 考 文 献

[1] 章燕豪. 吸附作用[M]. 上海: 上海科学技术文献出版社, 1989.
[2] Ruthven D M. Principles of Adsorption and Adsorption Processes[M]. New York: Wiley-Interscience, 1984.
[3] Do D D. Adsorption Analysis: Equilibria and Kinetics[M]. London: Imperial College Press, 1998.
[4] Ali I, Gupta V K. Advances in water treatment by adsorption technology[J]. Nature Protocols, 2006, 1(6): 2661-2667.
[5] 李志刚. 路面器材技术与应用[M]. 北京: 国防工业出版社, 2012.
[6] 江峰. 氢在金属上的吸附[M]. 桂林: 广西师范大学出版社, 1999.
[7] 周寒. 钯基复合薄膜的氢气传感器研究[D]. 成都: 电子科技大学, 2017.
[8] McBain J M. Der mechanismus der adsorption (“Sorption”) von wasserstoff durch kohlenstoff[J]. Zeitschrift für Physikalische Chemie, 1909, 68U(1): 471-497.
[9] Mantell C L. Adsorption[M]. 2nd ed. New York: McGraw-Hill, 1955.
[10] Gregg S J, Sing S W. Adsorption, Surface Area and Porosity[M]. 2nd ed. London: Academic Press, 1982.
[11] 王瑞琪, 丁社光, 王红. 饮食油烟的污染及治理现状[J]. 重庆工商大学学报(自然科学版), 2006, 23(1): 44-47.
[12] 谢镇声. 烹饪油烟污染与处理技术探讨[J]. 食品安全导刊, 2018(33): 42.
[13] 郑盼，张震斌，纪洪超，等. 油烟气净化技术及发展趋势分析[J]. 绿色科技，2015(8): 247-248.
[14] 杨景天，王应平，潘冰. 工业废水几种深度处理方法的研究[J]. 甘肃科技，2016, 32(1): 47-50.
[15] 延卫，张强，冯江涛，等. 工业污水深度处理技术与工程实践[C]//中国环境科学学会

(Chinese Society for Environmental Sciences). 2015 年中国环境科学学会学术年会论文集(第二卷)北京: 中国环境科学出版社, 2015: 2964-2966.

[16] 陈小敏, 姜维, 李翔, 等. 工业废水活性炭深度处理的研究[J]. 能源环境保护, 2019, 33(1): 29-32.

[17] Monser L, Adhoum N. Modified activated carbon for the removal of copper, zinc, chromium and cyanide from wastewater[J]. Separation and Purification Technology, 2002, 26: 137-146.

[18] Sircar S, Golden T C, Rao M B. Activated carbon for gas separation and storage[J]. Carbon, 1996, 34(1): 1-12.

[19] Jüntgen H, Knoblauch K, Harder K. Carbon molecular sieves: production from coal and application in gas separation[J]. Fuel, 1981, 60(9): 817-822.

[20] Thiruvenkatachari R, Su S, Yu X X. Application of carbon fibre composites to CO_2 capture from flue gas[J]. International Journal of Greenhouse Gas Control, 2013, 13: 191-200.

[21] Štandeker S, Novak Z, Knez Ž. Removal of BTEX vapours from waste gas streams using silica aerogels of different hydrophobicity[J]. Journal of Hazardous Materials, 2009, 165(1–3): 1114-1118.

[22] 刘洁, 董书岑, 张文博, 等. 土壤重金属的竹基活性炭吸附及近红外光谱预测[J]. 环境工程学报, 2018, 12(10): 2855-2863.

[23] Liang Y T, Zhang X, Dai D J, et al. Porous biocarrier-enhanced biodegradation of crude oil contaminated soil[J]. International Biodeterioration & Biodegradation, 2009, 63(1): 80-87.

[24] 亀山 幸司, 岩田 幸良, 佐々木 康一, 等. 樹皮由来バイオ炭の砂丘地圃場への施用による土壌の保水性・保肥性改善効果[J]. 農業農村工学会論文集, 2016, 84(1): 65-74.

[25] 菅谷 ゆう, 水谷 嘉之, 原 正之. 青ネギ湿害発生圃場における圃場排水性改善効果の検証[J]. 日本土壌肥料学会講演要旨集, 2017, 63: 21.

[26] 佐藤 邦明, 吉木 沙耶香, 岩島 範子, 等. 多段土壌層法における地域資源の活用による土壌の通水性改良と水質浄化能との関係[J]. 水環境学会誌, 2015, 38(5): 127-137.

[27] 侯国华, 罗明汉, 范志云. 泥炭复配玉米秸秆活性炭的制备及其吸附性能[J]. 环境工程, 2015, 33(S1): 282-287.

[28] Thines K R, Abdullah E C, Mubarak N M, et al. Synthesis of magnetic biochar from agricultural waste biomass to enhancing route for waste water and polymer application: A review[J]. Renewable and Sustainable Energy Reviews, 2017, 67: 257-276.

[29] Hao W M, Björkman E, Lilliestråle, M, et al. Activated carbons prepared from hydrothermally carbonized waste biomass used as adsorbents for CO_2[J]. Applied Energy, 2013, 112: 526-532.

[30] Tay T, Ucar S, Karagöz S. Preparation and characterization of activated carbon from waste biomass[J]. Journal of Hazardous Materials, 2009, 165(1–3): 481-485.

[31] 宋应华, 许惠. 花生壳生物吸附剂的制备及其在含染料废水治理中的应用[M]. 重庆: 重庆大学出版社, 2017.

[32] McNeill J, Kakuda Y, Kamel B. Improving the quality of used frying oils by treatment with activated carbon and silica[J]. Journal of the American Oil Chemists' Society, 1986, 63(12):

1564-1567.

[33] Vázquez G, Mosquera O, Freire M S, et al. Alkaline pre-treatment of waste chestnut shell from a food industry to enhance cadmium, copper, lead and zinc ions removal[J]. Chemical Engineering Journal, 2012, 184: 147-155.

[34] Fu Y, Zu Y, Liu W, et al. Preparative separation of vitexin and isovitexin from pigeonpea extracts with macroporous resins[J]. Journal of Chromatography A, 2007, 1139(2): 206-213.

[35] Zhang Q F, Jiang Z T, Gao H J, et al. Recovery of vanillin from aqueous solutions using macroporous adsorption resins[J]. European Food Research and Technology, 2008, 226(3): 377-383.

[36] Huang Z W, Fang G Z, Zhang B. Separation and purification of Arabinogalactan obtained from Larix gmelinii by macroporous resin adsorption[J]. Journal of Forestry Research, 2007, 18(1): 81-83.

[37] Gao M, Huang W, Liu C Z. Separation of scutellarin from crude extracts of Erigeron breviscapus(vant.) Hand. Mazz. by macroporous resins[J]. Journal of Chromatography B, 2007, 858(1–2): 22-26.

[38] Sun A L, Sun Q H, Liu R M. Preparative isolation and purification of flavone compounds from *Sophora japonica* L. by high-speed counter-current chromatography combined with macroporous resin column separation[J]. Journal of Separation Science, 2007, 30(7): 1013-1018.

[39] 蒋剑春. 活性炭应用理论与技术[M]. 北京: 化学工业出版社, 2010.

[40] 翟玲娟, 肖春英, 贾建国, 等. 活性炭材料应用研究新进展[J]. 舰船防化, 2011(5): 10-15.

[41] 王金表, 蒋剑春, 孙康, 等. 医药缓释载体用活性炭研究进展[J]. 化工新型材料, 2014, 42(5): 4-6.

[42] 杨全红, 郑经堂, 王茂章, 等. 微孔炭的纳米孔结构和表面微结构[J]. 材料研究学报, 2000(2): 113-122.

[43] Lowitz T. Crell's Chemisches Annalen[Z]. 1786, 1: 211.

[44] de Saussure N T. Gilbert's Annalen der Physik[Z]. 1814, 47: 113.

[45] de Saussure N T. Annalen der Philosophie[Z]. 1815, 6: 241.

[46] Kayser H. Wiedemann's Annalen der Physik[Z]. 1881, 12: 526-537.

[47] Kayser H. Ueber die Verdichtung von Gasen an Oberflächen in ihrer Abhängigkeit von Druck und Temperatur[J]. Annalen der Physik, 1881, 250(11): 450-468.

[48] Chappuis P. Ueber die Wärmeerzeugung bei der Absorption der Gase durch feste Körper und Flüssigkeiten[J]. Annalen der Physike, 1883, 255(5): 21-38.

[49] Chappuis P. Wiedemann's Annalen der Physik[Z]. 1879, 8: 1.

[50] Chappuis P. Wiedemann's Annalen der Physik und Chemie[Z]. 1881, 12: 161.

[51] Tswett M S. Chromatographic Adsorption Analysis: Selected Works(Ellis Horwood Series in Analytical Chemistry) [M]. Chichester: Elis Horwood, 1990.

[52] Spackman D H, Stein W H, Moore S. Automatic recording apparatus for use in chromatography

of amino acids[J]. Analytical Chemistry, 1958, 30(7): 1190-1206.
[53] Wilchek M, Miron T. Limitations of N-hydroxysuccinimide esters in affinity chromatography and protein immobilization[J]. Biochemistry, 1987, 26(8): 2155-2161.
[54] Men Y D. Marshall D B. Relationship between surface polarity, retention of moderately polar solutes, and mobile-phase composition in reversed-phase high-performance liquid chromatography[J]. Analytical Chemistry, 1990, 62(23): 2606-2612.
[55] Snyder L R. Modern Practice of Liquid Chromatography: Before and after 1971[J]. Journal of Chemical Education, 1997, 74(1): 37.
[56] Cataldi T R I, Nardiello D. Determination of free proline and monosaccharides in wine samples by high-performance anion-exchange chromatography with pulsed amperometric detection(HPAEC-PAD)[J]. Journal of Agricultural and Food Chemistry, 2003, 51(13): 3737-3742.
[57] Desfontaine V, Guillarme D, Francotte E, et al. Supercritical fluid chromatography in pharmaceutical analysis[J]. Journal of Pharmaceutical and Biomedical Analysis, 2015, 113(10): 56-71.
[58] Rubert J, Lacina O, Zachariasova M, et al. Saffron authentication based on liquid chromatography high resolution tandem mass spectrometry and multivariate data analysis[J]. Food Chemistry, 2016, 204: 201-209.
[59] Lobb R, Möller A. Size Exclusion Chromatography: A Simple and Reliable Method for Exosome Purification[M]//Kuo W, Jia S. Extracellular Vesicles. Methods in Molecular Biology. New York: Humana Press, 2017.
[60] Hermes N, Jewell K S, Wick A, et al. Quantification of more than 150 micropollutants including transformation products in aqueous samples by liquid chromatography-tandem mass spectrometry using scheduled multiple reaction monitoring[J]. Journal of Chromatography A, 2018, 1531: 64-73.
[61] Meng J, Gu S, Fang Z, et al. Detection of seven kinds of aquatic product allergens in meat products and seasoning by liquid chromatography-tandem mass spectrometry[J]. Chinese Journal of Chromatography, 2019, 37(7): 712-722.
[62] Ostrejko R V. Improvements in and in the Manufacture of Charcoal having Great Decolourising Power[P]. British Patent: GB14224A, 1900.
[63] Ostrejko R V. Method for the production and regeneration of carbon with steam for decoloring[P]. German Patent: 136792, 1901.
[64] Dąbrowski A. Adsorption—from theory to practice[J]. Advances in Colloid and Interface Science, 2001, 93: 135-224.
[65] Robens E. Some intriguing items in the history of adsorption[J]. Studies in Surface Science and Catalysis, 1994, 87: 109-118.
[66] Slater J C, Kirkwood J G. The Van der Waals forces in gases[J]. Physical Review, 1931, 37(6): 682-697.

[67] Margenau H. Van der Waals Forces[J]. Reviews of Modern Physics, 1939, 11(1): 1-35.
[68] Nolte G C, Schauer J J, Cass R G, et al. Highly polar oganic compounds present in wood smoke and in the ambient atmosphere[J]. Environmental Science & Technology, 2001, 35(10): 1912-1919.
[69] 大连理工大学无机化学教研室. 无机化学[M]. 5 版. 北京: 高等教育出版社, 2006.
[70] 赵振国. 吸附作用应用原理[M]. 北京: 化学工业出版社, 2005.
[71] 刘立明, 王薇, 张荣华. 工程化学基础教程[M]. 北京: 化学工程出版社, 2015.
[72] 许黎明. "氢键"知识归纳及应用举例[J]. 数理化学习(高中版), 2004(14): 57-59.
[73] McBain J W. The Sorption of Gases and Vapours by Solids[M]. London: G. Routledge & Sons, Limited, 1932.
[74] Freundlich H. Colloid and Capillary Chemistry[M]. London: Methuen, 1926.
[75] 王宜辰. Freundlich 吸附等温式的理论推导[J]. 烟台师范学院学报(自然科学版), 1993, 9(4): 76-78.
[76] Langmuir I. The constitution and fundamental properties of solids and liquids. Part I. Solids[J]. Journal of the American Chemical Society, 1916, 38(11): 2221-2295.
[77] Langmuir I. The adsorption of gases on plane surfaces of glasses, mica and platinum[J]. Journal of the American Chemical Society, 1918, 40(9): 1361-1403.
[78] Brunauer S, Emmett P H, Teller E. Adsorption of gases in multimolecular layers[J]. The Journal of American Society, 1938, 60(2): 309-319.
[79] Fagerlund G. Determination of specific surface by the BET method[J]. Matériaux et Construction, 1973, 6(3): 239-245.
[80] Leofanti G, Padovan M, Tozzola G, et al. Surface area and pore texture of catalysts[J]. Catalysis Today, 1998, 41(1–3): 207-219.
[81] Walton K S, Snurr R Q. Applicability of the BET method for determining surface areas of microporous metal–organic frameworks[J]. The Journal of American Society, 2007, 129(27): 8552-8556.
[82] Bae Y S, Yazaydın A Ö, Snurr R Q. Evaluation of the BET method for determining surface areas of MOFs and zeolites that contain ultra-micropores[J]. Langmuir, 2010, 26(8): 5475-5483.
[83] Dogan A U, Dogan M, Onal M, et al. Baseline studies of the clay minerals society source clays: Specific surface area by the brunauer emmett teller(BET) method[J]. Clays and Clay Minerals, 2006, 54(1): 62-66.
[84] Sing K S W, Everett D H, Haul R A W, et al. Reporting physisorption data for gas/solid systems with special reference to the determination of surface area and porosity(Recommendations 1984)[J]. Pure and Applied Chemistry, 1985, 57: 603-619.
[85] 中华人民共和国国家质量监督检验检疫总局, 中国国家标准化管理委员会. GB/T 19587－2017: 气体吸附 BET 法测定固态物质比表面积[S]. 北京: 中国标准出版社, 2017.
[86] 张积树, 张文霞, 王泽新. 氢原子在钯低指数表面上的吸附和扩散[J]. 物理化学学报,

1996(9): 773-779.

[87]孙本繁, 吕日昌, 周鲁, 等. 氢在钯单晶表面的解离与在体相的扩散[J]. 催化学报, 1995(1): 81-84.

[88] Beutl M, Riedler M, Rendulic K D. Strong rotational effects in the adsorption dynamics of H_2/Pd(111): evidence for dynamical steering[J]. Chemical Physics Letters, 1995, 247(3): 249-252.

[89] 杨俊霞. 氢和氧在过渡金属钯表面上的吸附和振动[D]. 大连: 大连理工大学, 2011.

[90] 胡庚申. 氢与 CO 在 Pt 膜上吸附与氧化的原位 ATR-IR 研究[C]//第十四届全国青年催化学术会议会议论文集. 中国化学会催化委员会: 中国化学会, 2013.

[91] Helms C R, Bonzel H P, Kelemen S. The effect of the surface structure of Pt on its electronic properties and the adsorption of CO, O_2, and H_2: A comparison of Pt(100)-(5×20) and Pt(100)-(1×1)[J]. The Journal of Chemical Physics, 1976, 65(5): 1773-1782.

[92] Seebauer E G, Kong A C F, Schmidt L D. Adsorption and desorption of NO, CO and H_2 on Pt(111): Laser-induced thermal desorption studies[J]. Surface Science, 1986, 176(1–2): 134-156.

[93] Wang H Z, Nie X W, Guo X W, et al. A computational study of adsorption and activation of CO_2 and H_2 over Fe(100) surface[J]. Journal of CO_2 Utilization, 2016, 15: 107-114.

[94] 周望岳, 周宇峥, 罗伟年. 不同价态铁比熔铁型氨合成催化剂上氢吸附态研究[J]. 科学通报, 1997(4): 388-392.

[95] Benziger J, Madix R J. The effects of carbon, oxygen, sulfur and potassium adlayers on CO and H_2 adsorption on Fe(100)[J]. Surface Science, 1980, 94(1): 119-153.

[96] 王瑞. 金属镍和钯表面氢吸附动力学的 Monte Carlo 模拟研究[D]. 长沙: 湖南大学, 2007.

[97] Engel T, Rieder K H. A molecular-beam diffraction study of H_2 adsorption on Ni(110)[J]. Surface Science, 1981, 109(1): 140-146.

[98] Andersson S. Vibrational excitations and structure of H_2, D_2 and HD absorbed on Ni(100)[J]. Chemical Physics Letters, 1978, 55(1): 185-188.

[99] Gravil P A, Bird D M, White J A. Adsorption and dissociation of O_2 on Ag(110)[J]. Physical Review Letters, 1996, 77(18): 3933-3936.

[100] Rawal T B, Hong S, Pulkkinen A, et al. Adsorption, diffusion, and vibration of oxygen on Ag(110)[J]. Physical Review B, 2015, 92(3): 035444.

[101] Andryushechkin B V, Shevlyuga V M, Pavlova T V, et al. Adsorption of O_2 on Ag(111): Evidence of local oxide formation[J]. Physical Review Letters, 2016, 117(5): 056101.

[102] 王泽新, 陈守刚, 乔青安, 等. 氧原子和羟基在 Ni 低指数表面的吸附动力学研究[J]. 物理化学学报, 2001(11): 1006-1012.

[103] Besenbacher F, Stensgaard I, Mortensen K. Adsorption position of deuterium on the Pd(100) surface determined with transmission channeling[J]. Surface Science, 1987, 191(1–2): 288-301.

[104] Felter T E, Sowa E C, Van Hove M A. Location of hydrogen adsorbed on palladium(111)

studied by low-energy electron diffraction[J]. Physical Review B, 1989, 40(2): 891-899.
[105] Skottke M, Behm R J, Ertl G. LEED structure analysis of the clean and (2×1) H covered Pd(110) surface[J]. The Journal of Chemical Physics, 1987, 87(10): 6191-6198.
[106] 张辉, 刘士阳, 张国英. 化学吸附的量子力学绘景[M]. 北京: 科学出版社, 2004.
[107] Hammer B, Jacobsen K W, Nørskov J K. Role of nonlocal exchange correlation in activated adsorption[J]. Physical Review Letters, 1993, 70(25): 3971-3974.
[108] Berger H F, Leisch M, Winkler A, et al. A search for vibrational contributions to the activated adsorption of H_2 on copper[J]. Chemical Physics Letters, 1990, 175(5): 425-428.
[109] Kay M, Darling G R, Holloway S, et al. Steering effects in non-activated adsorption[J]. Chemical Physics Letters, 1995, 245(2–3): 311-318.
[110] Dianat A, Groß A. Rotational quantum dynamics in a non-activated adsorption system[J]. Physical Chemistry Chemical Physics, 2002, 4(17): 4126-4132.
[111] 化学工业部人事教育司, 化学工业部教育培训中心组织. 吸附分离[M]. 北京: 化学工业出版社, 1997.
[112] 倪安业. 氢分子在钯(100)面吸附特性的微观研究[D]. 重庆: 重庆大学, 2016.
[113] 佚名. 化学吸附与表面吸附态[R/OL]. (2018-06-30)[2019-07-18]. https: //wenku.baidu.com/view/a5a0e33b551810a6f4248685.htm.
[114] Mie G. Zur kinetischen Theorie der einatomigen Körper[J]. Annalen der Physi, 1903, 316(8): 657-697.
[115] Lennard-Jones J E. On the determination of molecular fields., From the equation of state of a gas[J]. Proceedings of the Royal Society of London A: Mathematical, Physical and Engineering Sciences, 1924, 106(738): 463-477.
[116] 罗兴垅. 分子间的相互作用势能与分子力[J]. 赣南师范学院学报, 2012, 33(6): 57-62.
[117] 黄淑清, 聂宜如, 申先甲. 热学教程[M]. 北京: 高等教育出版社, 2011.
[118] 金彦任, 黄振兴. 吸附与孔径分布[M]. 北京: 国防工业出版社, 2015.
[119] 刘大中, 王锦. 物理吸附与化学吸附[J]. 山东轻工业学院学报, 1999, 13(2): 22-25.
[120] Temkin M I, Pyzhev V. Kinetics of ammonia synthesis on promoted iron catalysts[J]. Acta Physicochima URSS, 1940, 12: 327-356.
[121] Zheng S K, Yang Z F, Jo D H, et al. Removal of chlorophenols from groundwater by chitosan sorption[J]. Water Research, 2004, 38(9): 2315-2322.
[122] 田波. 混合吸附剂的渗透率与导热性能试验研究[D]. 上海: 上海交通大学, 2011.
[123] 郑皓宇. 复合吸附剂制备工艺及吸附性能优化实验研究[D]. 济南: 山东大学, 2017.
[124] 林云, 梁晓怿, 李松原, 等. 活性炭/聚氨酯海绵的制备工艺与吸附性能[J]. 现代化工, 2018, 38(7): 162-166.
[125] 张振江, 祝丽荔, 金娟. 聚氨酯泡沫吸附剂的制备及其在金属离子富集/分离方面的应用[J]. 材料导报, 2017, 31(5): 34-39.
[126] 丁彬, 任韬, 斯阳, 等. 一种酚醛树脂基纳米活性碳纤维材料的制备方法[P]. 中国专利: CN102677193A, 2012-09-19.

[127] 王勇，万涛，吴承思，等．高性能酚醛树脂基活性炭的制备及应用[J]．材料导报，2004，18(6)：55-57.

[128] 苑海超．新型硅胶-氯化钙复合吸附剂性能实验研究[D]．大连：大连海事大学，2014.

[129] 刘莉．“超级油烟机”净化效率可达 97%[N]．科技日报，2012-06-21(001).

[130] 冯国忠．17 个厂家入选 2015 年中国吸油烟机“高效净化环保之星”[J]．现代家电，2016(1)：64.

[131] 尚海龙．第二批吸油烟机“高效净化环保之星”发布[J]．电器，2016(1)：37.

[132] 于兆涛．2016 年度第三届中国吸油烟机“高效净化环保之星”发布[J]．电器，2017(1)：37.

[133] 过兆中．提高吸油净化效率的油烟机及集成灶[P]．中国专利：CN207112924U，2018-03-16.

[134] Requia W J, Adams M D, Koutrakis P. Association of $PM_{2.5}$ with diabetes, asthma, and high blood pressure incidence in Canada: A spatiotemporal analysis of the impacts of the energy generation and fuel sales[J]. Science of the Total Environment, 2017, 584–585: 1077-1083.

[135] Zeng X, Xu X J, Zheng X B, et al. Heavy metals in $PM_{2.5}$ and in blood, and children's respiratory symptoms and asthma from an e-waste recycling area[J]. Environmental Pollution, 2016, 210: 346-353.

[136] Zhao Z H, Zhang Z, Wang Z H, et al. Asthmatic symptoms among pupils in relation to winter indoor and outdoor air pollution in schools in Taiyuan, China[J]. Environmental Health Perspectives, 2008, 116(1): 90-97.

[137] Lippmann M. Toxicological and epidemiological studies of cardiovascular effects of ambient air fine particulate matter($PM_{2.5}$)and its chemical components: Coherence and public health implications[J]. Critical Reviews in Toxicology, 2014, 44(4): 299-347.

[138] Huang S L, Hsu M K, Chan C C. Effects of submicrometer particle compositions on cytokine production and lipid peroxidation of human bronchial epithelial cells[J]. Environmental Health Perspectives, 2003, 111(4): 478-482.

[139] Kim M H, Lee H Y, Nam K H, et al. The clinical significance of bronchial anthracofibrosis associated with coal workers' pneumoconiosis[J]. Tuberculosis and Respiratory Diseases, 2010, 68(2): 67-73.

[140] Burt E, Orris P, Buchanan S. Scientific Evidence of Health Effects from Coal Use in Energy Generation[R/OL]. (2013-04)[2019-07-15]. http: //groundwork.org.za/archives/2012/ Climate HealthRoundtables/Health%20effects%20from%20coal%20use%204-10-2013.pdf.

[141] Niu J P, Liberda E N, Qu S, et al. The role of metal components in the cardiovascular effects of $PM_{2.5}$[J]. PlOS ONE, 2013, 8(12): e83782.

[142] Xie Y, Dai H C, Dong H J, et al. Economic impacts from $PM_{2.5}$ pollution-related health effects in China: A provincial-level analysis[J]. Environmental Science & Technology, 2016, 50(9): 4836-4843.

[143] Xu Y S, Liu X W, Zhang Y, et al. A novel Ti-based sorbent for reducing ultrafine particulate matter formation during coal combustion[J]. Fuel, 2017, 193: 72-80.

[144] 闫宝国．高岭土-石灰石复合吸附剂控制燃煤 $PM_{2.5}$ 的研究[D]．武汉：华中科技大学，

2018.
[145] 赵惠忠, 闫坦坦, 贾少龙, 等. 新型复合吸附剂硅胶/氧化石墨烯在开式吸附下的吸附性能研究[J]. 离子交换与吸附, 2018, 34(6): 500-509.
[146] Alinsafi A, Khemis M, Pons M N, et al. Electro-coagulation of reactive textile dyes and textile wastewater[J]. Chemical Engineering and Processing: Process Intensification, 2005, 44(4): 461-470.
[147] Bell J, Buckley C A. Treatment of a textile dye in the anaerobic baffled reactor[J]. Water SA, 2003, 29(2): 129-134.
[148] 谢治民, 陈镇, 戴友芝. 海泡石复合吸附剂研制及处理染料废水性能研究[J]. 环境科学与技术, 2009, 32(2): 130-133.
[149] 谢治民, 陈镇, 戴友芝. 海泡石复合吸附剂吸附活性艳兰机理及再生研究[J]. 化工新型材料, 2008(10): 87-89.
[150] 杜杰伟, 钱作勤, 陈潘, 等. 基于空气倍增的吸附电解净化环保吸油烟机设计[J]. 变频器世界, 2014(6): 55-57.
[151] 艾希顺, 蒋磊, 张丽. 油烟净化排放方法在家用吸油烟机上的应用[C]//中国家用电器协会. 2015年中国家用电器技术大会论文集. 中国家用电器协会: 《电器》杂志社, 2015.
[152] 黄一磊. 李忠. 吸油烟树脂的制备及其性能的研究[J]. 功能材料, 2011, 42(S1): 99-101+109.
[153] 黄一磊, 李忠. 微波辐射制备吸油烟复合材料及其吸附油烟性能[J]. 功能材料, 2010, 41(3): 466-468, 472.

6 光催化净化技术

光催化净化技术[1]是指在有氧条件下对催化剂进行光照，在催化剂表面发生表面吸附物的氧化、还原反应，从而实现有机污染物的降解。因此，光催化净化技术用于净化油烟中的有机物污染存在明显的技术优势。目前常见的半导体光催化剂有 TiO_2、ZnO、SnO_2、WO_3、ZrO_2、CdO、Nb_2O_5、$BaTiO_3$、Fe_2O_3 等氧化物，CdS、ZnS 等硫族化合物，以及 GaP、GaAs、SiC 等其他化合物。

本章首先介绍了油烟光催化净化技术的发展历程，其次重点阐述光催化净化技术的几种常见方法：紫外光催化净化技术、非紫外光催化净化技术以及其他光催化净化技术，从光催化净化机理到研究现状进行全面介绍，最后通过光催化净化技术在油烟净化设备上的实际应用，展望了光催化油烟净化设备的未来发展方向。

6.1 背景介绍

6.1.1 发展历程

油烟成分异常复杂，受到食用油品种和烹饪条件等多方面因素的共同影响[2,3]，在不同烹饪条件下形成的油烟组分也有不小的差异。油烟中的污染物主要为颗粒物、无机物和有机物，有机物包括酸、醛、饱和及不饱和烃类等，其中含量较高的是烷烃和烯烃，其次是醛类化合物。

1972 年，日本学者 Fujishima 和 Honda[4]发现了 TiO_2 可光催化分解水的现象，1976 年，Carey 等[5]首次将 TiO_2 用于光催化降解水中有机污染物。此后，许多学者研究 TiO_2 降解液相有机污染物并取得一定成果。1992 年，Dibble 和 Raupp[6]在紫外线激发条件下，利用自行搭建的反应装置进行 TiO_2 光催化氧化三氯乙烯(TCE)的研究，拉开了光催化降解 VOCs 的序幕。近年来，研究以 TiO_2 为代表的光催化剂在降解有机污染物方面的潜力，已成为世界各国的关注热点之一。

6.1.2 TiO_2 光催化降解有机污染物基本原理

光催化降解有机物污染物的本质是在半导体表面发生的氧化–还原反应，不同于导体连续的能带结构，半导体的能带不连续，分为价带和导带，价带和导带之间存在一定宽度的禁带，只有当半导体(光催化剂)吸收大于其禁带宽度(E_g)的光能时，电子(e^-)才能从价带跃迁到导带，同时在价带形成空穴(h^+)。空穴具有强氧化性，电子具有强还原性，电子或空穴可以直接与反应物作用，也可以与吸附在光催化剂上的其他电子供体和受体反应，将有机污染物降解为二氧化碳、水及其他副产物[7]。

TiO_2光催化剂为n型半导体，能带向上弯曲[8]，当能量大于TiO_2禁带宽度的光源照射在TiO_2上时，光辐射能够激发TiO_2价带上的电子跃迁到导带上，形成导光生电子e^-(electron)，同时在价带上留下带正电的空穴h^+(hole)，即$TiO_2+h\nu \rightarrow e^-+h^+$。半导体能带具有不连续性，从而提供了足够的时间和场所让光生电子和空穴在电场作用下或通过扩散方式，迁移到TiO_2表面与吸附在半光催化剂表面上的污染物质发生氧化还原反应；还有些未发生氧化还原反应的电子和空穴可能被半导体表面晶格缺陷(lattice defect)所捕获(俘获)；剩余的则会在催化剂粒子内部或表面直接复合。催化机理示意图如图6-1所示，吸附在催化剂表面的O_2和H_2O_2可以在光生电子的作用下分别生成超氧自由基$\bullet O_2^-$和羟基自由基$\bullet OH$；同时吸附在催化剂表面的H_2O和OH^-在光生电子的作用下也可生成$\bullet OH$，超氧自由基和羟基自由基的氧化性极强，能够无选择氧化多种有机态化合物，使之矿化成无污染的无机态化合物，利用这些活性很高的氧化剂中间体，可以达到净化油烟的目的。

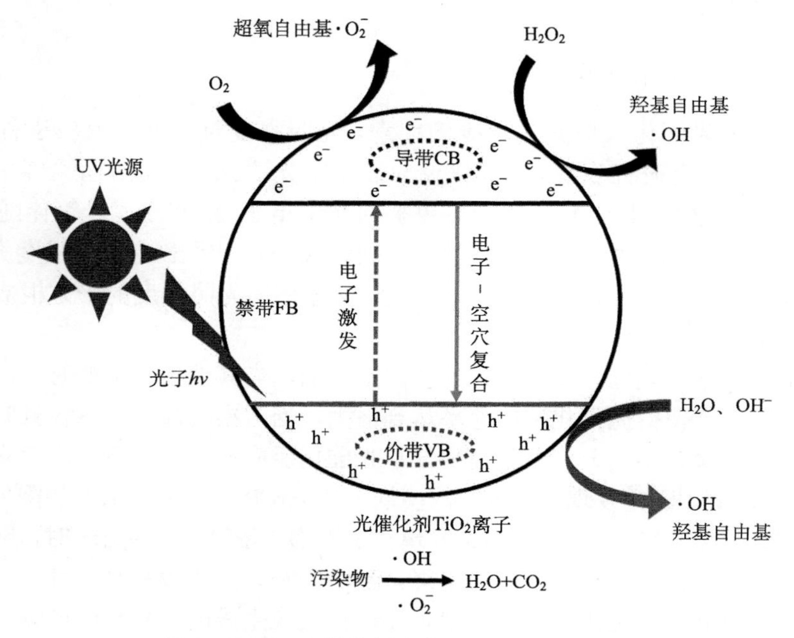

图6-1 TiO_2光催化剂净化污染物机理示意图

6.1.3 TiO_2光催化降解有机污染物的影响因素

影响 TiO_2 光催化降解有机污染物的因素主要有两个方面：一是材料本身的结构特性，如材料结晶度、缺陷分布、形貌、粒径及比表面积等；二是光催化反应的条件，如光源波长、光照强度、污染物起始浓度、反应温度、相对湿度等。

1. 材料结构的影响

TiO_2 可分为无定形和结晶型两种，结晶型又可分为锐钛矿、金红石和板钛矿三种晶相。一般来讲，无定形 TiO_2 内部存在大量缺陷，过多的缺陷可能会成为光生载流子的复合中心，导致光生载流子分离效率降低，光学活性较结晶型 TiO_2 差。一般用于光催化反应的为锐钛型 TiO_2 和金红石型 TiO_2。有研究表明[9]，锐钛型和金红石型混晶的材料光催化活性更高，目前广泛使用的商用催化剂 P25 就是混晶结构。材料粒径和比表面积会影响 TiO_2 光催化降解有机物的性能，一般来说，光催化剂粒径越小，相应的材料比表面积就越大，材料对污染物的吸附能力相应增强。Grosso 等[10]经过 700℃高温煅烧制备得到的高孔隙度(35%)纯锐钛型中孔 TiO_2，孔径主要分布在 7nm，比表面积＞$100m^2/g$。如果可以通过调控材料粒径及比表面积，制备高结晶度、大比表面积微孔 TiO_2 材料用于净化有机物，将极大推动此项技术的发展。

2. 光催化反应条件的影响

光照作为光催化反应必不可少的因素，光照强度对光催化反应进程起着至关重要的作用。有研究表明，光催化反应速率随光照强度的增加呈增大的趋势，光照强度的增强使得 TiO_2 表面产生更多的光生电子-空穴对，尽管伴随着部分电子和空穴的复合，但仍然加快反应的进程。Obee[11]提出当光照强度大于 1～$2mW/cm^2$(波长 350～400nm)时，光催化氧化速率与光照强度的平方根成正比，这与 Jacoby 等[12]的研究相符。

污染物浓度对光催化反应进程也会产生影响，当其他条件不变时，污染物浓度适宜情况下会使得光催化反应速率达到最大。当污染物起始浓度较低时，反应物与光催化剂接触不充分，吸附速率低于光催化反应速率，导致反应速率较低。Obee 和 Brown[13]研究发现，当甲苯浓度低于 4ppm 时，随甲苯浓度的降低，光催化氧化速率显著下降。Yu 等[14]测试发现，污染物总浓度低于 9ppm 时，随污染物浓度降低，光催化氧化速率也明显下降。当污染物总浓度较高时，容易使催化剂中毒失活，不利于反应进行，这主要是光催化反应生成的大量中间产物占据了光催化剂表面活性位点所导致的。

反应温度也会对光催化反应产生影响，不仅影响光催化反应动力学，而且会影响催化剂对污染物的吸附效果。Huang 等[15]研究发现，光催化剂表面吸附污染物随温度升高呈下降的趋势。Seo 等[16]研究发现，随着反应温度的升高，甲苯降解呈下降趋势。Zorn 等[17]发现，当反应温度处于 30～77℃时，气态丙酮去除效率维持在 95%左右。

水分子吸附在光催化剂表面与空穴发生反应生成羟基自由基，进而影响光催化反应的速率。Luo 和 Ollis[18]在光催化降解甲苯实验中发现，在无水蒸气存在条件下，光催化降解甲苯受到严重抑制，对于甲醛、丙酮这类气体同样有类似的现象。Obee 和 Hay[19]研究发现，当水蒸气量过大时，水蒸气与污染物存在“竞争吸附”，会抑制光催化反应速率。Ao 等[20]研究发现，水分子的存在会影响光催化反应中间产物或者副产物的生成，随着湿度的增大，甲醛光催化降解过程中产生的甲酸会呈下降的趋势。Sleiman 等[21]以甲苯为目标污染物光催化研究发现，在缺乏水蒸气条件下，甲苯易生成小分子的中间产物(甲醛、乙二醛等)，RH 为 40%时，能检测到甲酚和苯甲醇等中间产物。

3. TiO_2光催化降解有机污染物存在的问题

光催化净化有机污染物在实际应用中存在吸附速率低和矿化率不高的问题，已成为制约该技术发展的瓶颈。一般情况下，污染物分子首先被吸附到光催化剂表面后再进一步分解，这样更有利于污染物的降解。然而室内污染物浓度通常处于较低水平(ppb～ppm 级)，浓度过低导致催化剂吸附 VOCs 及中间产物难度增加，常规 TiO_2对低浓度有机物吸附性能较差，中间产物容易脱附，限制后续光催化反应，此时吸附效率成为高效矿化有机物的前提条件[22,23]。然而，大部分学者将研究重点放在提高有机物去除效率方面，而忽视了矿化效果及副产物问题。矿化效率不高间接说明大部分有机污染物被矿化成其他中间产物，而并未转化成 CO_2和 H_2O。有研究发现[24]，在有机物降解过程中，会产生醛、酮和其他有机酸，这些副产物具有毒性和刺激性气味，已成为污染物的另外一种来源，而且产生的副产物会致使催化剂中毒，出现失活，导致光催化剂催化性能下降。

6.2　光催化净化技术及其机理

6.2.1　紫外光催化净化技术

1. 紫外光催化技术

紫外线(ultraviolet ray, UV)是电磁波谱中波长 10～400nm 的辐射的总称。光催化氧化技术是一种比较成熟的废气处理技术，其中 TiO_2光催化应用技术工艺简单，成本低廉，利用自然光即可催化分解细菌和污染物，具有高催化活性、良好的化学温度性和热稳定特性、无二次污染、无刺激性、安全无毒等特点。UV 光催化氧化是在一定波长的紫外灯光照下，利用催化剂的光催化特性，使通过其表面的废气分子发生氧化-还原反应，最终将有机物氧化成 CO_2、H_2O 及其他无机小分子物质。同时波长在 240nm 以下的紫外线(通常选择波长为 185nm 的紫外线)能够分解空气中的氧分子产生出游离氧，因游离氧所携带的正负电子呈不平衡状态，容易与氧分子结合，进而产生臭氧，臭氧具有强氧化性，也具有净化有机污染物的性能。油烟废气由引风机引入，依次经过光触媒催化区、无极灯光解区、光触媒催化区和氧化区，发生臭氧氧化和催化氧化反应而被净化。适当增加催化剂比表面积，发挥均布导流的结构，在有限的空间内最大限度保证和紫外线的充分接触，增加活性粒子和废气污染物的接触机会和时间都是提高污染物净化效率的有效途径。紫外光催化技术已广泛应用于喷涂、电子、漆包线、印刷、彩印皮革、制药和城市污水站下水道等产生的有机废气净化和脱臭处理[25]。

光解催化净化设备主要利用了光解技术和催化氧化技术。在紫外线的作用下，光催化剂产生强氧化性的光生空穴和高活性自由基氧化分解有机污染物。TiO_2 价格低廉，来源广泛，对紫外线吸收率较高，对很多有机物有较强的吸附作用，是研究最多的一类光催化剂。为了提高催化剂的活性和适应不同类型的废气处理，需要对 TiO_2 的结构和组成进行调节，例如，添加贵金属铂、钯、钌和过渡族元素的氧化物以及稀土元素的氧化物等。贵金属催化剂有很高的氧化活性和易回收等优点，但是资源存量少、价格昂贵且易中毒失活，复合氧化物虽可改善某些光催化性能，但氧化活性不及贵金属。

2. 紫外光解有机污染物反应机理

1) 光分解反应

紫外光解法作为一种全新的利用物理和化学双重方式进行油烟净化的方法，已经得到越来越多的重视和研究。其原理为：设备发出 100～280nm 特定波长的紫外线激发油烟中的油烟分子，将油烟分子链切断，形成激发态的油烟分子；这些物质与氧气或臭氧反应，形成微量无烟型固态粉末并生成二氧化碳和水，完成对油烟污染的光解净化。

含氯有机物(如三氯乙烯(TCE)、1,2-二氯乙烯等)在光解过程中会生成 Cl•，Cl• 能够促进污染物的氧化过程[26,27]，其作用机理如下[28]：

$$CCl_2{=\!=}CHCl+h\nu \rightarrow HClC{=\!=}CCl\cdot+Cl\cdot \tag{6-1}$$

$$CCl_2{=\!=}CHCl+Cl\cdot \rightarrow CHCl_2CCl_2\cdot \tag{6-2}$$

$$CHCl_2CCl_2+O_2 \rightarrow CHCl_2CCl_2OO\cdot \tag{6-3}$$

$$2CHCl_2CCl_2OO\cdot \rightarrow 2[CHCl_2CCl_2O\cdot]+O_2 \tag{6-4}$$

$CHCl_2CCl_2O\cdot$ 的分解途径有两种：①失去 Cl 原子后生成二氯乙酰氯[$CHCl_2CCl(O)$]；②C—C 键断裂后形成二氯甲基($CHCl_2$)和光气(CCl_2O)，如式(6-5)和式(6-6)所示。

$$CHCl_2CCl_2O\bullet \rightarrow CHCl_2CCl(O) + Cl\bullet \tag{6-5}$$

$$CHCl_2CCl_2O\bullet \rightarrow CHCl_2 + CCl_2O \tag{6-6}$$

2)氧化反应

(1)羟基自由基氧化。

HO · 是一种强氧化剂，可以氧化多种有机化合物且反应速度较快，一般在 $10^8 \sim 10^{10}$m · s^{-1}。O_3 吸收紫外线后形成单重态氧原子，进而与水分子反应生成 2 个 HO•[29]。

$$O_3 + h\nu(<310nm) \rightarrow O(^1D) + O_2 \tag{6-7}$$

$$O(^1D) + H_2O \rightarrow 2HO\bullet \tag{6-8}$$

羟基自由基进攻烃类物质后，氢原子转移生成 H_2O 和烷基自由基[30]。对于有取代基团的烃类化合物，其与 HO•的反应速度随着分子量的增大而增大，含有 15 个 C 原子的有机物和 HO•的反应速度，可达 1.80×10^{-11} (cm^3 · s)/mol[31]。羟基自由基进攻烃类有机物的方式有两种：与双键的加成和取代活性氢，与不饱和烃(如氯乙烯等)发生加成反应，与饱和烃(如三氯甲烷等)则发生取代反应。HO•进攻苯环是以亲电试剂的形式进行的，苯环上如果有拉电子基团(如硝基、羧基等)，则可促进苯环上的亲电取代反应生成苯酚，苯酚易氧化，与氧分子反应生成苯醌，苯醌继续与 HO•发生反应而将苯环打开。一般来说，此类反应的反应速度可随着分子量的增大而增大，由 7.0×10^{-12} (cm^3 · s)/mol 增大到 9.0×10^{-11} (cm^3 · s)/mol。

羟基自由基活性高，反应性很强，但稳定性差，其湮灭过程可以表示为以下反应式：

$$HO\bullet + O_3 \rightarrow HO_2 + O_2 \tag{6-9}$$

$$HO\bullet + HO_2\bullet \rightarrow H_2O + O_2 \tag{6-10}$$

$$HO\bullet + O \rightarrow H\bullet + O_2 \tag{6-11}$$

$$HO\bullet + HO\bullet \rightarrow H_2O + O \tag{6-12}$$

(2)臭氧氧化。

在氧化分解有机污染物时，相比羟基自由基氧化速度和紫外光解速度，臭氧氧化速度一般都小得多，Bhowmick 和 Semmens 的研究表明在 1h 臭氧氧化氯仿的量相当小，另外，水溶液中实验结果也表明，臭氧氧化氯仿的过程符合一级动力学特性，其反应速度与有机物及臭氧的浓度有关[32]。臭氧氧化气态正构烷烃的速度常数一般从 1.4×10^{-24} (cm^3 · s)/mol 到 7.9×10^{-24} (cm^3 · s)/mol，臭氧氧化气态

烯烃的速度一般在 1.75×10^{-18}～2.0×10^{-16} ($cm^3\cdot s$)/mol，远低于羟基自由基与污染物的反应速率。研究还发现臭氧氧化取代烷烃的反应速率随着取代烷烃中 Cl 原子数量增加而减小，臭氧氧化二氯甲烷的速率比氧化四氯化碳的速率要高出两个数量级以上，因为取代基越多，空间效应和诱导效应的发生概率越大。如果只考虑处理效果，紫外-臭氧(UV-O_3)联合技术的净化效率比单独紫外光解技术高，这是因为：①联合技术中紫外光强度对处理效果的影响更小；②臭氧自身具有氧化性，能够氧化有机物；③臭氧缩短了分解含氯有机物的自由基链式反应的历程；通过参与下列反应生成更多的 Cl•，进而激发链式反应，加速整体降解速度。

$$O_3 + h\nu \rightarrow O + O_2 \tag{6-13}$$

$$Cl\bullet + O_3 \rightarrow O_2 + ClO\bullet \tag{6-14}$$

$$O + ClO\bullet \rightarrow Cl\bullet + O_2 \tag{6-15}$$

(3) UV 光催化。

对于波长较长的紫外线，加入光催化剂能够显著提高污染物净化效果。光催化反应发生条件较温和，能够在常温常压的条件下进行。有研究指出，光催化氧化反应不能缺少水分子，一旦缺少水分子，催化剂表面的 HO•全部被消耗掉后就无法再次生成，催化剂就会永久性失活。但湿度过高则会阻碍反应的进行，尤其是当有机废气的浓度较高时，抑制作用尤为明显，这一缺陷极大地限制了光催化技术在处理高湿环境中废气的应用推广。所以，为了确保催化剂的催化活性和使用寿命，需要维持环境相对湿度在 23%左右。紫外线波长也会影响光催化效率，一般来说，波长较短(波长小于 254nm)的紫外光催化效率要高于波长较长的紫外线的催化效率。例如，当使用氧化锌作为催化剂时，200W 辐射波长较长的高压汞灯完全降解三氯乙烯需要 1500min，但是 14W 辐射波长较短的低压汞灯在相同条件下降解三氯乙烯只需 10min。

光催化降解有机物的反应速度因压力的降低而升高，绝对压力为(6～10)×6.894×10^3Pa 时的反应速度要远远大于绝对压力为(10～21)×6.894×10^3Pa 时的反应速度，即便是在相对湿度较大、污染物浓度较低时，反应速度也较快，这跟常压条件下是截然不同的。

催化剂是光催化氧化技术的核心，催化剂一旦失活便没有催化活性，不再具备净化污染物的性能，所以催化剂的再生就是一个值得研究的课题，在 H_2O_2 存在的条件下照射催化剂或向体系中加入一定湿度的空气可以使催化剂再生。

3. 紫外光催化技术的影响因素

影响紫外线光催化净化有机污染物性能的主要因素有紫外线波长、起始温度、初始浓度、相对湿度、停留时间、反应介质等[33]。

1）废气浓度的影响

紫外光催化技术适用于低浓度有机废气的治理，对浓度为 20～200ppm 以下的污染物的净化效果较好，随着污染物浓度增高，降解效率会降低。目前广泛采用的是 185nm 和 254nm 两个波段的真空紫外灯，这是由于真空紫外灯发射的紫外线能量强度有限，单位时间内光解能量不足，效率下降，单纯增加灯管的数量对高浓度有机气体的净化并无多大改善。

2）相对湿度的影响

一定的湿度条件下，氧气吸收了大部分 185nm 的紫外线，但是随着湿度的进一步增大，一部分水蒸气与氧气竞争吸收 185nm 波长的紫外线，水蒸气吸收了更多的 185nm 紫外线，同时产生更多羟基自由基。水蒸气与活性氧反应生成羟基自由基，羟基自由基的氧化性要强于臭氧和活性氧，从而促进光解过程，提高单位时间内对于废气的去除效率，实验证明相对湿度在 30%～65%范围内，光解效率是上升的，相对湿度超过 70%后光解效率随之逐渐下降。

3）风速和绝对湿度差的影响

大量实验证明风速越大，进出口的绝对湿度差越小，羟基自由基产生量的绝对值也越少。因此在风速小的情况下，羟基自由基在净化有机物污染物方面发挥着主要作用；风速大的时候，羟基自由基降解有机物的作用就十分有限。在设备测试中，风速在低于 2m/s 的时候，污染物净化效果好；风速大于 6m/s 的时候，进出口的绝对湿度差非常小，光催化效率极低。在一定的设备空间内，风速同时影响停留时间，延长停留时间有利于增加污染物与氧化剂的碰撞次数，提高废气去除率。当停留时间达到 10s 后，延长停留时间，废气的降解效率增加并不明显。所以在低浓度下，延长停留时间并不能等效地增加废气去除效率。

4）光源的选择和影响

影响紫外光解技术应用的设备因素主要有：市场上的紫外灯引发的直接光解速度一般比较小；紫外灯的使用寿命比较短；在气相中很难生成大量的•OH、臭氧等活性物质。所以，许多研究者开始把研究点集中在紫外灯光源上。

根据前文所述，紫外线在波长为 185～380nm 时是最有效的，有机化合物及其光解产物可以最大限度地得到降解。低、中压汞灯属于典型的 UV 灯源，其主波长都在 254nm 左右，其中 15%的光辐射波长为 185nm。其余灯源的波长范围在远红外区和可见光区上，这些光源一般不能直接用在有机物的光解过程中，因为大多数有机物不能吸收可见光。所以，当光源为低压汞灯时，有机物的清除主要依靠羟基自由基的强氧化作用。此类低压汞灯常常被用于光解水中的有机化合物，而且需要添加一定量的氧化剂（如臭氧、过氧化氢等），其目的是利用波长为 254nm 的紫外线对氧化剂进行光解，使得氧化剂生成大量的•OH。这类汞灯无法用于气相反应，尤其是在不含臭氧的条件下，几乎没有任何光解效果。近年来，研究者研制出可以在线生成臭氧的紫外灯，其主波长为 185 nm，但汞原子自身可以吸收紫外线，限制了该类汞灯的能量输出。

除了低压汞灯外，研究较多的光源还有氮气闪光灯。等离子体氮气闪光灯可以生成光照强度较大的紫外线，其波长小于 250nm，很适合用于直接光解。此外，氮气闪光灯与常规意义的弧线汞灯不同，它的波长一般在可见-紫外线区(200～300 nm)和远红外区，等离子的光照强度和温度决定了氮气闪光灯的波长。

在光化学氧化技术中，主要的较长波长的紫外灯有，波长范围为 330～360 nm 的氩离子激光灯和波长范围为 300～500 nm 的荧光紫外灯源等。在 UV-TiO_2 光催化体系中一般采用这类光源，其输出功率(400W)要比闪光灯和低压汞灯的输出功率高出很多，生成的高能量密度可见光对催化光解气态三氯乙烯和甲苯具有很好的效果[34]。

目前，一般选择 185nm 和 254nm 两个波段的真空紫外灯，市场上的紫外灯管质量良莠不齐，真空紫外设备进口的风速影响了紫外灯的灯管表面温度，灯管表面温度与紫外灯的发光效率也有直接关系，灯管表面温度高于某一数值时会直接影响其发光效率。

5) 合理的设备空间布局和结构

对于净化设备的制造也有一些问题要注意，目前紫外光催化治理有机污染物设备的自动化程度低，基本还没有自动检测和监控功能，所以对产品的整体效果不能够进行有效的效率评估。要合理地处理好催化剂的布置、数量，准确处理好透光性和气体的流速，进行合理的能量匹配和结构优化。

6.2.2 改善 TiO_2 光催化性能研究

常规 TiO_2 材料对低浓度有机污染物吸附效率低，极大程度上限制了催化剂对污染物的去除效率。因此，开发强化吸附效果的 TiO_2 以强化光催化降解室内 VOCs 能力成为研究者的基本思路[35,36]。总体上，吸附强化光催化 TiO_2 材料分为两种：吸附剂负载型 TiO_2 材料和多孔 TiO_2 材料。

吸附剂负载型 TiO_2 材料常用的载体有活性炭、沸石、多孔二氧化硅、黏土矿物、氧化铝等。吸附剂负载型 TiO_2 的吸附光催化过程为低浓度污染物首先被吸附到吸附剂的吸附位点上，再通过扩散作用到达催化剂表面的催化位点发生反应，导致负载型光催化剂存在吸附位点与催化位点分离、污染物被吸附但并未进行光催化降解的情况，且吸附剂具有选择性，特定载体对不同污染物的吸附效果不同。这也限制了材料的光催化性能。杨访等[37]采用浸渍法在蜂窝活性炭(ACH)表面负载纳米 TiO_2 颗粒，制备出 ACH/TiO_2 材料，并在自制的光催化反应器中进行甲苯的动态催化降解实验，结果表明负载材料取得良好协同效果。易长思等[38]采用溶胶-凝胶法制备负载有纳米 TiO_2 的泡沫镍网，并应用自制间歇式光催化反应装置研究气相甲苯降解，结果表明材料对甲苯的去除效率可达 87%。

一种加强催化剂吸附污染物能力的手段是调控材料结构，实现吸附位点和催化位点的高效统一，避免污染物由吸附位点向催化位点扩散及吸附剂的选择性问题。根据 IUPAC 的规定，将材料分为中孔（孔径 2～50nm）和微孔（孔径＜2nm）材料。Antonelli 和 Ying[39]采用溶胶凝胶法首次制备出有序中孔 TiO_2。Lee 等[40]提出了软硬合成方法（CASH）进一步提高了有序孔道的结晶度和热稳定性，但中孔对低浓度有机污染物的吸附量低，不适宜应用于低浓度污染物的治理。

微孔材料由于相邻孔壁势场叠加具有优异吸附能力。目前文献报道的含有微孔的晶体 TiO_2 比表面积小于 $168m^2/g$，微孔含量过低[41,42]。Chandra 和 Bhaumik[43]以自行合成的中性有机配体为模板剂制备出无定型微孔二氧化钛，比表面积高达 $634m^2/g$，是现今比表面积最大的微孔 TiO_2。Lyu 等[44]研究发现该材料虽对低浓度有机污染物吸附能力强，但光学活性差，对甲苯等难降解的有机污染物去除效率较低。同时 Lyu 等[36]为提高微孔 TiO_2 光学活性，制备了锐钛矿型微孔 TiO_2，结晶度显著提高，比表面积达 $258m^2/g$，可高效降解 ppm 级甲苯气体，但是体相缺陷仍较多，光学活性及矿化效率仍需提高。故亟需开发一种吸附效率及光催化矿化效率俱佳的材料。

为提升材料吸附效率和光催化活性，有研究者提出调控材料形貌、金属离子掺杂、非金属离子掺杂、复合半导体、贵金属修饰、TiO_2 光敏化等手段。

1. 金属离子掺杂

金属离子是电子的有效接受体，可以捕获 TiO_2 导带中的电子，掺杂金属离子可在 TiO_2 晶格中引入缺陷或改变结晶度从而调节材料的光量子效率。不同金属掺杂效果不同，Huang 等[45]研究了不同金属负载 TiO_2 降解苯的效果，结果发现去除效率分别：$Mn/TiO_2 > Co/TiO_2 > Ni/TiO_2 > P25 > Cu/TiO_2 > TiO_2 > Fe/TiO_2$，$Mn/TiO_2$ 去除效率可达 58%，而 Fe/TiO_2 只有 45%。

掺杂剂浓度对反应活性也有很大的影响，Wilke 和 Breuer[46]研究了掺杂 Cr^{3+} 或 Mo^{5+} 的 TiO_2 光催化降解罗丹明 B（$C_{28}H_{31}ClN_2O_3$）的性能，研究发现，Cr^{3+} 掺杂浓度的增加未明显提高材料对罗丹明 B 的吸附性能，而 Mo^{5+} 掺杂浓度的增加则显著提升了材料对罗丹明 B 的吸附性能。

多种金属共掺杂也可以提高材料吸附能力。张浩等[47]制备出一系列 Cu-Ce 掺杂的 TiO_2 材料，形成锐钛矿型和金红石型 TiO_2 混晶结构，并利用环境测试仓模拟室内环境，测定材料降解甲醛的效率并进行系列的表征，结果表明，掺杂材料吸附能力明显提高，表面电子空穴复合减少，且光吸收带边发生红移。

由于许多金属离子具有比 TiO_2 更宽的光吸收范围，可将吸收光进一步延伸到可见光区，有望实现将太阳光作为光源[48]。Gao 等[49]以稀盐酸和钛酸丁酯为原料，采用溶胶-凝胶法(sol-gel)制备了掺杂稀土的光催化剂 RE/TiO_2(RE=La、Ce、Er、Pr、Gd、Nd、Sm)，并以 NO_2^- 为目标降解物，考察了其光催化氧化活性。结果表明，适量 Re 的掺入，可有效扩展 TiO_2 的光谱响应范围，有利于 NO_2^- 的吸附，使 TiO_2 活性均有不同程度的提高。其中掺杂 Gd 样品的红移最大，光催化活性最高，其最佳掺杂量为 0.5%(质量分数)。

张峰等[50]向 TiO_2 中掺入 Rh、V、Ni、Cd、Cu、Fe 等金属元素后，发现在 400～600nm 范围内光响应普遍增强，其中 V 最为显著，当 V 掺杂量为 1%时，TiO_2 可见光下降解 H_2S 溶液的活性提高了近 3 倍。实验证实了 V 以离子形式存在，并以间隙离子的形式存在于 TiO_2 晶格中。在 H_2 气氛中的粉末电导研究表明 V/TiO_2 表现出杂质半导体的导电行为，并且得出杂质跃迁所需的电导活化能低于本征激发活化能的结论，从而解释了掺杂后的材料对可见光具有较佳光谱响应的原因。孙晓君等[51]用溶胶-凝胶法制备了掺入 V 的 TiO_2，结果得出同样的结论：V 的掺入可以使 TiO_2 的吸收光谱向可见光方向移动，当 V 掺杂量为 1%时，在模拟太阳光下降解苯酚溶液的光催化性能最好，这是由于生成了新相 $Ti_{1-x}V_xO_2$ 以及 V 对 O 较强的极化效应。

Iwasaki 等[52]报道了对 TiO_2 掺入 Co^{2+} 后对波长大于 400nm 的可见光响应得到增强，当 Co^{2+} 掺杂量在 1%～27%(原子百分比)范围内时紫外线(λ>300nm)和可见光下(λ>400nm)降解甲醛的速率都得到提高，而掺杂量为 3%时两种光源下的光催化活性都最好。同时还得出结论：掺 Co 的 TiO_2 在可见光下的光催化活性还取决于 Co 的价态，因为 Co^{3+} 掺杂的 TiO_2 在可见光下几乎不能降解甲醛。但其研究没有解释 Co^{2+} 掺杂 TiO_2 的可见光响应机理。

Zhao 等[53]用溶胶-凝胶法制备了掺杂贵金属 Au 和 Ag 的 TiO_2 薄膜电极，其摩尔比 n(Au、Ag)/n(Ti)=0～0.06。研究表明，随 Au 或 Ag 含量的增加，掺杂 TiO_2 的薄膜对可见光的吸收增加，其中 Au/TiO_2 尤其显著，这是由纳米金属颗粒的表面等离子共振引起的。未掺杂的 TiO_2 只在紫外线光区出现阳极光电流，而在可见光区没有出现阳极光电流，但 Au/TiO_2 和 Ag/TiO_2 在可见光波段(420～700nm)都出现了阳极光电流，这是由于 Au/TiO_2 和 Ag/TiO_2 样品被可见光照射后，表面等离子共振使金属粒子周围的振荡电场增强，导致从表面态向 TiO_2 导带的电子易于激发。Au/TiO_2 和 Ag/TiO_2 电极在 560nm 处都出现光电流最大峰，表明表面态位于 TiO_2 导带边下面 2.2eV 处，但表面态的来源还不清楚。Zakrzewska 等[54]用磁控溅射法制备了 Ag/TiO_2 和 Au/TiO_2 薄膜。研究表明，经 400℃退火的 Au/TiO_2 薄膜和 Ag/TiO_2 薄膜分别在 580～630nm 和 430～450nm 处出现新吸收边，这是由纳米金属颗粒的表面等离子共振引起的，且新出现的吸收边的位置与贵金属纳米颗粒的含量、大小和分布有关。Yoon 等[55]用磁控溅射法制备了 Pt/TiO_2(摩尔比 n(Pt)/n(Ti)=0.18)纳米复合薄膜，Pt 的掺入使 TiO_2 的吸收边由原来的 350nm 红移到 450nm，Pt/TiO_2 在紫外线和可见光下(400nm＜λ＜600nm)都有光电流响应，而 TiO_2 只在紫外线下才有光电流响应，其中可见光区域的光电流归因于均匀分布的 Pt 颗粒与 TiO_2 基体之间形成的界面态。

掺杂金属离子提高 TiO_2 光催化性能的机制可概括为以下方面[56]：首先，掺杂可以形成捕获中心，价态高于 Ti^{4+}的金属离子捕获电子，价态低于 Ti^{4+}的金属离子捕获空穴，抑制 h^+/e^-的复合；其次，掺杂可以形成掺杂能级，使能量较小的光子能够激发掺杂能级上捕获的电子和空穴，提高光子的利用率；再次，掺杂可造成晶格缺陷，有利于形成更多的 Ti^{4+}氧化中心。但是，关于掺杂能级的形成机理，即掺杂能级的来源，目前还没有达成共识。

2. 非金属离子掺杂

非金属离子掺杂方法主要包括氮掺杂、碳掺杂、硫掺杂和一些卤素的掺杂。

1)氮掺杂

2001 年，*Science* 报道了日本科学家 Asahi 等[57]用非金属 N 掺杂 TiO_2 制备光催化剂 $TiO_{2-x}N_x$ 的研究，该课题组采用 RF 磁控溅射法在不同气氛热处理下制备了氮原子取代部分氧的 $TiO_{2-x}N_x$ 黄色透明薄膜，从而将光催化剂 TiO_2 的光激发波长扩展到 400～520nm 的可见光区，并保持其紫外光区光催化活性不变。甲基蓝和乙醛降解实验证明此光催化剂在紫外线和可见光下都显示出较高的光催化活性。X 射线光电子能谱(XPS)测试结果表明氮离子可以取代 TiO_2 晶格中的部分氧，在晶格中形成 N^-，形成的受主能级位于价带之上，价电子可先热激发到 N^{2-}上形成 N^{3-}，然后再激发到导带，使其吸收带红移。实验结果表明形成新的掺杂能级后，禁带变窄，使 TiO_2 光催化剂在可见光区域具有高的光催化活性。Burda 等[58]采用室温下三乙胺直接胺化 6～10nm 胶体 TiO_2 颗粒的方法制备 N 掺杂的 TiO_2，纳米尺寸掺杂可使 N 的浓度高达 8%，N 掺杂使 TiO_2 的吸收边由 380nm 红移到 600nm，在 540nm 可见光激光束下降解甲基蓝溶液的实验表明，$TiO_{2-x}N_x$ 粉末显示了很高的光催化活性。Ferrari-Lima 等[59]对 N 掺杂 TiO_2 和 ZnO 可见光催化降解苯、甲苯、二甲苯的性能进行研究，发现 N 掺杂能显著提高反应速率，并且光学吸收带边发生红移。Ghicov 等[60]采用经典离子注入法掺杂 N，与未修饰 TiO_2 相比，紫外线光区吸收增强，禁带宽度仅为 2.20 eV。Sun 等[61]研究了 N、Pt 等掺杂 TiO_2 净化室内空气，研究发现 $Pt/N\text{-}TiO_2$ 光催化剂活性是 P25 的 5.5 倍，并可以实现对乙醇、丙酮、己烷、甲苯和三氯乙烯的高效去除。

2)碳掺杂

Khan 等[62]研究了化学改性碳掺杂 TiO_2 可见光响应型电极，通过把钛薄片在天然气火焰中热解合成了化学改性的 TiO_2，认为天然气燃烧生成的 CO_2 有利于 C 原子进入 TiO_2 薄膜，并置换 TiO_2 中的晶格 O 原子，而燃烧生成的 H_2O 则加速 TiO_2

薄膜的形成。钛薄片厚 0.25mm，通过控制制备条件而获得的深灰色金红石相薄膜可见光光，响应最好。XPS 结果表明其禁带宽度缩减至 2.32eV，吸收波长红移至 535nm，光分解水实验表明，C 掺杂 TiO_2 光化学转化效率比未掺杂的 TiO_2 提高了近 8 倍。

3）氟掺杂

Lin 和 Yu[63]采用溶胶–凝胶法制备氟掺杂的 TiO_2 粉末，选用 NH_4F 作为掺杂剂，分别制备了 F/Ti 原子百分比为 0.5%、1%、3%、5%、10%和 20%的 F/TiO_2 粉体。实验结果表明，氟的掺入增强了 TiO_2 在可见光区域的吸收。随着氟含量的增加，不仅能阻止板钛矿相的形成，而且能阻止锐钛矿相向金红石相的转变。当 F/Ti 原子百分比为 0.5%～3%时，经 500℃处理的 F/TiO_2 样品在紫外线下降解丙酮的性能都高于 P25。

4）硫掺杂

Umebayashi 等[64]采用氧化退火 TiS_2 的方法制备了硫掺杂的 TiO_2。TiS_2 在 600℃下退火后转变成锐钛矿相 TiO_2，Umebayashi 认为残留的硫占据 TiO_2 晶格中 O 的位置，形成 Ti—S 键；硫掺杂使得 TiO_2 的吸收边向可见光方向移动。

3. 复合半导体

复合半导体也称异质结复合技术[65,66]，由一种与 TiO_2 禁带宽度不同的半导体进行复合，由于不同半导体的价带、导带和带隙不一致而发生交叠，从而有利于实现光生电子和空穴的有效分离，抑制 h^+/e^- 的复合，提高 TiO_2 光量子产率和光催化效率，扩展 TiO_2 的光谱响应范围[67]。从本质上看，半导体复合可以看成是一种颗粒对于另一种颗粒的修饰，复合方式包括简单的组合、掺杂、多层结构和异相组合等。

图 6-2 形象地说明了 M_xN_y(M=Zn、Cd、Sn 等，N=O、S 等)-TiO_2 复合半导体的光激发过程。当激发光的能量小于 TiO_2 的禁带宽度时，它不能直接激发 TiO_2 部分的电子，但是 M_xN_y 的禁带宽度比 TiO_2 的禁带宽度小，它可以激发 TiO_2 部分的电子，空穴继续保留在 TiO_2 中，但是电子在这个过程中将会转移到 TiO_2 的导带上，电子从 TiO_2 到 M_xN_y 的过程中提高了电荷分离的效率。Spanhel 等[68]提出了“夹心结构”：首先，复合物的禁带宽度要尽可能比 TiO_2 的禁带宽度窄，从而使 TiO_2 复合催化剂吸收光谱发生红移，提高 TiO_2 的可见光催化活性和太阳能的利用率；其次，复合物的导带位置高低要适合，能有效促进光生电子和空穴的分离，提高光量子效率。

近年来，各国学者对各类半导体修饰 TiO_2 的可见光催化性能进行了大量研究。其中研究最为广泛、深入的是 CdS-TiO_2[69,70]和 SnO_2-TiO_2[71,72]体系，这些体系的研究均表明，复合半导体比 TiO_2 具有更高的催化活性。

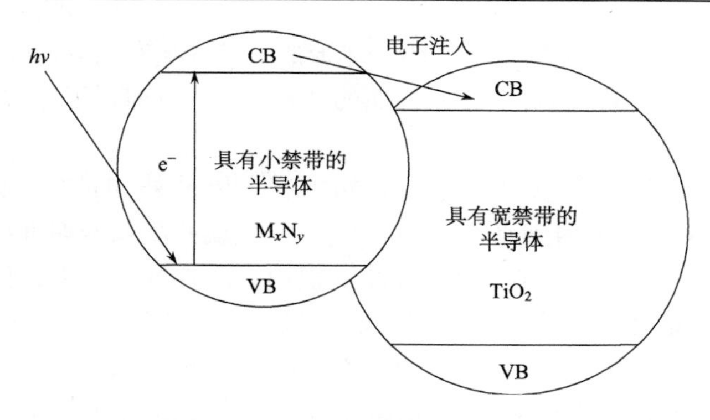

图 6-2 复合半导体的电子注入过程

Shang 等[73]采用溶胶-凝胶法在载体上制备了 SnO_2/TiO_2/glass 纳米薄膜光催化剂，活性明显高于单一样品，电荷分离效率提高，光催化活性增强。Luan 等[74]用湿化学法成功构建了 TiO_2-Fe_2O_3 纳米复合材料，大大延长了可见光激发下的载流子寿命，提高了可见光分解水的效率。Yu 等[75]使用溶剂热法，在微乳液介质中用窄带半导体 CdS 修饰宽带半导体 TiO_2 时发现：CdS 覆盖在 TiO_2 表面能明显提高对甲基蓝的可见光催化降解效率。另外，在 CdS-TiO_2 复合半导体中，检测到了 Ti^{3+}的 ESR 信号，而在纯 TiO_2 中，没有检测到 Ti^{3+}的 ESR 信号，这表明 CdS 复合有效地实现了光生电子由 CdS 的导带到 TiO_2 的导带的转移。Ho 等[76]使用原位光还原沉积法，将窄带半导体 MoS_2 和 WS_2 引入宽带半导体 TiO_2 中形成了复合半导体可见光催化剂。这两类半导体的导带、价带不一致而发生交叠，提高了光生载流子的分离效率，扩展了 TiO_2 的光谱响应范围。甲基蓝和 4-氯苯酚降解实验表明 MoS_2 和 WS_2 的复合显著改善了 TiO_2 的可见光催化活性。半导体纳米粒子复合 TiO_2 后的性质并不是单个纳米粒子性质的简单加和，而是具有更优异的性能，治理有机方面有很好的应用前景。

4. 贵金属修饰

贵金属的离子半径比较大，无法进入 TiO_2 晶格，但可以通过浸渍还原、表面溅射等方法在 TiO_2 光催化剂表面沉积贵金属，使贵金属粒子形成原子簇沉积在 TiO_2 表面，从而改变 TiO_2 的表面性质和光催化性能。在 TiO_2 光催化剂的表面沉积适量的贵金属有两个作用：有利于光生电子和空穴的有效分离以及降低还原反应(质子的还原、溶解氧的还原)的超电压。贵金属对 TiO_2 光催化剂的表面修饰是通过改变电子分布来实现的[77]。当 TiO_2 表面和贵金属接触时，载流子重新分布，电子从费米能级较高的 n 型半导体 TiO_2 转移到费米能级较低的贵金属，直到它们的费米能级相同。电子从 TiO_2 向金属粒子的迁移，增强了 TiO_2 粒子的表面酸性；

同时，在 TiO_2 表面靠近金属粒子界面一侧形成一空间电荷层，这一空间电荷层的存在有利于光生电子向金属和 TiO_2 界面的迁移[78]，从而抑制了光生电子和空穴的复合，提高了光催化活性。

目前研究最多的沉积贵金属是第Ⅷ族的Pt[79-81]。此外，Ag[82,83]、Ru[84,85]、Pd[86]、Au[87,88]等贵金属也可被用来修饰 TiO_2，这些贵金属的沉积普遍地提高了 TiO_2 的光催化性能。Fu 等[89]的研究表明，表面沉积铂后，TiO_2 的光催化活性大大提高，苯的去除效率和矿化率均有极大的提高，使气相光催化过程的量子效率和总能量的利用率得到显著改善。童玲方等[90]研究了 1.0 wt%的 M/TiO_2(M=Pt、Pd、Ag 和 Au)对气相甲苯的光催化降解效果，结果发现 Pt-TiO_2、Pd-TiO_2、Ag-TiO_2 和 Au-TiO_2 的最高降解率分别为 86.6%、79.0%、78.5%和 74.7%，沉积 Pt 的光催化剂表现出最佳的去除效果。

贵金属负载量也会显著影响 TiO_2 的光催化活性。负载量过低导致光生电子-空穴对分离效果减弱，负载量较高时，贵金属作为光生载流子复合的中心，会增大光生电子和空穴的复合速率。Wang 等[91]在 Pd/TiO_2 表面有机物光催化研究的过程中发现 Pd 的最佳负载量为 2.00%，过多的金属覆盖 TiO_2 将成为电子空穴对复合中心；Li 等[92]研究发现在 Pt/TiO_2 表面亚甲基蓝和亚甲基橙的光催化氧化反应中，Pt 沉积量存在某一最佳值，0.75% Pt-TiO_2 具有最高的光催化活性；Li 等[93]研究发现 1.00% Pt-TiO_2 对苯系物的去除具有最高的光催化活性，去除效率可达 99.6%。

5. TiO_2 光敏化

TiO_2 光敏化是指在 TiO_2 表面引入光活性化合物，这些物质在可见光照射下可以产生光生电子，然后注入 TiO_2 的导带上，从而在 TiO_2 中产生载流子的过程。由于 TiO_2 的带隙较宽，只能吸收紫外线光区光子。光敏化作用可以提高光激发过程的效率，通过激发光敏剂把电子注入 TiO_2 的导带上，从而扩展 TiO_2 激发波长的响应范围，使之有利于降解有机污染物。常见的光敏化剂包括一些过渡金属的络合物，如 Ru、Pt 的氯化物及各种有机染料。

1) TiO_2 金属络合物光敏化

大多数过渡金属络合物能够发生电子的 d-d 跃迁，其吸收光谱常落在可见光区。不同的络合物电子能级不同，能够吸收不同波长的光子，因此呈现出不同的颜色，近年来过渡金属络合物被许多学者用来作为 TiO_2 的光敏化剂。

Zang 等[94]使用溶胶-凝胶法制备出了 Pt(Ⅳ)、Ir(Ⅳ)、Rh(Ⅲ)、Au(Ⅲ)、Pd(Ⅱ)、Co(Ⅱ)、Ni(Ⅱ)的氯化物敏化 TiO_2(无定形)复合光催化剂，4-氯苯酚降解实验表明这些复合型光催化剂在紫外线和可见光区都具有良好的光催化效果。Cho 等[95]以三(4,4′-二羧基-2,2′-联吡啶)钌($Ru^{II}L_3$)为光敏化剂，对 TiO_2 进行光敏化，CCl_4降解实验证明($Ru^{II}L_3$)敏化的TiO_2可以在可见光条件下使CCl_4发生脱氯，脱氯的量子产率达到10^{-3}。

2) TiO_2染料光敏化

有机染料中电子离域性和分子可设计性具有优越的表面结构修饰功能，因此有机染料光敏化 TiO_2 光催化研究具有诱人前景。TiO_2 染料光敏化的研究起源于1991 年，O'Regan 和 Grätzel[96]在 *Nature* 上报道了在 TiO_2膜上覆一层使电荷转移的有机染料膜来光敏化 TiO_2，从而更有效地捕获光子。TiO_2染料光敏化的研究得到了空前的发展。有机染料具有大 π 环共轭离域体系、宽的可见光波长响应范围和强的供给电子能力，同时，有机染料分子结构易修饰，可以实现其吸收带和供给电子能力的有效调控。因此带隙与 TiO_2的导带和价带相匹配的有机染料被用作光活性化合物，以物理或化学吸附的方式吸附于 TiO_2表面。由于有机染料激发态的电势比 TiO_2导带电势更负，使激发电子注入 TiO_2的导带扩大了 TiO_2吸收波长范围，更多的太阳光得到利用[97]。高性能染料光敏化剂必须具备以下特点[98,99]：首先，能紧密吸附在 TiO_2表面，要求光敏化剂分子中含有羧基、羟基等极性基团；其次，对可见光的吸收性能好，在整个太阳光光谱范围内都应有较强的吸收并且在长期光照下具有良好的化学稳定性；再次，光敏化剂的氧化态和激发态要有较高的稳定性，激发态能级与 TiO_2 导带能级匹配，激发态的能级高于 TiO_2 导带能级，保证电子的快速注入；最后，光敏化剂分子能溶解于与半导体共存的溶剂。

但是，由于大多数染料光敏化剂在近红外区吸收很弱，其吸收谱与太阳光谱还不能很好地匹配。另外，染料光敏化剂与污染物之间往往存在吸附竞争，染料光敏化剂自身也可能发生光降解，这样随着光敏化剂的不断被降解，必然要添加更多的光敏化剂，这些因素阻碍了 TiO_2染料光敏化在污染实际治理中的推广应用。

6.2.3 其他光催化净化技术

TiO_2光催化技术具有低成本、无毒、性能高、稳定等优点，常温下反应即可进行，不需添加其他化学试剂，无二次污染。但 TiO_2半导体材料的禁带宽度仅对紫外线有响应，所以单纯的 TiO_2光催化剂存在量子效率和光能利用率低等问题。针对以上不足，可通过重金属沉积、离子掺杂、半导体复合和表面光敏化等方法对 TiO_2进行改性，以提高其量子效率、可见光利用率以及光催化活性，且目前已有大量的综述文献对此类工作进行总结[100]。

大量非 TiO_2型催化材料，如非 TiO_2金属氧化物光催化剂、宽带隙 p 区金属氧化物/氢氧化物光催化剂、钙钛矿类光催化剂、尖晶石类光催化剂、铋系光催化剂、钒系光催化剂等，为光催化剂降解有机污染物提供新的方向。随着对半导体光催化剂的研究不断深入，研究人员不再局限于调控和改变传统的 TiO_2基光催化剂，开发出一系列新型的光响应范围宽、性能优良的非 TiO_2 型催化剂。

1. 金属氧化物光催化剂

在非 TiO_2 型光催化剂中，ZnO 具有丰富可调的形貌结构，而且和 TiO_2 具有相近的禁带宽度，被广泛用于光催化降解环境中的各种污染物。Liao 等[101]通过低温液相法制备了不同含量缺陷位的六棱柱、短六锥体和长六锥体 ZnO。研究显示，随着热处理时间的增加，ZnO 样品上的缺陷位逐渐增加，与光降解甲醛活性趋势一致。然而，对于没有热处理的样品，长六锥体形貌的 ZnO 缺陷位含量多于其他两个形貌的样品，但其光催化降解性能不是最高的，进一步说明，除了缺陷位的含量，晶体形貌也影响着光催化活性。

直接带隙半导体 SnO_2 稳定性高，耐酸碱性好，被认为是最具潜力的功能材料之一。Li 等[102]通过表面活性剂辅助溶剂热法合成形貌均一的 SnO_2，用于光催化氧化流动态低浓度的乙醛。研究发现，与商业 P25 相比，SnO_2 表面能够吸附更多的乙醛，从而提高整体反应速率。赤铁矿（α-Fe_2O_3）是一种典型的半导体，带隙在 2.0～2.3eV，完全可以在可见光的照射下引发光催化反应。Li 等[103]通过两步水热法合成了 α-Fe_2O_3/In_2O_3 复合中空球。研究显示，与纯 In_2O_3 相比，复合催化剂的可见光催化甲苯降解速率是原来的 1.6 倍。

利用 CeO_2 良好的存储氧能力[104]，n 型半导体 CeO_2 光热协同催化去除 VOCs 表现出较好的性能。Li 等[105]通过简单的微波辅助水解 $Ce(NO_3)_3 \cdot 6H_2O$ 制得介孔棒状 CeO_2，该材料表现出较好的光热协同催化苯性能。随着温度升高，O^{2-} 迁移能力的增强促进了光生电子和空穴的分离，极大地提高了光催化活性和反应速率。此外，锰氧化物[106]、钴氧化物[107]、热催化氧化 VOCs 等气态污染物的性能较好，而且，Mn[108-110]和 Co[111]元素具有可见光效应，被广泛用于光热协同催化去除 VOCs。Zheng 等[112]通过无模板法制备了 CoMn 复合材料，结果显示，无定形 MnO_x 的均一性、氧吸附行为以及 Co_3O_4 和 MnO_x 之间的相互作用是光热催化甲醛性能增强的原因。

2. 宽带隙 p 区金属氧化物/氢氧化物光催化剂

福州大学光催化研究所开发了一系列宽禁带 p 区金属氧化物/氢氧化物光催化剂[113]，主要分为二元金属氧化物/氢氧化物，例如 Ga_2O_3[114]、GaOOH[115]和 InOOH[116]；三元金属氧化物，例如 $Sr_2Sb_2O_7$[117]、$Cd_2Sb_2O_{6.8}$[118]等；三元钙钛矿型羟基化合物，例如 $ZnSn(OH)_6$[119]、$CaSb_2O_5(OH)_2$[120]等。该系列催化剂在流动态气氛下，紫外光降解苯、甲苯、乙苯等 VOCs 的效果及稳定性明显优于商业 P25。

针对二元金属氧化物，付贤智课题组[114]制备了 3 种不同晶体结构的 Ga_2O_3（α-Ga_2O_3、β-Ga_2O_3 和 γ-Ga_2O_3），研究发现，β-Ga_2O_3 由于具有良好的晶型

和扭曲的几何结构，促进了光生电子–空穴的分离，进而表现出最好的紫外光降解苯、甲苯和乙苯性能。

三元钙钛矿型羟基化合物表面分布了大量的羟基化合物，这就导致该类材料拥有较大的载流子迁移速率，进而表现出较好的光催化活性。Fu 等[121]采用一系列合成方法(研磨法、共沉淀法、自组装法、水热法)用于调控 $ZnSn(OH)_6$ 的结构，结果发现，聚乙烯吡咯烷酮(PVP)-辅助水热法制备的 $ZnSn(OH)_6$ 表现出最高的热稳定性、光吸收性、活化 O_2 的能力，以及最大的比表面积，进而表现出较强的光催化降解苯性能及稳定性。在此基础上，进一步考察各金属(M)对 $MSn(OH)_6$ 光催化降解甲苯性能的影响。结果发现，仅有 M 为 Zn 或 Mg 时，光催化性能优于商业 TiO_2，有颜色的样品(Co、Cu、Fe 和 Mn)没有打开苯环的能力，因此，不适用于光催化降解苯。虽然 $ZnSn(OH)_6$ 在光催化降解苯方面表现出良好的性能，但纳米 $ZnSn(OH)_6$ 很容易发生团聚，在一定程度上影响光催化效率。同时，光催化过程缺少电子受体的情况下易发生腐蚀，影响光催化剂的稳定性。Cui 等[122]将 C 加入 $ZnSn(OH)_6$ 中，利用 C 与 $ZnSn(OH)_6$ 间相互作用产生的协同效应，增强光生载流子转移，抑制光生电子–空穴对复合，进而提高紫外光催化苯的性能。

李朝晖等[113]通过对宽禁带 p 区金属氧化物/氢氧化物光催化剂进行一系列表征分析，并与性能相关联，得出了紫外光催化降解苯的机理。当紫外光照射 p 区金属氧化物/氢氧化物时，处于价带的电子会被激发而跃迁到导带，价带上产生相应的空穴。光生电子、空穴可在电场的作用下分离、迁移到材料表面，从而在材料表面产生具有高度活性的电子–空穴对。带有正电荷的空穴与催化剂表面的 OH^- 或水分子发生反应，将其氧化成具有极强氧化能力的羟基自由基·OH，最终将苯分子彻底矿化为二氧化碳和水。此外，导带上的光生电子会被吸附在材料表面的氧气分子迅速捕获，发生还原反应，生成同样具有强氧化性的超氧离子自由基 $\cdot O^-_2$，超氧离子自由基进而与 H^+ 发生反应生成超氧化氢自由基·OOH，即 H_2O_2 的前驱体，最终以羟基自由基的形式参与氧化降解苯的过程。

3. 钙钛矿类光催化剂

钙钛矿(ABO_3)型氧化物以其结构稳定、禁带较窄、光吸收波长范围宽且太阳能利用率高等优点，成为光催化领域中的研究热点之一，其结构特点又决定通过掺杂等方法获得种类繁多的钙钛矿(ABO_3)型复合氧化物。

Zaleska 等[123]通过水热方法制备了一系列 $KTaO_3$ 基复合物，分别为 $KTaO_3+CdSe+SrTiO_3$、$KTaO_3+CdSe+WO_3$、$KTaO_3+CdSe+MoS_2$。该类型催化剂在低强度 LED 灯照射下对甲苯均有较好的性能，立体结构有利于光催化活性的提高，$KTaO_3+CdSe+MoS_2$(10∶5∶1)样品 60min 照射下甲苯的转化率能够达到 60%。Li 等[124]通过简单的沉淀法制备了 $CdSnO_3$ 立方体，平均粒径约为 16nm，带宽 4.4 eV，比表面积为 91.8 m^2/g，与 P25 相比，$CdSnO_3$ 立方体表现出良好的紫外光降解苯、环己酮以及丙酮性能。

4. 尖晶石类光催化剂

尖晶石的化学分子式可以表示为 AB_2O_4，其具有可见光响应、结构稳定、组成多样、带隙窄等优点，可以在保持原构型不变的情况下，调变其结构，提高材料的可见光吸收效率，是探索可见光吸收范围大、量子转换效率高的新型光催化剂的理想材料。Wang 等[125]通过一个简单的低温软化学方法合成了 $ZnGa_2O_4$，研究发现，当水热温度为 80℃时，样品的比表面积最大，为 201m^2/g。与 TiO_2 和 Pt/TiO_2 相比，$ZnGa_2O_4$ 样品表现出极高的光催化性能及稳定性，80h 内样品没有发生失活，紫外光降解流动态苯、甲苯和乙苯转化速率分别为 24.3、21.3 和 14.5μmol/（g · h^{-1}），分别比 TiO_2 和 Pt/TiO_2 降解 VOCs 的转化速率高 15 倍和 6 倍以上。

Li 等[126]研究了 $ZnAl_2O_4$、$BaAl_2O_4$ 和 $NiFe_2O_4$ 几种典型的尖晶石结构材料，并以其为载体制备负载型 Ag 催化剂，对比讨论了它们的粒径、形貌和化学组成对其光催化降解甲苯的影响，同时利用原位红外技术研究了光催化降解反应机理。利用醋酸铵前驱物水热法制备了长方体状的 $ZnAl_2O_4$ 样品，采用柠檬酸前驱物法和尿素前驱物水热法制备了无规则形颗粒状的 $ZnAl_2O_4$ 样品，并对这些样品的结构及紫外光催化降解气相甲苯特性进行研究，结果显示，制备的长方体状的 $ZnAl_2O_4$ 由大量的 $ZnAl_2O_4$ 纳米颗粒聚集而成，具有均一的介孔结构以及大比表面积等特点。长方体状 $ZnAl_2O_4$ 颗粒紫外光催化降解甲苯的效率最高，$ZnAl_2O_4$ 催化剂使用后没有明显失活现象。该团队还开发了一条操作简单、环境友好的 $NiFe_2O_4$ 材料湿化学合成路线[127]。在不同的煅烧温度下成功制备出类似砖形 $NiFe_2O_4$ 尖晶石立方晶相材料。研究发现，多孔 $NiFe_2O_4$ 颗粒聚集而类似砖形超结构，对于甲苯具有优良的可见光催化降解活性；采用等体积浸渍法制备了 $Ag/NiFe_2O_4$ 复合材料，其表现出更高的可见光催化甲苯性能，这归结于 Ag 和 $NiFe_2O_4$ 的协同作用。首先，Ag 的加入没有改变 $NiFe_2O_4$ 的带宽，只是提升了 $NiFe_2O_4$ 在可见光区的吸收，由于等离子体效应，$NiFe_2O_4$ 上表面的 Ag 可能被适当的入射光所激发，产生游离电子，其中一部分电子转移至 Ag 与 $NiFe_2O_4$ 载体的界面处，导致活性物种的形成；其次，$NiFe_2O_4$ 导带上的电子被 Ag 捕获，提高了光生电子-空穴的分离效率，使光催化剂的活性得以提高。

5. 铋系光催化剂

研究发现，铋元素的 $6s$ 及 $6p$ 轨道会参与价态和导带的构成，影响含铋化合物的能带位置，很多铋系半导体材料均表现出较好的可见光响应，因此铋系光催化剂成为近几年新型非 TiO_2 光催化剂开发领域的研究热点[128]。目前报道的铋系光催化剂主要包括铋的氧化物(Bi-O)、铋的卤氧化物(Bi-O-X，X=F，Cl，Br，I)以及含铋的二元金属化合物(Bi-Y-O，Y=W，Ti，V，Mo，Nb)。

Ai 等[129]通过煅烧$(BiO)_2CO_3$前驱体制备单斜 α-Bi_2O_3，带隙为 2.72eV，与商业 α-Bi_2O_3配体相比，可见光照射下表现出较好的光催化降解甲醛性能，3 h 甲醛的降解率达到 40%，并且材料的稳定性良好。Sharmin 和 Ray[130]选择商业 α-Bi_2O_3配体与几种不同结构的 TiO_2材料在波长为 360nm 的 UV-LED 灯照射下去除甲苯和二甲苯，结果显示，当光催化反应处理甲苯时，催化剂的性能为如下顺序：商业 P25＞Bi_2O_3＞黏土 TiO_2＞N-TiO_2＞溶胶 TiO_2；相似的结果也出现在二甲苯的降解过程中。UV-LED 灯能够活化所有的催化剂，Bi_2O_3也显示出较好的性能，但是调整照射波长至可见光，Bi_2O_3的光催化性能将大幅度提高。

有研究发现，铋酸盐半导体带隙适中(2.4～2.8eV)，太阳光波长利用较宽，是一种良好的可见光驱动的光催化剂。但是光生电子和空穴复合率较高，量子效率低，极大限制了其应用。为了克服这一缺点，可以把 BiOI、BiOCl、C 和 Fe 等物质或元素掺入铋酸盐中，提高电子-空穴分离效率。

Li 等[131]通过简单的室温沉积法将 BiOI 修饰到 Bi_2WO_6上，结果显示该材料以四面体 BiOI 和斜方晶 Bi_2WO_6共存，BiOI 的掺入增大了催化剂的比表面积，降低了能带，增强了 380～600nm 的吸收波长，抑制了电子-空穴的复合，从而提高了紫外线和可见光降解甲苯的能力。

Chen 等[132]以葡萄糖作为碳源通过两步水热法制备 Bi_2WO_6@C 微米球，C 的加入增强了 Bi_2WO_6的光催化性能。与 N-TiO_2相比，Bi_2WO_6@C 微米球的可见光催化苯的转化率及矿化率可以达到 42.6%和 80%。

Wu 等[133]通过无模板水热法及随后的浸渍处理制得 Fe-Bi_2WO_6，少量的 Fe 有利于活性的提高，并以 Fe^{3+}和 Fe^{2+}形式均匀分散在 Bi_2WO_6纳米片的表面，并且一些 Fe^{3}替代 Bi^{3+}进入 Bi_2O_2层中，上述共存的形式大幅度提高了其可见光催化甲苯的性能。

6. 钒系光催化剂

研究发现，钒酸盐在光催化领域表现出良好的性能，是一类新型的高活性光催化剂。采用水热法制备了钒酸铁($FeVO_4$)和钒酸银(Ag_3VO_4)材料，用于光催化降解甲苯[134]，结果发现，所制备的 $FeVO_4$为棒状，平均晶粒尺寸约为 75nm，吸光区域红移至约 600nm，带隙为 2.1eV，在甲苯初始质量浓度为 494mg/L 条件下，可见光照射 4h，甲苯降解率为 62%，最终产物为 CO_2和 H_2O。

Chen 等[135]通过水热合成法制备了 $InVO_4$/MWCNTs 光催化剂，结果显示，$InVO_4$颗粒均匀分散于 MWCNTs 中，表面粒径约 100nm，在可见光照射下，表现出较好的光催化性能，反应 4h 光催化降解苯的转化率和矿化率分别为 41.0%和

43.4%，该催化剂光催化活性的提高与载体 MWCNTs 良好的电子传输特性有关。He 等[136]通过简单的溶液法制备了 VD_yO_x (V_2O_5/D_yVO_4) 复合光催化剂，其能够实现电子和空穴的有效分离，在可见光照射下丙酮的降解率高达 91.6%。进一步采用浸渍-光还原的方法将少量的 Pt 负载到 VD_yO_x 上，该催化剂能够高效去除苯以及 2-丙醇。此外，将 V_2O_5 掺入 MgF_2 能够降低电子-空穴对的复合效率，提高光生量子效率，表现出较高的甲醇、乙醇、苯降解性能[137]。

7. 其他光催化剂

Ag_3PO_4 的带隙为 2.36 eV，完全可以在可见光的照射下降解污染物。Li 等[138]通过沉淀法制备 Ag_3PO_4 光催化剂，用于降解气相苯和丙酮，结果显示，由于自身比较稳定，缺少光生空穴的捕获剂，导致其在可见光照射下苯和丙酮基本没有活性，需要进一步对其结构进行优化。此外，研究发现 g-C_3N_4 的带隙为 2.7 eV，对可见光具有响应，但是纯的 g-C_3N_4 光生电子-空穴对复合较高，影响了其应用。Fontelles-Carceller 等[139]通过微乳液法将 Ag 沉积到 g-C_3N_4 上，1wt% Ag 的掺入使样品拥有最大的量子效率，在太阳光的照射下表现出较高的甲苯反应速率。

分子筛作为光催化剂受到人们的广泛关注。Anpo 等[140,141]基于光化学原理提出高度分散的金属氧化物在紫外线的照射下，电子从 $O^-_{2(1)}$ 转移到 $m^{n+}_{(1)}$ 形成相应的电荷转移激发态，这种电荷转移激发态类似半导体光催化剂光生电子空穴对具有很强的光催化反应活性。基于这种观点，各种过渡金属离子改性沸石分子筛光催化剂被制备并应用于环境污染治理，使得非半导体的沸石分子筛光催化成为近年来光催化研究领域当中的热点之一。

此外，经碱金属和碱土金属离子交换的沸石光催化剂对烃类有机物的可见光光催化氧化具有很高的选择性。Blatter 等[142]认为沸石分子筛孔道内强大的静电场在其催化过程中起到很重要的作用，稳定了烃自由基阳离子 • O^{2-} 荷质转移电对，大大降低了体系所需的活化能。

6.3 光催化技术净化设备

20 世纪 90 年代初期，有些厂家就开始生产油烟净化设备，主要采用稍加改造过的除尘设备。近年来，国家和地方相继出台了一系列治理饮食业油烟污染的排放标准和法规，刺激了市场需求，并相应地形成了一个很有潜力的饮食业油烟净化设备市场[143]。相对于 2001 年的国家标准，某些省市小型规模的餐饮业油烟处理效率由 60%提升到 90%，中、大型规模要求 90%以上。据调研统计，餐饮业单位以小型即少于 3 个基准灶头的规模居多，综合考量餐饮业单位的环保投入承受能力、场地安装空间、处理效率需要等因素，静电式净化设备是小型餐饮业较合适的选择，中、大型的餐饮业单位可以考虑静电式、紫外光解式及其复合式的处理设备。

岳仁亮等[144]研制了一种油烟净化装置及侧吸式吸油烟机，该油烟净化装置的箱体内设有臭氧发生层和臭氧发生层上方的光催化吸附层。光催化吸附层是在活性炭载体上负载光催化剂。侧吸式吸油烟机的风机排出口连接油烟净化装置。侧吸式吸油烟机运行时，油烟先通过前端的油烟分离板进行油烟分离处理后再通过风机排至油烟净化装置中，该装置通过臭氧氧化、光催化降解和活性炭吸附达到油烟净化目的。

殷健峰等[145]研制了一种高压静电光催化油烟降解装置，该装置解决了目前市场上高压静电油烟降解装置只有单一的高压静电单元、处理油烟不够彻底的问题。油烟降解装置包括装置主体和门板，装置主体前面设有门板，装置主体左下端设有气体出口，装置主体右上端设有气体入口，气体出口前端设有电控系统，该装置主体从右到左分为高压电离区、低压吸附区和光波裂解区，低压吸附区左侧设有后置滤网膜，光波裂解区右侧设有光触媒 1，气体入口处设有预过滤布气装置，低压吸附区底部设有集油槽，气体出口处设有光触媒 2。改进后的装置实现了双重过滤，弥补了单一的高压静电处理油烟带来的净化不完全等情况，净化处理效率高，效果好。

张居兵等[146]研制了一种基于 TiO_2 光催化氧化的模块式厨房油烟净化装置，该装置由入口段、若干中间段和出口段组装构成，各中间段内表面涂覆 TiO_2 涂层。紫外线光发生器为环形紫外灯管，布置在各级中间段的中部位置；过滤层由环形基体和滤芯组成，滤芯上下表面为金属滤网，内部填充负载 TiO_2 光催化剂颗粒的吸附剂，滤芯装配在环形基体中；壳体各段连接处均嵌入一块所述过滤层，环形基体侧面设有光催化剂添加更换孔。该发明采用模块式结构，便于安装、更换，无须对现有吸油烟机进行改动，直接安装于其排气口后。多孔载体吸附能力强，提高了装置净化效率。光催化最终产物为无毒无害的 CO_2 和 H_2O；复合过滤层再生后可重复利用，降低运行成本。

林悦扬[147]研制了一种光催化协同活性炭吸附的油烟消除装置，该装置包括一个圆筒形的滤芯固定外壳，滤芯固定外壳的前端进风口设有至少一层网状的滤网，滤芯固定外壳的内部装有滤芯主体，滤芯主体为 TiO_2 负载量 0.01～10%（质量分数）的蜂窝煤状活性炭结构。经装置前端的滤网，去除油污及颗粒物，再经滤芯主体，脱除有害有机物气体，排放洁净气体入室外大气。该装置适用于现有家庭厨房的排烟道，无须更改吸油烟机和排烟系统，具有安装、使用、维护方便，安全可靠，无能耗，成本低，再生方便，易于推广使用等优点。

针对目前严重的餐饮油烟污染现象，餐饮油烟净化设备仍然是治理餐饮油烟污染的最有效方法。复合型餐饮油烟净化设备能够弥补单一技术油烟净化方法的不足，可以看出，经济适用、净化效率高、净化效果稳定、易于拆卸和后期维护的复合型餐饮油烟净化器是未来发展的趋势和方向。

6.4 小　　结

本章重点阐述 TiO_2 光催化净化油烟技术，从反应机理、影响因素到提高其光催化性能方法进行系统介绍，同时也对非 TiO_2 光催化技术进行分类介绍，最后通过光催化净化技术在油烟净化设备上的实际应用，展望了光催化油烟净化设备的未来发展方向。

TiO_2 光催化净化技术是一项具有广阔应用前景的新型污染治理处理技术，但也存在着 TiO_2 光催化剂带隙能较宽、太阳能利用率低、载流子复合率高、光量子效率低、反应效率不高等问题，因此如何提高光催化剂的催化活性和稳定性还需要更多的尝试。同时，在基础研究方面，发展原位检测技术，以便确定反应物在催化剂表面的反应历程，检测反应中间产物，确定反应机理，揭示出 TiO_2 晶态结构、表面结构、能带结构等结构因素与其光催化性能的内在联系。另外，在应用研究方面，设计高效、低耗、安全的光催化反应器已成为 TiO_2 光催化技术从实验室研究阶段向大规模工业化过渡及完全投入实际应用的关键，也是今后 TiO_2 光催化研究的重要方向。

参 考 文 献

[1] Zhao J, Yang X D. Photocatalytic oxidation for indoor air purification: A literature review[J]. Building & Environment, 2003, 38(5): 645-654.

[2] 李晟. 饮食业油烟污染及净化技术探讨[J]. 能源与环境, 2008(1): 92-94.

[3] 段玉环, 谢超颖, 方恒. 餐饮业油烟污染及治理技术浅议[J]. 环境工程学报, 2002, 3(11): 67-69.

[4] Fujishima A, Honda K. Electrochemical photolysis of water at a semiconductor electrode[J]. Nature, 1972, 238(5358): 37-38.

[5] Carey J H, Lawrence J, Tosine H M. Photodechlorination of PCB's in the presence of titanium dioxide in aqueous suspensions[J]. Bulletin of Environmental Contamination and Toxicology, 1976, 16(6): 697-701.

[6] Dibble L A, Raupp G B. Fluidized-bed photocatalytic oxidation of trichloroethylene in contaminated air streams[J]. Environmental Science & Technology, 1992, 26(3): 492-495.

[7] 付强. Pt 修饰微孔 TiO_2 净化室内典型 VOCs 的性能研究[D]. 无锡: 江南大学, 2016.

[8] Hoffmann M R, Martin S T, Choi W, et al. Environmental Applications of Semiconductor Photocatalysis[J]. Chemical Reviews, 1995, 95(1): 69-96.

[9] Meulen T V D, Mattson A, Österlund L. A comparative study of the photocatalytic oxidation of propane on anatase, rutile, and mixed-phase anatase–rutile TiO_2 nanoparticles: Role of surface intermediates[J]. Journal of Catalysis, 2011, 251(1): 131-144.

[10] Grosso D, Solerillia G, Crepaldi E L, et al. Highly porous TiO_2 Anatase optical thin films with cubic mesostructure stabilised at 700 °C[J]. Chemistry of Materials, 2003, 15(24): 4562-4570.

[11] Obee T N. Photooxidation of sub-parts-per-million toluene and formaldehyde levels on titania using a glass-plate reactor[J]. Environmental Science & Technology, 1996, 30(12): 3578-3584.

[12] Jacoby W A, Blake D M, Noble R D et al. Kinetics of the oxidation of trichloroethylene in air via heterogeneous photocatalysis[J]. Journal of Catalysis, 1995, 157(1): 87-96.

[13] Obee T N, Brown R T. TiO_2 Photocatalysis for indoor air applications: Effects of humidity and trace contaminant levels on the oxidation rates of formaldehyde, toluene, and 1, 3-butadiene[J]. Environmental Science & Technology, 1995, 29(5): 1223-1231.

[14] Yu K P, Lee G W M, Huang W M, et al. The correlation between photocatalytic oxidation performance and chemical/physical properties of indoor volatile organic compounds[J]. Atmospheric Environment, 2006, 40(2): 375-385.

[15] Huang S Y, Zhang C B, He H. *In situ* adsorption-catalysis system for the removal of o-xylene over an activated carbon supported Pd catalyst[J]. Journal of Environmental Sciences, 2009, 21(7): 985-990.

[16] Seo H O, Kim D H, Kim K D, et al. Adsorption and desorption of toluene on nanoporous TiO_2/SiO_2 prepared by atomic layer deposition(ALD): influence of TiO_2 thin film thickness and humidity[J]. Adsorption, 2013, 19(6): 1181-1187.

[17] Zorn M E, Tompkins D T, Zeltner W A, et al. Photocatalytic oxidation of acetone vapor on TiO_2/ZrO_2 thin films[J]. Applied Catalysis B Environmental, 1999, 23(1): 1-8.

[18] Luo Y, Ollis D F. Heterogeneous photocatalytic oxidation of trichloroethylene and toluene mixtures in air: Kinetic promotion and inhibition, time-dependent catalyst activity[J]. Journal of Catalysis, 1996, 163(1): 1-11.

[19] Obee T N, Hay S O. Effects of moisture and temperature on the photooxidation of ethylene on titania[J]. Environmental Science & Technology, 1997, 31(7): 2034-2038.

[20] Ao C H, Lee S C, Yu J Z, et al. Photodegradation of formaldehyde by photocatalyst TiO_2: effects on the presences of NO, SO_2 and VOCs[J]. Applied Catalysis B Environmental, 2004, 54(1): 41-50.

[21] Sleiman M, Conchon P, Ferronato C, et al. Photocatalytic oxidation of toluene at indoor air levels(ppbv): Towards a better assessment of conversion, reaction intermediates and mineralization[J]. Applied Catalysis B Environmental, 2009, 86(3): 159-165.

[22] Jeong J Y, Sekiguchi K, Lee W, et al. Photodegradation of gaseous volatile organic compounds(VOCs) using TiO_2 photoirradiated by an ozone-producing UV lamp : decomposition characteristics, identification of by-products and water-soluble organic intermediates[J]. Journal of Photochemistry and Photobiologr A: Chemistry, 2005, 169(3):

279-287.

[23] Alvarez-Corena J R, Bergendahl J A, Hart F L. Photocatalytic oxidation of five contaminants of emerging concern by UV/TiO_2: identification of intermediates and degradation pathways[J]. Environmental Engineering Science, 2016, 33(2): 140-147.

[24] Mo J H, Zhang Y P, Xu Q J, et al. Determination and risk assessment of by-products resulting from photocatalytic oxidation of toluene[J]. Applied Catalysis B: Environmental, 2009, 89(3-4): 570-576.

[25] 成志明, 林吉凡, 张海鹰. 影响 UV 光催化处理效率的几个主要原因[J]. 科技创新导报, 2018, 439(7): 107-110.

[26] Hung C H, Marinas B J. Role of chlorine and oxygen in the photocatalytic degradation of trichloroethylene vapor on TiO_2 films[J]. Environmental Science & Technology, 1997, 31(2): 562-568.

[27] Wang J H, Ray M B. Application of ultraviolet photooxidation to remove organic pollutants in the gas phase[J]. Separation & Purification Technology, 2000, 19(1): 11-20.

[28] Nimlos M R, Jacoby W A, Blake D M, et al. Direct mass spectrometric studies of the destruction of hazardous wastes. 2. Gas-phase photocatalytic oxidation of trichloroethylene over titanium oxide: products and mechanisms[J]. Environmental Science & Technology, 1993, 27(4): 159-173.

[29] Buckley P T, Birks J W. Evaluation of visible-light photolysis of ozone-water cluster molecules as a source of atmospheric hydroxyl radical and hydrogen peroxide[J]. Atmospheric Environment, 1995, 29(18): 2409-2415.

[30] Carlier P, Hannachi H, Mouvier G. The chemistry of carbonyl compounds in the atmosphere—A review[J]. Atmospheric Environment, 1986, 20(11): 2079-2099.

[31] Bhowmick M, Semmens M J. Ultraviolet photooxidation for the destruction of vocs in air[J]. Water Research, 1994, 28(11): 2407-2415.

[32] Dodge M C, Arnts R R. A new mechanism for the reaction of ozone with olefins[J]. International Journal of Chemical Kinetics, 1979, 11(4): 399-410.

[33] 成志明, 张海鹰, 林吉凡. UV 光催化处理 VOCs 的技术要点探析[J]. 山东工业技术, 2018(7): 30.

[34] 王海龙. 基于紫外光解技术的烹饪油烟净化研究[D]. 长沙: 南华大学, 2017.

[35] Lyu J Z, Zhu L Z. Highly efficient indoor air purification using adsorption-enhanced-photocatalysis-based microporous TiO_2 at short residence time[J]. Environmental Technology, 2013, 34(9-12): 1447-1454.

[36] Lyu J Z, Zhu L Z , Burda C. Optimizing nanoscale TiO_2 for adsorption-enhanced photocatalytic degradation of low-concentration air pollutants[J]. ChemCatChem, 2013, 5(10): 3114-3123.

[37] 杨访, 宣绍峰, 马新胜. 纳米光催化网 ACH/TiO_2 动态降解甲苯气体[J]. 过程工程学报, 2015, 15(1): 164-168.

[38] 易长思, 李彦旭, 杜青平, 等. 镍网负载纳米 TiO_2 对甲苯降解的实验研究[J]. 工业安全与

环保, 2013, 39(4): 70-73.

[39] Antonelli D M , Ying J Y. Synthesis of hexagonally packed mesoporous TiO_2 by a modified sol-gel method[J]. Angewandte Chemie International Edition in English, 1995, 34(18): 2014-2017.

[40] Lee J W, Christopher O M, Warren S C, et al. Direct access to thermally stable and highly crystalline mesoporous transition-metal oxides with uniform pores[J]. Nature Materials, 2008, 7(3): 222-228.

[41] Masuda Y, Kato K. Micropore size distribution in nanocrystal assembled TiO_2 particles[J]. Journal of the Ceramic Society of Japan, 2008, 116(1351): 426-430.

[42] Li F B, Li X Z, Ao C H, et al. Enhanced photocatalytic degradation of VOCs using Ln^{3+}-TiO_2 catalysts for indoor air purification[J]. Chemosphere, 2005, 59(6): 787-800.

[43] Chandra D, Bhaumik A. Super-microporous TiO_2 synthesized by using new designed chelating structure directing agents[J]. Microporous and Mesoporous Materials, 2008, 112(1-3): 533-541.

[44] Lyu J Z, Zhu L Z, Burda C. Considerations to improve adsorption and photocatalysis of low concentration air pollutants on TiO_2[J]. Catalysis Today, 2014, 225(1): 24-33.

[45] Huang H B, Huang H L, Zhang L, et al. Enhanced degradation of gaseous benzene under vacuum ultraviolet(VUV) irradiation over TiO_2 modified by transition metals[J]. Chemical Engineering Journal, 2015, 259: 534-541.

[46] Wilke K, Breuer H D. The influence of transition-metal doping on the physical and photocatalytic properties of titania[J]. Journal of Photochemistry & Photobiology A Chemistry, 1999, 121(1): 49-53.

[47] 张浩, 何兆芳, 黄新杰. Cu-Ce/TiO_2 的制备及其在室内甲醛气体中的光催化性能[J]. 稀土, 2014, 35(6): 72-78.

[48] 盛国栋, 李家星, 王所伟, 等. 提高 TiO_2 可见光催化性能的改性方法[J]. 化学进展, 2009, 21(12): 2492-2504.

[49] Gao Y, Xu A W, Zhu J Y, et al. Study on photocatalytic oxidation of nitrite over RE/TiO_2 photocatalysts[J]. Chinese Journal of Catalysis, 2001, 22(1): 53-56.

[50] 张峰, 李庆霖, 杨建军, 等. TiO_2 光催化剂的可见光敏化研究[J]. 催化学报, 1999, 20(3): 329-332.

[51] 孙晓君, 井立强, 蔡伟民, 等. 掺 V 的 TiO_2 纳米粒子的制备和表征及其光催化性能[J]. 硅酸盐学报, 2002, 30(s1): 26-30.

[52] Iwasaki M, Hara M, Kawada H, et al. Cobalt ion-doped TiO_2 photocatalyst response to visible light[J]. Journal of Colloid & Interface Science, 2000, 224(1): 202-204.

[53] Zhao G, Kozuka H, Yoko T. Sol-gel preparation and photoelectrochemical properties of TiO_2 films containing Au and Ag metal particles[J]. Thin Solid Films, 1996, 277(1-2): 147-154.

[54] Zakrzewska K, Radecka M, Kruk A, et al. Noble metal/titanium dioxide nanocermets for photoelectrochemical applications[J]. Solid State Ionics, 2003, 157(1): 349-356.

[55] Yoon J W, Sasaki T, Koshizaki N, et al. Preparation and characterization of M/TiO_2(M = Ag,

Au, Pt) nanocomposite thin films[J]. Scripta Materialia, 2001, 44(8): 1865-1868.
[56] 程萍, 顾明元, 金燕苹. TiO_2 光催化剂可见光化研究进展[J]. 化学进展, 2005, 17(1): 8-14.
[57] Asahi R, Morikawa T, Ohwaki T, et al. Visible-light photocatalysis in nitrogen-doped titanium oxides[J]. Science, 2001, 293(5528): 269-271.
[58] Burda C, Lou Y B, Chen X B, et al. Enhanced nitrogen doping in TiO_2 nanoparticles[J]. Nano Letters, 2003, 3(8): 1049-1051.
[59] Ferrari-Lima A M, Souza R P D, Mendes S S, et al. Photodegradation of benzene, toluene and xylenes under visible light applying N-doped mixed TiO_2 and ZnO catalysts[J]. Catalysis Today, 2015, 241: 40-46.
[60] Ghicov A, Macak J M, Tsuchiya H, et al. Ion implantation and annealing for an efficient N-doping of TiO_2 nanotubes[J]. Nano Letters, 2006, 6(5): 1080-1082.
[61] Sun H, Ullah R, Chong S, et al. Room-light-induced indoor air purification using an efficient Pt/N-TiO_2 photocatalyst[J]. Applied Catalysis B Environmental, 2011, 108(1-2): 127-133.
[62] Khan S U, Alshahry M, Jr I W. Efficient photochemical water splitting by a chemically modified n-TiO_2[J]. Science, 2002, 297(5590): 2243-2245.
[63] Liu S W, Yu J G. Effect of F-Doping on the Photocatalytic Activity and Microstructures of Nanocrystalline TiO_2 Powders[M]. Nanostructured Photocatalysts. Springer International Publishing, 2016.
[64] Umebayashi T, Yamaki T, Itoh H, et al. Band gap narrowing of titanium dioxide by sulfur doping[J]. Applied Physics Letters, 2002, 81(3): 454-456.
[65] Liu B J, Li X Y, Zhao Q D, et al. Preparation of $AgInS_2/TiO_2$ composites for enhanced photocatalytic degradation of gaseous dichlorobenzene under visible light[J]. Applied Catalysis B: Environmental, 2016, 185: 1-10.
[66] Hendi A A, Yakuphanoglu F. Graphene doped TiO_2/p-silicon heterojunction photodiode[J]. Journal of Alloys & Compounds, 2016, 665: 418-427.
[67] Ni M, Leung M K H, Leung D Y C, et al. A review and recent developments in photocatalytic water-splitting using for hydrogen production[J]. Renewable & Sustainable Energy Reviews, 2007, 11(3): 401-425.
[68] Spanhel L, Haase M, Weller H, et al. Photochemistry of colloidal semiconductors. 20. Surface modification and stability of strong luminescing CdS particles[J]. Cheminform, 1987, 18(51): 88-94.
[69] Wu L, Yu J C, Fu X Z. Characterization and photocatalytic mechanism of nanosized CdS coupled TiO_2 nanocrystals under visible light irradiation[J]. Journal of Molecular Catalysis A Chemical, 2006, 244(1): 25-32.
[70] Yao J Z, Wei Y, Yan P W, et al. Synthesis of TiO_2 nanotubes coupled with CdS nanoparticles and production of hydrogen by photocatalytic water decomposition[J]. Materials Letters, 2008, 62(23): 3846-3848.
[71] Ohsaki H, Hashimoto K, Suzuki M, et al. Photocatalytic properties of SnO_2/TiO_2/glass

multilayers[J]. Thin Solid Films, 2006, 502(1): 138-142.

[72] Chen S F, Chen L, Gao S, et al. The preparation of coupled SnO_2/TiO_2 photocatalyst by ball milling[J]. Materials Chemistry & Physics, 2006, 98(1): 116-120.

[73] Shang J, Yao W Q, Zhu Y F, et al. Structure and photocatalytic performances of glass/SnO_2/TiO_2 interface composite film[J]. Applied Catalysis A General, 2004, 257(1): 25-32.

[74] Luan P, Xie M Z, Fu X D, et al. Improved photoactivities of TiO_2/Fe_2O_3 nanocomposites for visible light water splitting after phosphate bridging and mechanism[J]. Physical Chemistry Chemical Physics, 2014, 17(7): 5043-5050.

[75] Yu J C, Wu L, Lin J, et al. Microemulsion-mediated solvothermal synthesis of nanosized CdS-sensitized TiO_2 crystalline photocatalyst[J]. Chemical Communications, 2003, 34(13): 1552-1553.

[76] Ho W, Yu J C, Lin J, et al. Preparation and photocatalytic behavior of MoS_2 and WS_2 nanocluster sensitized TiO_2[J]. Langmuir the Acs Journal of Surfaces & Colloids, 2004, 20(14): 5865-5869.

[77] Martra G. Lewis acid and base sites at the surface of microcrystalline TiO_2 anatase: relationships between surface morphology and chemical behaviour[J]. Applied Catalysis A General, 2000, 200(1): 275-285.

[78] Zhang Z B, Wang C C, Zakaria R, et al. Role of particle size in nanocrystalline TiO_2-based photocatalyst[J]. Journal of Physical Chemistry B, 1998, 102(52): 10871-10878.

[79] Li C H, Hsieh Y H, Chiu W T, et al. Study on preparation and photocatalytic performance of Ag/TiO_2 and Pt/TiO_2 photocatalysts[J]. Separation & Purification Technology, 2007, 58(1): 148-151.

[80] Chavadej S, Phuaphromyod P, Gulari E, et al. Photocatalytic degradation of 2-propanol by using Pt/TiO_2 prepared by microemulsion technique[J]. Chemical Engineering Journal, 2008, 137(3): 489-495.

[81] Yu Z Q, Chuang S S C. The effect of Pt on the photocatalytic degradation pathway of methylene blue over TiO_2 under ambient conditions[J]. Applied Catalysis B Environmental, 2008, 83(3): 277-285.

[82] Zhang F X, Jin R C, Chen J X, et al. High photocatalytic activity and selectivity for nitrogen in nitrate reduction on Ag/TiO_2 catalyst with fine silver clusters[J]. Journal of Catalysis, 2005, 232(2): 424-431.

[83] Anandan S, Kumar P S, Pugazhenthiran N, et al. Effect of loaded silver nanoparticles on TiO_2 for photocatalytic degradation of Acid Red 88[J]. Solar Energy Materials & Solar Cells, 2008, 92(8): 929-937.

[84] Ranjit K T, Viswanathan B. Photocatalytic reduction of nitrite and nitrate ions to ammonia on M/TiO_2 catalysts[J]. Journal of Photochemistry & Photobiology A Chemistry, 1995, 108(1-3): 185-189.

[85] Chu S Z, Inoue S, Wada K, et al. Fabrication and photocatalytic characterizations of ordered

nanoporous X-doped (X = N, C, S, Ru, Te, and Si) TiO_2/Al_2O_3 films on ITO/glass[J]. Langmuir the Acs Journal of Surfaces & Colloids, 2005, 21 (17): 8035-8041.

[86] Aramendía M A, Borau V, Colmenares J C, et al. Modification of the photocatalytic activity of Pd/TiO_2 and Zn/TiO_2 systems through different oxidative and reductive calcination treatments[J]. Applied Catalysis B Environmental, 2008, 80 (1): 88-97.

[87] Jung J M, Wang M, Kim E J, et al. Enhanced photocatalytic activity of Au-buffered TiO_2 thin films prepared by radio frequency magnetron sputtering[J]. Applied Catalysis B Environmental, 2008, 84 (3): 389-392.

[88] Chiarello G L, Selli E, Forni L. Photocatalytic hydrogen production over flame spray pyrolysis-synthesised TiO_2 and Au/TiO_2[J]. Applied Catalysis B Environmental, 2008, 84 (1): 332-339.

[89] Fu X Z, Zeltner W A, Anderson M A. The gas-phase photocatalytic mineralization of benzene on porous titania-based catalysts[J]. Applied Catalysis B Environmental, 1995, 6 (3): 209-224.

[90] 童玲方, 陈群华, 沈永高, 等. 贵金属负载 TiO_2 光催化降解甲苯研究[J]. 能源环境保护, 2014, 28 (3): 26-29.

[91] Wang C M, Heller A, Gerischer H. Palladium catalysis of O_2 reduction by electrons accumulated on TiO_2 particles during photoassisted oxidation of organic compounds[J]. Journal of the American Chemical Society, 1992, 114 (13): 5230-5234.

[92] Li F B, Li X Z. The enhancement of photodegradation efficiency using Pt-TiO_2 catalyst[J]. Chemosphere, 2002, 48 (10): 1103-1111.

[93] Li Z H, Yang K, Liu G, et al. Effect of reduction treatment on structural properties of TiO_2 supported Pt nanoparticles and their catalytic activity for benzene oxidation[J]. Catalysis Letters, 2014, 144 (6): 1080-1087.

[94] Zang L, Macyk W, Lange C, et al. Visible-light detoxification and charge generation by transition metal chloride modified titania[J]. Chemistry, 2015, 6 (2): 379-384.

[95] Cho Y, Choi W, Lee C H, et al. Visible light-induced degradation of carbon tetrachloride on dye-sensitized TiO_2[J]. Environmental Science & Technology, 2001, 35 (5): 966-970.

[96] O'Regan B, Grätzel M. Low-cost, high-efficiency solar cell based on dye-sensitized colloidal TiO_2 films[J]. Nature, 1991, 353 (6346): 737-740.

[97] Bae E, Choi W. Highly enhanced photoreductive degradation of perchlorinated compounds on dye-sensitized metal/TiO_2 under visible light[J]. Environmental Science & Technology, 2003, 37 (1): 147-152.

[98] Yu J C, Xie Y, Tang H Y, et al. Visible light-assisted bactericidal effect of metalphthalocyanine-sensitized titanium dioxide films[J]. Journal of Photochemistry & Photobiology A Chemistry, 2003, 156 (1): 235-241.

[99] Ni M, Leung M K H, Leung D Y C, et al. A review and recent developments in photocatalytic water-splitting using for hydrogen production[J]. Renewable & Sustainable Energy Reviews, 2007, 11 (3): 401-425.

[100] Fagan R, Mccormack D E, Dionysiou D D, et al. A review of solar and visible light active TiO_2

photocatalysis for treating bacteria, cyanotoxins and contaminants of emerging concern[J]. Materials Science in Semiconductor Processing, 2016, 42: 2-14.

[101] Liao Y C, Xie C S, Liu Y, et al. Enhancement of photocatalytic property of ZnO for gaseous formaldehyde degradation by modifying morphology and crystal defect[J]. Journal of Alloys & Compounds, 2013, 550(4): 190-197.

[102] Chu D R, Mo J H, Peng Q, et al. Enhanced photocatalytic properties of SnO_2 nanocrystals with decreased size for ppb-level acetaldehyde decomposition[J]. Chemcatchem, 2011, 3(2): 371-377.

[103] Zhang F, Li X Y, Zhao Q D, et al. Fabrication of α-Fe_2O_3/In_2O_3 composite hollow microspheres: A novel hybrid photocatalyst for toluene degradation under visible light[J]. Journal of Colloid and Interface Science, 2015, 457: 18-26.

[104] 曲振平，马丁，张晓东，等. CeO_2 对催化剂银物种及 CO 氧化性能的影响[J]. 高等学校化学学报, 2011, 32(7): 1605-1609.

[105] Li Y Z, Sun Q, Kong M, et al. Coupling oxygen ion conduction to photocatalysis in mesoporous nanorod-like ceria significantly improves photocatalytic efficiency[J]. Journal of Physical Chemistry C, 2011, 115(29): 14050-14057.

[106] Qu Z P, Bu Y B, Qin Y, et al. The effects of alkali metal on structure of manganese oxide supported on SBA-15 for application in the toluene catalytic oxidation[J]. Chemical Engineering Journal, 2012, 209: 163-169.

[107] Yu F L, Qu Z P, Zhang X D, et al. Investigation of CO and formaldehyde oxidation over mesoporous Ag/Co_3O_4 catalysts[J]. Journal of Energy Chemistry, 2013, 22(6): 845-852.

[108] Wang G, Huang B B, Lou Z Z, et al. Valence state heterojunction $Mn_3O_4/MnCO_3$: Photo and thermal synergistic catalyst[J]. Applied Catalysis B Environmental, 2016, 180: 6-12.

[109] Ma Y, Li Y Z, Mao M Y, et al. Synergetic effect between photocatalysis on TiO_2 and solar light-driven thermocatalysis on MnO_x for benzene purification on MnO_x/TiO_2 nanocomposites[J]. Journal of Materials Chemistry A, 2015, 3(10): 5509-5516.

[110] Mao M Y, Li Y Z, Hou J T, et al. Extremely efficient full solar spectrum light driven thermocatalytic activity for the oxidation of VOCs on OMS-2 nanorod catalyst[J]. Applied Catalysis B Environmental, 2015, 174-175(332): 496-503.

[111] Zheng Y L, Wang W Z, Jiang D, et al. Ultrathin mesoporous Co_3O_4 nanosheets with excellent photo-/thermo-catalytic activity[J]. Journal of Materials Chemistry A, 2015, 4(1): 105-112.

[112] Zheng Y L, Wang W Z, Jiang D, et al. Amorphous MnO_x modified Co_3O_4 for formaldehyde oxidation: improved low-temperature catalytic and photothermocatalytic activity[J]. Chemical Engineering Journal, 2016, 284: 21-27.

[113] 李朝晖，刘平，付贤智. 宽带隙 p 区金属氧化物/氢氧化物对苯的光催化降解[J]. 物理化学学报, 2010, 26(4): 877-884.

[114] Hou Y D, Wu L, Wang X C, et. al. Photocatalytic performance of α-, β-, and γ-Ga_2O_3 for the destruction of volatile aromatic pollutants in air[J]. Journal of Catalysis, 2007, 250(1): 12-18.

[115] Sun M, Li D Z, Zhang W J, et al. Rapid microwave hydrothermal synthesis of GaOOH nanorods with photocatalytic activity toward aromatic compounds[J]. Nanotechnology, 2010, 21(35): 355601.

[116] Li Z H, Xie Z P, Zhang Y F, et al. Wide band gap p-block metal oxyhydroxide InOOH: A new durable photocatalyst for benzene degradation[J]. Journal of Physical Chemistry C, 2007, 111(49): 18348-18352.

[117] Xue H, Li Z H, Wu L, et al. Nanocrystalline ternary wide band gap p-block metal semiconductor $Sr_2Sb_2O_7$: Hydrothermal syntheses and photocatalytic benzene degradation[J]. Journal of Physical Chemistry C, 2008, 112(15): 5850-5855.

[118] Sun M, Li D Z, Zhang W J, et al. Photocatalyst $Cd_2Sb_2O_6$ with high photocatalytic activity toward benzene and dyes[J]. Journal of Physical Chemistry C, 2009, 113(33): 14916-14921.

[119] Fu X L, Wang X X, Ding Z X, et al. Hydroxide $ZnSn(OH)_6$: A promising new photocatalyst for benzene degradation[J]. Applied Catalysis B Environmental, 2009, 91(1): 67-72.

[120] Sun M, Li D Z, Zheng Y, et al. Microwave hydrothermal synthesis of calcium antimony oxide hydroxide with high photocatalytic activity toward benzene[J]. Environmental Science & Technology, 2012, 43(20): 7877-7882.

[121] Fu X L, Huang D W, Qin Y, et al. Effects of preparation method on the microstructure and photocatalytic performance of $ZnSn(OH)_6$[J]. Applied Catalysis B Environmental, 2014, 148-149(648): 532-542.

[122] Li H Q, Hong W S, Cui Y M, et al. High photocatalytic activity of C-$ZnSn(OH)_6$ catalysts prepared by hydrothermal method[J]. Journal of Molecular Catalysis A Chemical, 2013, 378(11): 164-173.

[123] Marchelek M, Bajorowicz B, Mazierski P, et al. $KTaO_3$-based nanocomposites for air treatment[J]. Catalysis Today, 2015, 252: 47-53.

[124] Chen Y B, Li D Z, Chen J, et al. A promising new photocatalyst $CdSnO_3 \cdot 3H_2O$ for air purification under ambient condition[J]. Applied Catalysis B Environmental, 2013, 129: 403-408.

[125] Zhang X N, Huang J H, Ding K N, et al. Photocatalytic decomposition of benzene by porous nanocrystalline $ZnGa_2O_4$ with a high surface area[J]. Environmental Science & Technology, 2009, 43(15): 5947-5951.

[126] Li X Y, Zhu Z R, Zhao Q D, et al. Photocatalytic degradation of gaseous toluene over $ZnAl_2O_4$ prepared by different methods: a comparative study[J]. Journal of Hazardous Materials, 2011, 186(2-3): 2089-2096.

[127] Zhu Z R, Li X Y, Zhao Q D, et al. Porous “brick-like” $NiFe_2O_4$ nanocrystals loaded with Ag species towards effective degradation of toluene[J]. Chemical Engineering Journal, 2010, 165(1): 64-70.

[128] He R A, Cao S W, Zhou P, et al. Recent advances in visible light Bi-based photocatalysts[J]. Chinese Journal of Catalysis, 2014, 35(7): 989-1007.

[129] Ai Z H, Huang Y, Lee S C, et al. Monoclinic α-Bi_2O_3 photocatalyst for efficient removal of gaseous NO and HCHO under visible light irradiation[J]. Journal of Alloys & Compounds, 2011, 509(5): 2044-2049.

[130] Sharmin R, Ray M B. Application of ultraviolet light-emitting diode photocatalysis to remove volatile organic compounds from indoor air[J]. Journal of the Air & Waste Management Association, 2012, 62(9): 1032-1039.

[131] Li H Q, Cui Y M, Hong W S. High photocatalytic performance of BiOI/Bi_2WO_6 toward toluene and Reactive Brilliant Red[J]. Applied Surface Science, 2013, 264(1): 581-588.

[132] Chen Y L, Cao X X, Kuang J D, et al. The gas-phase photocatalytic mineralization of benzene over visible-light-driven Bi_2WO_6@ C microspheres[J]. Catalysis Communications, 2010, 12(4): 247-250.

[133] Guo S, Li X F, Wang H Q, et al. Fe-ions modified mesoporous Bi_2WO_6 nanosheets with high visible light photocatalytic activity[J]. Journal of Colloid & Interface Science, 2012, 369(1): 373-380.

[134] 李思佳, 邹学军, 董玉瑛, 等. 纳米 $FeVO_4$ 的制备及其可见光下降解甲苯的性能[J]. 化工环保, 2015, 35(2): 182-186.

[135] Chen Y L, Cao X X, Lin B Z. Preparation and property of visible-light-driven $InVO_4$/MWCNTs photocatalyst for benzene decomposition[J]. 无机材料学报, 2011, 26(5): 508-512.

[136] He Y M, Zhao L H, Wang Y J, et al. Synthesis, characterization and photocatalytic performance of VD_yO_x composite under visible light irradiation[J]. Chemical Engineering Journal, 2011, 169(1): 50-57.

[137] Chen F F, Wu T H, Zhou X P. The photodegradation of acetone over VO_x/MgF_2 catalysts[J]. Catalysis Communications, 2008, 9(8): 1698-1703.

[138] Luo L, Li Y Z, Hou J T, et al. Visible photocatalysis and photostability of Ag_3PO_4 photocatalyst[J]. Applied Surface Science, 2014, 319(1): 332-338.

[139] Fontelles-Carceller O, Muñoz-Batista M J, Fernández-García M, et al. Interface effects in sunlight-driven Ag/g-C_3N_4 composite catalysts: Study of the toluene photodegradation Quantum Efficiency[J]. ACS Applied Material & Interfaces, 2016, 8(4): 2617-2627.

[140] Anpo M, Shioya Y, Yamashita H, et al. Preparation and characterization of the Cu^+/ZSM-5 catalyst and its reaction with NO under UV irradiation at 275 K. *In situ* Photoluminescence, EPR, and FT-IR investigations[J]. Journal of Physical Chemistry, 1994, 98(22): 5744-5750.

[141] Yamashita H, Matsuoka M, Tsuji K, et al. *In-situ* XAFS, Photoluminescence, and IR investigations of copper ions included within various kinds of zeolites. Structure of Cu(I) Ions and their interaction with CO molecules[J]. Journal of Physical Chemistry, 1996, 100(1): 397-402.

[142] Blatter F, Sun H, Vasenkov S, et al. Photocatalyzed oxidation in zeolite cages[J]. Catalysis Today, 1998, 41(4): 297-309.

[143] 张楷，马永亮，徐康富，等. 油烟净化设备的应用现状及其市场分析[J]. 环境保护，2002(5): 43-45.
[144] 岳仁亮，季冬冬，吴傲立. 一种油烟净化装置及侧吸式吸油烟机[P]. 中国专利: CN203737089U, 2014-07-30.
[145] 殷健峰，袁圆，聂婷. 高压静电光催化油烟降解装置[P]. 中国专利: CN2040933302U, 2015-01-14.
[146] 张居兵，吴映辉，张博锋，等. 一种基于 TiO_2 光催化氧化的模块式厨房油烟净化装置[P]. 中国专利: CN106345296A, 2017-01-25.
[147] 林悦扬. 一种光催化协同活性炭吸附的油烟消除装置[P]. 中国专利: CN206514370, 2017-09-22.

7 复合净化技术

研究发现，油烟污染物不仅含有可沉降颗粒、可吸入颗粒，还含有大量有害、致癌或促癌的挥发性有机化合物，对人体健康和区域环境具有极大的危害。前文(第2章至第6章)着重介绍了目前市场上常见的5种油烟净化技术：机械净化技术、高压静电净化技术、湿式处理净化技术、吸附净化技术和光催化净化技术。虽然这5种油烟净化技术均有着较高的实际应用价值，但不可否认，每一种净化处理方法也都有其技术本身的缺陷和局限性。针对组分复杂且含有潜在危害性的烹饪油烟，目前还没有任何一种净化技术可以实现完全净化处理。市场上有时会利用复合式油烟净化器来处理烹饪油烟，其原理就是将两种或两种以上的油烟净化技术进行组合，借此期望发挥各方法的优势，从而高效、可靠地进行油烟净化。

7.1 背 景 介 绍

厨房内安装的吸排油烟机其工作原理为多叶轮旋转产生负压，把烹饪产生的油烟气吸入油烟机，通过滤网机械式滤留下油底和大颗粒污染物，剩余的油烟废气和小颗粒污染物通过烟道直接排放到大气环境中[1]。而外排的油烟污染长时间游离在空气，直接威胁着居民的健康。据新闻报道《雾霾杀手大调查 餐饮业油烟占 $PM_{2.5}$ 比重达11%》，对北京 $PM_{2.5}$ 的污染源解析结果表明，燃煤、机动车为最主要来源。北京年平均 $PM_{2.5}$ 排放中，燃煤占26%，机动车占19%，工业占10%，餐饮则占11%[2]。

烹饪油烟造成的污染已不仅仅是环境问题，更是一个亟待解决的社会问题，如何有效控制和净化厨房油烟污染已经成为一项刻不容缓的议题。历史上，美国南加利福尼亚州率先颁布了国际上第一部关于餐饮业烹饪油烟排放控制的法规——SCAQMD Rule 1138[3]。我国相关部门和单位在21世纪初也相继出台了有关政策、标准或规范来检测以及治理烹饪油烟污染，如《饮食业油烟净化设备技术要求及检测技术规范(试行)(HJ/T 62－2001)[4]、《饮食业油烟排放标准(试行)》(GB 18483－2001)[5]、《饮食业环境保护技术规范》(HJ 554－2010)[6]等，使得油烟污染治理有标准可循，有法律可依。这些标准和相关规范中明确规定了饮食业油烟不得自然排放，在外排进大气环境之前，必须加以净化。

为了解决油烟污染问题，国内外已经有了相当多的油烟治理技术以及相应的治理设备方案[7-13]。目前，针对油烟污染的净化，主要的油烟处理方法包括以下几种：机械法(惯性分离法、重力法)[14-16]、液体洗涤吸收法[17-19]、吸附法[20-22]、生物降解法[23-25]、静电沉积法[26,27]、热氧化焚烧法[28]、催化氧化法[29-31]、紫外光解法[32]等。但由于餐饮油烟的成分非常复杂，各种净化方式的优缺点差别较大，如果想达到经济、高效、环保的多功能效果，单一的净化方法并不可取。现如今的一些净化设备开始采用复合净化技术来达到取长补短、提高净化效率、降低运行成本的目的。复合净化技术指的就是将 2 种或 2 种以上的处理方法结合起来，兼顾各单一方法的优点，合理规避各方法的不足，确保较高的油烟净化效率[33,34]。

复合式净化处理技术虽然能够兼具不同方法的优点，提高对油烟的净化效果，但其初期投资额、二次污染、日常运行维护费用等问题也需视选用的基本处理方法而定。在技术升级方面，在保证净化效率基础上，节能环保和成本节约将是油烟净化领域中复合净化技术的研究重点[35]。

我国饮食服务业日益繁荣。据国家统计局数据统计，2017 年全国餐饮业营业额达 39644 亿元，2018 年全国餐饮业营业额高达 42716 亿元，2019 年全国餐饮营业额达 46721 亿元，同比增长 9.4%[36]。餐饮服务业的发展一方面为广大人民群众的生活带来了便利，另一方面也为旅游、商贸等行业的发展和国民经济的持续稳定发展提供了保障。但饮食业油烟也已成为城市污染的主要来源之一，饮食业的无序发展给我们生存的环境和身心健康带来了危害[37]。

国外油烟净化技术起步较早，20 世纪 50 年代，欧美国家已经开始关注油烟排放的问题[38-40]，到了七八十年代，油烟净化技术得到了蓬勃发展。国外餐饮业是以西餐为主，油烟浓度较低，大型的饭店一般采用热氧化焚烧法处理烹饪油烟，小型饭店一般采用催化氧化法净化油烟，但这两种方法核心技术复杂，设备成本高。我国香港开始使用油烟净化设备可以追溯到 20 世纪 60 年代，香港早期引进日本油烟净化技术，研制出采用机械格栅和运水烟罩技术的油烟净化器。相比之下，我国内地发展油烟净化技术和设备的历史则较短，有记载的油烟净化设备使用实例是广州广交会老会馆在 20 世纪 70 年代末安装的“水帘式油烟净化器”。

20 世纪 80 年代末期，改革开放促进我国广东餐饮业迅猛发展，广东的厨具制造业走在全国前列，由厨具行业生产的运水烟罩和水帘机技术逐渐成熟并在高档场合得到比较广泛的应用，这些技术对厨房消防和油烟除油起到了较好的效果。运用这两种技术制造出来的水帘机和运水烟罩便是早期油烟净化设备的雏形，水帘机和运水烟罩的运用改善了厨房长期工作后油烟排放口有严重油腻污染的状况[41]。

20 世纪 90 年代初，我国油烟净化技术基本上仍停留在机械式净化方法和湿式油烟净化方法，这两种方法虽然可以去除油烟中的大颗粒油滴成分，降低油烟的排放温度，但对小颗粒烟雾、气态污染物、异味等处理效果较差。随着人们生活水平的提高，家庭厨房以及餐饮业厨房对于厨房油烟的排除有了较高的要求，这两种简单的油烟净化技术已不能完全满足环保和健康的要求。到了 20 世纪 90 年代中期，油烟净化技术渐渐引起企业和个人的关注，并且得到了不断的改进。在餐饮业发达的沿海城市、旅游城市、省会城市和大城市，受环保政策法规驱动，一些厨具生产企业开始生产油烟净化设备，一些餐饮行业的大型企业也开始被动安装油烟净化设备，技术主要是采用稍加改造过的静电除尘设备技术。但此时静电除尘技术用于油烟净化领域还有诸多问题亟待解决，仍处于实验阶段。因为静电除尘技术最早应用是工业除尘，设备不仅昂贵，净化效果也不稳定，因此用户群并不庞大。可以说这个时期每一个工程实例都是净化设备生产厂商的“工程样品”：从安装到调试，从数据采集到烟道气分析，从结果分析到技术改进，从技术改进到产品更新，再到设备安装、调试，我国早期的静电除尘技术正是在这样一步一步摸索发展的[42]。

2001 年国家环保总局颁布《饮食业油烟排放标准(试行)》(GB 18483－2001)，这一标准中规定所有餐饮企业必须安装油烟净化设备。《大气污染防治法(2018 修订)》第八十一条规定，排放油烟的餐饮服务业经营者应当安装油烟净化设施并保持正常使用，或者采取其他油烟净化措施，使油烟达标排放，并防止对附近居民的正常生活环境造成污染。法律和标准的颁布施行，使得国内油烟净化设备行业实现了井喷式发展，这个时期涌现了大量油烟净化设备生产企业，很大程度上促进了油烟净化技术的研发。逐渐地，采用不同净化原理、不同制造工艺的油烟净化设备拥有了相对稳定的客户群体，油烟净化设备产业初步成形。

国家知识产权局专利局专利审查协作四川中心[43]2018 年对涉及油烟净化技术的全球专利申请(共计 4900 多项)进行了针对性的技术分类和总结，油烟净化技术、设备的发展趋势是呈增长的态势。从数据分析可以发现，油烟净化领域的专利申请大致经历了以下阶段：在 20 世纪 90 年代前，专利申请量少而平稳，从 1990 年开始增长，中间略有回落，但在 2000 年达到一个小高峰；2001 年之后申请量开始缓慢回落，可能是当时的油烟排除技术已经满足了厨房油烟排除的需求。但随后由于大气污染的情况逐渐引起政府和百姓的关注以及相关政策的出台，2010 年之后申请量呈现明显上升的趋势，并在 2015 年达到峰值。中国专利申请量年度分布情况与全球申请量分布情况的整体趋势是一致的。

目前油烟净化行业面临的技术突破点是寻求低造价、高性能、少污染的高效除味技术。经过数十年的科学发展，目前的油烟净化技术早已突破了“可自然沉降大颗粒”和“稳定气溶胶小颗粒”的净化技术难关，正在攻克分子级别复合净化技术的难题，最终实现烹饪油烟“无烟、无味、常温排放”的高端油烟净化设备。在发展复合油烟净化技术、实现“无烟、无味、常温排放”的高端设备研发的过程中，还应该考虑到：

(1) 复合净化技术的进步性。“进步性”指的是复合净化技术原理概念上、技术突破上、产品设计上要有所突破和进步。

(2) 复合净化技术要因地制宜。“因地制宜”指的是技术开发和产品设计必须要考虑到产品和消费者市场之间的供需特征。例如，采用了湿式净化法的油烟净化设备要考虑到水在 0℃以下会结冰的物理特性，因此在黄河以北地区应尽量避免采用此种方法。

(3) 复合净化技术要实现经济化。简单、单一的油烟净化技术固然设备成本和运行成本较低，但是油烟净化效率往往也会不达标。复合净化技术虽然在一定程度上增加了设备成本和运行维护成本，但餐饮服务单位如若想用污染来换取利益，得到的将是国家环保部门的处罚和社会大众的整改要求。因此，未来的复合净化技术应考虑不同行业的不同需求和购买能力。简单来说，就是要让有需要的餐饮服务单位和家庭买得起、用得起，性价比高同样也是判断油烟净化设备经济性的基本判据。

(4) 复合净化技术要与时俱进。任何行业的发展都要抓住时代发展的脉络。当前，我国人工智能(artificial intelligence, AI)产业发展的基础条件已经具备，未来十年内都将是人工智能技术加速普及的爆发期，将人工智能与油烟净化相结合将具有广阔的应用前景。

7.2　复合油烟净化技术及其机理

我国目前在实际市场应用的油烟净化设备中，以静电式、机械式以及此两种技术组合的复合式产品为主。在油烟净化设备生产厂中，静电式(包括静电复合式)约占 58%，机械式约占 26%。从市场用户分析，以静电式(包括静电复合式)应用最为普遍，约占市场数量的 80%，机械式约占市场数量的 10%[44,45]。目前，静电式与湿式净化处理技术的联合也吸引了众多研究专家和厂商的注意力，虽然其研究成果和产品开发不及机械-静电油烟净化技术，但鉴于湿式除尘技术和静电除尘技术两者的成熟性，其二者的复合对油烟污染的处理也有相当的可考性。本节中，将重点介绍机械-静电油烟净化技术、湿式-静电油烟净化技术，在此基础上，也将介绍一些其他复合式油烟净化技术。

7.2.1　机械-静电油烟净化技术

1. 概念

机械-静电油烟机净化技术，是一种利用机械法与高压静电沉积法两种净化方法相结合来处理油烟污染物的复合净化技术。根据国家环境保护总局颁布的标准《饮食业油烟排放标准(试行)》(GB 18483—2001)中的规定[5]，将利用惯性碰撞、过滤、吸附或其他机械分离原理去除油烟的方法统称为机械式油烟净化技术。

2. 机械–静电油烟净化技术机理

1) 机械离心–静电油烟净化技术机理

机械离心–静电油烟机净化技术首先利用离心力分离，其原理是在油烟净化设备中机械离心净化器的作用下，使特定管道内的气流发生高速旋转，利用旋转气流产生的离心力使油烟中的颗粒物分离出来。经过前置机械离心净化器净化处理后的油烟废气紧接着进入静电油烟净化器中，开始更进一步的净化：油烟气中的颗粒和油雾滴在高强度的高压静电场中被电离、分解、炭化、吸附，故设备具有较高的净化效率。

将机械离心净化技术作为预处理部分进行初级净化，再将经过初级净化后的油烟废气送入后端静电油烟净化装备进行二次净化处理。初级机械离心净化一方面对大粒径油烟粒子进行物理分离，另一方面也减小后端静电净化装备的净化压力。静电式油烟净化器一般在高压静电段之前设置均流段，其目的是使得油烟气在被导入进风口后平均分布，保证了油烟气流平稳。

2) 吸附–静电油烟净化技术机理

吸附–静电油烟净化技术就是单纯利用活性炭或者油烟吸附剂进行油烟颗粒吸附；而未被吸附剂吸附的油烟废气颗粒则在通过高压静电力场时与高能电子接触并带上电荷，在电场力作用下与气流主体分离向极性相反的极板运动，荷电微粒到达极板时由静电力吸附在极板上被捕集。

在吸附工段，最重要的是用来吸附油烟的吸附剂。活性炭是一种很常用的吸附剂，活性炭材料内部有很多微孔，吸附无黏性的气体效果比较好。净化黏性油烟气时，因活性炭材料表面容易被黏性油烟气污染物所包围，形成一层黏性保护膜，吸附能力有所下降[46]。因此，活性炭改性或者以活性炭为载体的复合式吸附剂的研发成为活性炭型吸附净化油烟机的关键。

不仅仅是活性炭，海泡石(sepiolite)由于吸附性能优良、价格低廉，其经物理、化学改性过后的产品多用于工业废水[47-52]、废气(尤其是一些挥发性有机物，例如丙酮、甲苯等)[53-55]中的净化处理。因此，有研究人员开始研究以海泡石作为油烟吸附剂净化油烟气[56,57]。左勤勇[58]用海泡石研制出一款能有效去除油中沉渣、稠块、病原菌等有害物质的食用油过滤纸，体现了其良好的吸油特性。不仅仅是海泡石，现在也有一些研究学者尝试利用一些吸油烟树脂材料作为油烟吸附剂[59-66]。其中丙烯酸酯树脂或丙烯酸系吸油烟材料具有憎水亲油性和比表面积大、吸油量大、可再生等特点，有潜力成为一种新型的油烟吸附剂。

3) 过滤–静电油烟净化技术机理

利用过滤–静电油烟净化技术的油烟净化器，其工作原理与活性炭吸附剂的吸附原理类似，它是采用了吸油性较好的复合滤网制作整个过滤层，如图 7-1 所示。一般使用的过滤层材料是织物类，如纤维垫，其本质就是一种吸油性能强的高分子复合材料。油烟废气首先经过一定数目的金属格栅(初级过滤)，油烟废气中大颗粒污染物被阻截，然后经过纤维垫等滤料后，颗粒物由于扩散、截留、惯性碰撞等作用而被捕集。在进风口设置粗滤装置，不仅可以降低极板长期积累的油膜对极板的污染程度，还可以减轻高压电场的负荷，从而增强了净化效率[67]。该类油烟净化设备的油烟净化效率一般在 80%～95%范围内，运行费用也较低，无二次污染；但是滤料阻力一般较大，对于一些异味气体分子无法拦截过滤，造成其净化污染物有一定的局限性。该项技术与吸附–静电油烟机净化技术中需要经常更换吸附剂材料一样，也需要经常替换过滤层材料，使得后期维护成本有所升高。

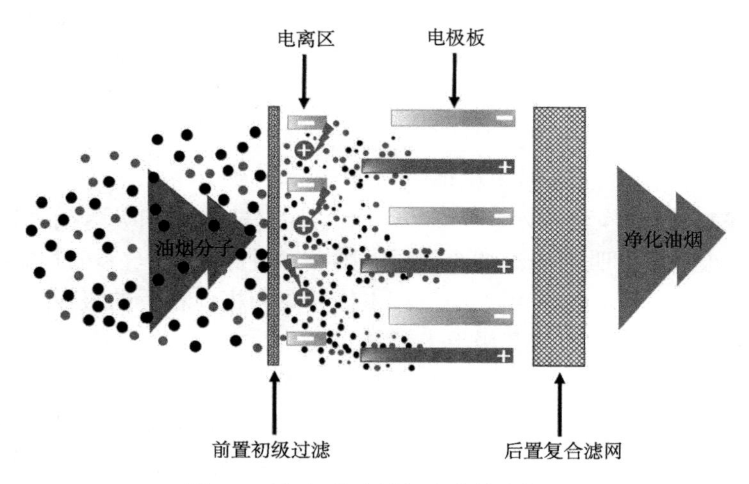

图 7-1　过滤–静电油烟净化技术机理

7.2.2　湿式–静电油烟净化技术

1. 概念

湿式–静电油烟净化技术是油烟气污染物在金属放电装置的直流高电压作用下电离，电离后的油烟颗粒被电场驱动在集尘区，再利用清洗液将集尘区的颗粒物去除的一种技术，因此也被称为湿式静电除尘器(wet electrostatic precipitator, WESP)技术。区别于传统干法静电除尘技术(dry electrostatic precipitator, DESP)，DESP 在工作过程中不需要水作为除尘介质，适用范围非常广，绝大部分的除尘系统都是干法除尘。WESP 和 DESP 的收尘原理相同，都是根据高压电晕放电使得粉尘荷电，荷电后的粉尘在电场力的作用下沉积在集尘板/管。两者对集尘板/管上捕集到的粉尘在清除方式上有较大区别：DESP 一般采用机械振动或声波清灰等方式清除电极上的粉尘，而 WESP 则采用液体冲洗的方式使粉尘随着清洗液的流动而清除。静电除尘器(electrostatic precipitator, ESP)是目前除尘设备中效率最高、应用最广的除尘装置，尤其对微米、亚微米级的粉尘捕集效率极高，设备阻力小，能耗相对较低，除此之外，设备管理方便、占地面积小、不易腐蚀等优势也是其大受青睐的原因。但静电除尘装置也有其自身技术上的瓶颈：第一，对含尘气体中的有毒有害成分净化效果差；第二，容易使得低比电阻粉尘在气流作用下产生“二次扬灰”现象[68]；第三，随着粉尘在集尘极板上越积越厚，高比电阻粉尘未被释放出的负电荷也越积越多，粉尘层和极板之间形成一个越积越强的电场，使得高比电阻粉尘中产生局部反向放电的现象，俗称“反电晕”现象，既消耗功率，又严重影响除尘效率[69]；第四，对于像油烟这样的黏性污染物，油雾会对电晕极和集尘电极产生包裹，净化时用传统振动等方式去除油烟变得非常困难。这些问题造成的影响会使得静电除尘器净化效率显著下降，严重时甚至损坏电极[70]。

湿式-静电复合技术是一种能够有效抑制二次扬尘和高比电阻粉尘的反电晕现象的净化技术[71]。湿式油烟净化设备是与液体(一般指清水)有关的设备，该类设备在工作过程中，清洗液(清水和洗涤剂)经喷头喷洒而出形成一个连续的水罩或水雾空间，气体和油烟颗粒与水罩、水雾充分接触后融入清洗液之中，最终随水流排出。将湿式净化法与静电式净化法复合，可以很好地避免二次扬尘的问题；同时，高电压放电极在高湿环境中能够使电场产生大量电荷，增加了油烟气中颗粒物荷电的概率，有利于提高油烟净化效率。湿法技术的关键之一在于喷嘴的设计和洗涤剂的选择、研制。因为设计合理的喷嘴可以实现在较低的泵压下形成伞状水膜，形成极佳的雾化效果[72]，而且喷出的雾滴粒径适宜，分散性好，水雾均匀[73]。第二个关键之处在于洗涤剂的选择。实际应用中的洗涤剂需要对饮食油烟具有快速、高效、彻底的治理效果，而且需对环境无毒，且易于降解。

2. 湿式-静电油烟机净化技术机理

湿式-静电油烟净化设备的技术机理可以细分为以下五步：

第一步，油烟气污染物通过引风机负压吸到集气罩内，如果装置还配置有油烟预处理设备(如金属滤网、旋风分离器等)，较大颗粒的油烟颗粒物被大部分去除，剩下含有较小油颗粒和气态污染物的空气流过入口处的气流分布板均匀地进入电离区，电离区高压装置在外加高电压的作用下对放电极供电并使得油烟粒子带上电荷(极化荷电过程)。

第二步，荷电油烟颗粒在电场力作用下进入后续的吸附区电场被不断吸附到集油板上(荷电颗粒的吸附过程)。

第三步，净化设备开启后，安装在净化器内部的喷嘴将含有油烟专用洗涤剂的清洗液雾化后喷入电场中，雾化后的清洗液雾滴也在电晕放电作用下带上电荷(雾化水雾颗粒的荷电过程)。

第四步，荷电水雾颗粒与油烟气中的气体污染物发生碰撞，凝聚成较大的颗粒物，这些含有气体污染物的粗大荷电颗粒物和处于雾滴包围之中的荷电油烟颗粒物在电场力作用下被吸附在集油板上而捕集(气态污染物的清除过程)。

第五步，将捕集的粉尘颗粒和含有气体污染物的水滴进行后续清除，最终实现对油烟气的高效净化的目的(油烟气捕集物的去除过程)。

湿法和静电技术的复合是将传统静电技术的“金属(电极)-空气”界面分割成“金属-水(清洗液)”界面和“水-空气”界面[73]，利用水雾覆盖在电极板上达到更强净化的效果。从机理上而言，想要获得较高的净化效率，电极放电产生的自由电子能量要足够大，数量要足够多，才可能在单位时间内有更高的概率与单位体积的油烟气污染物发生碰撞。虽然热发射和光发射可以增加电子的动能，但静电除尘器中并不具备这样的条件。那么增加电极放电电压或者减小放电金属电极表面的能量势垒也是两种方案，但是前者耗电量增加，在一定程度上提高了用电成本；而喷嘴喷出的水雾可以使金属电极表面的势能降低，这样在原有的外加高电压下会有更多自由电子喷射出。湿法的复合必然要用到液体洗涤剂，油烟专用清洗液一般含有诸多溶剂(表面活性剂、碱溶剂等)，清洗液中包含有大量的自由离子，这些自由离子在静电场力作用下变成发射离子，使得放电金属电极在低电压下就发生电晕放电[74,75]。从另一个角度来讲，在电晕区及电晕邻近区域，高电场强度的电场可以激发更高浓度的负离子和自由电子，使得雾滴通过这些离子和自由电子形成荷电雾滴。后者在电场力作用下向集尘极运动，使油烟气中的油烟颗粒实现高效的静电聚并和动力聚并[76]，从而提高了除尘效率。利用荷电雾滴提高除尘器对亚微米级粉尘粒子的捕集效率在1944年便已问世，最早是由Penney提出[77-80]。

实际应用湿式–静电油烟净化技术制造的油烟净化设备，首先应考虑到因油烟中产生的物质及温度的不确定因素，最终导致静电电场参数不稳定等问题；其次，需要考虑到清洗液是否会对电极材料产生腐蚀。为了让油烟净化设备不仅可以正常工作，还能取得令消费者满意的油烟净化效率，设备结构的优化将是未来研究工作的一大重点。设备最终排出的油污水还有可能对环境造成二次污染，需要对其加以处理以满足排放标准。

7.2.3 其他复合式油烟净化技术

1. 吸附-光催化复合油烟净化技术

在控制废气中有机污染物排放领域，现已开发的处理技术可分为两大类，第一大类为回收类方法，主要包括：冷凝法[81]、吸附法[82]、吸收法[83]和膜分离法[84]；第二大类为消除类方法，主要包括：生物降解法[85]、热力燃烧法[86]、催化燃烧法[87]、光催化法[88]和低温等离子体法[89]等。

在第一类回收类方法中，吸附法原理简单，也是使用率高、效果佳的净化技术之一，对去除油烟中低浓度的 VOCs 效果较为显著。在第二类消除类方法中，光催化技术是 20 世纪 70 年代随着纳米科技的崛起逐步发展的一项低温深度氧化技术。光催化技术主要是采用纳米级光催化剂，目前常用的光催化剂主要有 TiO_2[90]、ZnO[91]、CdS[92]、WO_3[93]、Fe_2O_3[94]、SnO_2[95]等以及各自的改性产品，其中 TiO_2 是应用最广的光催化剂。

在工业应用中，光催化根据催化原理不同可以分为光催化还原法和光催化氧化法两类。对光催化还原法而言，举例来说，工业上脱除氮氧化物 NO_x，就是借助氨、甲醇等还原剂，在催化剂作用下使氮氧化物 NO_x 发生还原反应转化为无污染的氮气(N_2)和氧气(O_2)实现去除。而光催化处理挥发性有机物(VOCs)一般利用的是光催化氧化法。作为一项深度氧化技术，其工作原理是利用特定光源发出的光辐射(光子)在光催化剂作用下将氧气、双氧水等氧化剂激发氧化对 VOCs 进行降解。工业上常用的光源为太阳光或者紫外光源，常用的光催化剂主要是 TiO_2，因其具有催化性能优良、化学稳定性高、操作条件较为温和、价格较低廉等实用性优势。

随着净化技术的发展和人们对油烟净化要求的提高，如何将吸附技术和光催化技术结合用于油烟废气的净化成为人们追求的目标。大量实验结果表明，碳纳米材料具有优异的光诱导电子转移、电子储存，良好的光致发光行为及光催化性能[96-100]。Karran Woan 团队[101]将锐钛矿、金红石以一定比例混合的 TiO_2 催化剂和碳纳米管耦合，制备出 CNT–TiO_2 复合材料，大大提高了 TiO_2 催化剂的光催化性能，为充分利用太阳光开辟了一条新的途径。这是因为碳基 TiO_2 复合材料可以阻碍电子-空穴复合，从而增强了其光催化活性[102]。Wu 等[103]采用溶胶凝胶法制备碳纳米管/TiO_2 复合材料，不仅增加了复合材料的表面积，还促进了电荷的分离与稳定，减少了电子-空穴复合，提高了催化反应的效率。戴业欣[104]采用超声辅助溶胶-凝胶浸渍法制备 TiO_2/ACF 薄膜多孔复合材料，以甲苯为净化处理对象，研究发现，采用超声辅助溶胶凝胶浸渍法制备的 TiO_2/ACF 复合材料具有优异的吸附-光催化性能，并且在光照条件下，TiO_2/ACF 复合材料对甲苯具有良好的去除效果。

2. 微波–光催化复合油烟净化技术

微波–光催化复合油烟净化技术是由微波无极灯降解技术+光催化氧化技术而成。无极灯降解油烟污染物主要通过以下机制[105]：①油烟污染物分子直接吸收特定波长紫外辐射的能量发生化学键的断裂过程；②油烟体系中存在的氧分子、水蒸气等吸收紫外辐射可以产生 •O、•OH、$\cdot O_2^-$等自由基，这些具有强氧化性的自由基可以氧化油烟污染物；③无极灯的激发方式，如介质阻挡放电(dielectric barrier discharge, DBD)等离子体或者微波的协同作用。通过以上三种机制，油烟污染物得以去除或生成比较容易降解的产物，再通过后续处理方法进一步去除。

虽然光催化净化法存在量子效率低、反应速率慢、可降解污染物浓度低等问题，但微波辐射能够有效加速化学反应[106-108]，微波辅助技术在提升 TiO_2 光催化剂效率方面已经得到证实[109]。微波无极灯作为一种新型的辐射光源，具有节能高效、辐射强度高、使用寿命长等诸多优点，与光催化净化法协同作用使得微波–光催化净化技术具有操作方便、能耗较低、不易产生二次污染等优势。

结合了微波无极灯降解技术与光催化氧化技术的油烟净化设备，其具体工作原理可被描述为：通过微波驱动无极灯管产生特定波长的高能紫外线，不仅能共振解离油烟气中的污染物分子，而且可以快速分解空气中的氧分子和水分子，同时还能耦合光催化剂反应生成强氧化性的超氧自由基 $\cdot O_2^-$和羟基自由基 •OH 等，彻底将有机气体分解为水和二氧化碳；同时利用微波谐振腔对无极灯产生激发作用促进 •OH 的生成，协同促进污染物分子结构断裂，使其逐步矿化或者是完全氧化，并可促进异味分子的表面羟基化，大幅提高其净化性能。

目前，微波技术已经相当成熟，微波无极灯不仅能够发出紫外线，而且产生紫外线的过程相对容易，可以避免电激发产生紫外线时需要高压脉冲电源和介质击穿问题，具有实现大功率和大规模工业化应用的可能。微波无极灯工作原理是在石英、玻璃或其他材料形成的密闭壳体内填充可蒸发金属和稀有气体的混合物。稀有气体的作用是激发等离子体放电，当无极灯放置于微波场中，稀有气体被激发产生低压等离子体，通过等离子体放电产生热使可蒸发的金属变为蒸气，产生更多的等离子体，增大等离子压力，释放更多的能量，形成更高的发光效率[110]。

这种微波无极灯具备如下优点：

(1) 没有电极老化的困扰。同普通紫外灯相比，无极紫外光源由于没有电极，不会产生电极氧化、损耗和封接密封问题引起的发黑现象，因为此种灯源没有传统意义上的电极，有效避免了灯管的维修或者更换问题；而且微波无极紫外灯的形状可以是任意的，可做成如下几种形状：纺锤形、圆球形、椭圆形、U 形、环形等[111]。

(2) 该种灯源可以瞬时启动或者再启动，不受频繁开关限制，不会有普通的带电极放电等造成明显的光衰退现象。

(3) 燃点寿命高。对于维护困难的场所和维护成本较高的地域，应用价值高。相较于通常的有极紫外灯，后者中的电极很容易与活泼气体碰撞而被消耗，自然燃点寿命会有所降低。

(4) 光输出稳定性好，无极灯辐射效率较有极紫外灯有显著提高，且耗电量也明显下降。

(5) 无电极阻碍，拓宽了紫外灯发光物质的选择范围。灯管内可根据特定反应人为地填充原料来提供特定波长的光源和光强度。微波无极灯有较多原料气可选，如 S、I_2、Br_2、F_2、Cl_2 等；或者蒸发性金属，如 Hg、Na、Cd、Zn 等[112]。

利用微波无极紫外光解技术处理气态污染物已成为近年来的研究热点，马兴冠等[113]采用微波无极紫外碘灯作为微波无极光源，将低浓度乙酸丁酯废气作为降解 VOCs 的特征污染物，在一定的初始浓度下，乙酸丁酯的降解率可达 78%。同时他们还发现降解效率中的停留时间成为决定光降解效率的重要因素，在保持乙酸丁酯初始浓度和气体停留时间不变的情况下，微波电源功率越大，降解率越高。汪剑锋[114]利用高频无极紫外灯去除污泥散发的恶臭气味中的硫化氢和甲硫醇气体，处理效果比较理想。他还发现紫外辐射与臭氧对硫化氢的去除还存在协同作用。

微波–光催化复合净化油烟研究方面，李锐[112]将水银和稀有气体氩气填充到可透过紫外线的石英灯管中，从而制得无极灯。无极灯在微波场中，微波通过放电能快速地产生高频电磁场，使灯管内启辉气体(惰性气体 R(g)，即 Ar(g))中存在的少量离子和电子加速，离子和电子动能增加后与启辉气体分子剧烈碰撞，产生更多的离子和电子，这就是电子雪崩(electron avalanche)。加速过后的高能离子及电子，与惰性气体 R(g)发生剧烈碰撞，把 R(g)分子激发到激发态 $R^*(g)$，$R^*(g)$如果回到基态就可以看到启辉气体分子发光；如果与 Hg 原子发生碰撞，则会发生 $R^*(g)$将能量传递给 Hg，后者成为激发态汞 Hg^*，$R^*(g)$无辐射地回到基态[115,116]。如果激发态汞 Hg^*又跃迁到基态，则这个过程中可以发出相应波长的辐射，光谱范围在 180～600nm，基本满足光化学反应所需要的能量。

在李锐的研究[112]中，采用 Cu_xMn_y/TiO_2 为催化剂，微波无极光作为预处理手段协同催化燃烧，对油烟中的特征污染物正己醛进行催化降解处理。研究结果表明，在制备的一系列催化材料中，$Cu_{15}Mn_{15}/TiO_2$ 的催化活性最高。通过机理分析表明，采用微波无极光协同催化燃烧降解正己醛，发现微波无极光主要生成高能光子作用于油烟污染物，并且提供大量自由基，产生较多酸类产物；而催化燃烧不仅提供氧化作用，还产生了活性物质使正己醛进一步分解，在两者协同作用下产生较多小分子酸或者醇，并且使得缩醛类物质进一步分解为 CO_2 和 H_2O 等最终产物，达到净化油烟污染的目的。

3. 等离子体-催化复合油烟净化技术

单一的等离子体技术由于存在 CO_2 选择性差、副产物(如 CO、NO、NO_2、N_2O、O_3 和其他的挥发性有机化合物等)多、能耗较大等问题，其进一步工业化也受到了一定限制。因此，国内外开展了针对等离子体的复合技术研究，包括联合吸附技术[117]、生物降解技术[118]、催化技术[119]等。等离子体技术与催化复合，前者可以产生大量高能量活性粒子，使催化反应甚至无须加热即可发生；后者如光催化剂被填充到等离子体放电区，吸收能量后产生电子–空穴对，电子–空穴对迁移到催化剂粒子表面参与加速氧化还原反应，起到主导反应方向的作用；还可以选择性地与等离子体产生的中间副产物反应从而大大减少反应副产物。该项技术被认为是处理低浓度、大流量有毒有害气体的最有效方法[120]。该技术的优势在于废气处理效率高、反应条件温和，选择性好、副产物产生少、使用寿命长、依赖性低。等离子体设备运行和维护成本较低，但生产价格昂贵，如何更为简便地产生等离子体或者降低等离子体设备的制造费用，成为该技术日后的主要研发方向。

姚鑫[121]建立了等离子体/高压静电与催化耦合的油烟净化实验平台，以烹饪油烟中的正己醛为特征污染物，采用等离子体协同 Ce 复合氧化物催化剂对其进行去除。Ce 复合氧化物催化剂主要指的是负载在蜂窝陶瓷上的 $MnCeO_x$、$CoCeO_x$、$NiCeO_x$ 和 $CuCeO_x$。在一定的实验条件下，Ce 复合催化剂的存在使得正己醛的去除率增加；随着等离子体输入电压的提高，正己醛的去除率也得到明显提高。实验结果表明等离子体和催化剂之间形成良好的协同作用。

胡祖和[122]采用介质阻挡放电产生低温等离子体协同吸附催化剂的方法研究了对室内甲醛废气的净化效果。以三组不同条件做平行组对比实验，分别研究了在不添加吸附催化剂条件下，低温等离子体对甲醛净化效率的影响；在未放电情况下，探讨了不同吸附催化剂对甲醛的净化效果；在放电和吸附催化剂联合作用下，探讨了这种协同作用对甲醛净化率的影响。在其最佳实验条件下，甲醛的最大净化率可达 88.8%。

姚超坤[123]采用线–管式单介质阻挡反应器产生等离子体，以喷涂行业典型有机废气苯、甲苯、二甲苯、丙酮、乙酸乙酯等进行降解研究；同时引入 TiO_2 颗粒光催化剂和其改性产品，以等离子体中产生的辐射光作为光催化效应的驱动光源，分析了等离子体和光催化的协同作用对有机废气苯、甲苯、二甲苯、丙酮、乙酸乙酯的降解效果。研究结果表明，低温等离子体对甲苯、二甲苯无特殊选择性；低温等离子体对 VOCs 的降解效率受废气初始浓度和气流速度因素的影响较大，而与催化剂相结合可削弱这种影响。姚超坤[123]还针对反应尾气中存在的臭氧问题进行了研究：以堇青石负载 MnO_x 制得的整体式臭氧催化剂做等离子体后置催化，对反应尾气中的臭氧有一定程度的削减；与此同时，还提升了 VOCs 的降解效率。

4. 臭氧-光催化氧化复合油烟净化技术

臭氧具有强氧化性，氧化还原电位仅次于氟，对 VOCs 有强烈的氧化降解能力。目前，臭氧降解技术已应用于城市污水恶臭气体的处理工程[124,125]和室内甲醛气体的净化去除[126]。臭氧虽然可以氧化许多有机物，但处理时一般要求有较高的浓度。即便如此，氧化效果也并不完全彻底，对有机物的反应选择性较差，还会存在臭氧残留等问题。因此，臭氧降解法的复合技术是目前较热门的研究方向。例如，将臭氧降解技术引入催化氧化体系使得两种技术产生协同作用，并最终达到降低能耗、降低起燃温度等目的。具体原理是以金属、金属氧化物和金属盐为催化剂，在催化剂作用下产生大量的具有强氧化能力的自由基参与污染物降解反应，一方面可以消除臭氧，另一方面协同增强了光催化的氧化能力[127]。

臭氧-光催化氧化技术是一种将深度臭氧氧化与光催化联合使用的技术，旨在提高光催化氧化效能。传统成熟的高级氧化技术，如 Fenton 法、O_3 降解、双氧水氧化等，主要用于净化水中的有机污染物，尤其是苯系物；而臭氧协同光催化法不仅可以去除液相中大多数有机物，还可以用于气相中的有机物净化。其作用机理是：光催化剂在特定波长的紫外线辐射下可以产生光生电子和光生空穴，由于臭氧具有很强的亲电性，其可以迅速捕获光生电子，不仅抑制了电子-空穴对的复合，还促进了光催化反应的过程。另一方面，臭氧在捕获电子之后，还可以生成很多的高活性含氧自由基，例如 $\cdot O$、$\cdot OH$、$\cdot O_3^-$[128]等。这些高活性含氧自由基可以与油烟污染物分子发生氧化反应而达到对污染物的矿化(如羟基自由基 $\cdot OH$ 降解有机物的过程主要包括脱氢、亲电加成和转移电子[129])，去除油烟中的有机污染物。但从高活性含氧自由基层面，臭氧降解之所以可以和光催化技术有协同作用，一个很重要的原因就是臭氧生成羟基自由基 $\cdot OH$ 所需要捕获的电子数仅为氧气的 1/3[130]。

何永兵[130]在静电式油烟净化器的基础上，以油烟 VOCs 中气味典型的丁醛作为目标污染物，研究了臭氧协同光催化剂技术去除油烟中典型 VOCs 的效果。以水性硅丙树脂为胶黏剂，用粘贴法将 TiO_2 光催化剂固载在铝合金网上，考察了流速、温度、丁醛初始浓度、水蒸气等参数对丁醛降解的影响；对催化剂在上述参数影响下的活性和寿命进行评估，考察了其对油烟中其他几种 VOCs 的降解。结果表明，臭氧协同光催化降解污染物具有明显效果，且具有良好的光催化寿命；其效果与流速、温度、丁醛初始浓度、水蒸气等参数相关；各有机物降解难易顺序为：三氯乙烯＞乙酸＞乙醇＞丁醛＞己醛＞甲苯；降解三氯乙烯时单位面积催化剂活性最高，为 13.63μmol/(m^2 · s)，而降解甲苯时单位面积催化剂活性最低，仅为 3.25μmol/(m^2 · s)，其平均单位面积催化活性为 7.84μmol/(m^2 · s)。

Li 等[131]用浸渍法将纳米级光催化剂 TiO_2 覆盖到玻璃纤维过滤器上，探讨了光催化技术协同深度臭氧氧化技术对模拟油烟中 VOCs 的降解效应。实验数据表明，模拟油烟中 VOCs 的降解效率与 VOCs 的初始浓度有很大的关联：随着 VOCs 初始浓度的增加，VOCs 的降解速率升高，达到一定程度后，再增加 VOCs 的初始进气浓度，VOCs 的降解速率则有所降低。当 VOCs 的初始进气浓度为 100 ppm 时，其降解效率达到最大值 64%。相较于深度臭氧氧化单一技术仅有 34%的 VOCs 降解率，UV/TiO_2+O_3 技术最高可以降解 94%的模拟油烟 VOCs。

Yoshiyuk 等[132]在固定床反应器催化燃烧甲苯体系中加入臭氧，催化剂采用 $Zr_{1-x}Ce_xO_2$–SiO_2 固溶体，记录臭氧浓度、甲苯转化率及 CO_2 转化率之间的关系，研究结果表明 $Zr_{0.77}Ce_{0.23}O_2$–SiO_2 催化剂具有最佳催化性能和 CO_2 选择性。采用多种表征手段发现，$Zr_{0.77}Ce_{0.23}O_2$–SiO_2 催化剂对由臭氧产生的活性氧物种(reactive oxygen species)具有最强的捕获并固定的能力；当燃烧温度升高时，由于催化剂的比表面积减小，固定活性氧的能力降低导致甲苯转化率降低。

Li 等[133]为了去除甲醛气体，用 Pechini 法制备了一系列 $Mn_xCe_{1-x}O_2$ ($x = 0.3$～0.9) 催化剂。其中，$Mn_{0.5}Ce_{0.5}O_2$ 催化剂具有最高的催化活性：甲醛 100%去除时的催化温度最低(270℃)，当在 $Mn_{0.5}Ce_{0.5}O_2$ 催化剂中掺杂 5%质量分数的 CuO_x，此温度大约变成 230℃。研究人员还将臭氧引入 $Mn_xCe_{1-x}O_2$ 催化氧化甲醛的体系中，发现室温(25℃)下，p 型(以带正电的空穴导电为主的半导体)的 $Mn_{0.5}Ce_{0.5}O_2$ 催化剂能够分解高达 99.2%的臭氧，远远超过 n 型(以带负电的电子导电为主的半导体)的 TiO_2 催化剂对臭氧的分解率(9.81%)。研究团队主要考察了臭氧与甲醛的摩尔比 $n_{(O_3)}/n_{(HCHO)}$ 对催化氧化效率的影响，发现当 $n_{(O_3)}/n_{(HCHO)}$ 从 3 增加到 8 时，甲醛的去除率从 83.3%增加到 100%；当 $n_{(O_3)}/n_{(HCHO)}= 8$ 时，甲醛的矿化率($HCHO \rightarrow CO_2$)为 86.1%。在 $O_3/Mn_{0.5}Ce_{0.5}O_2$ 体系中，他们还发现在室温下，空速保持在 $10000hr^{-1}$ 时，506ppm 的臭氧可以将气流中 61ppm 的甲醛完全氧化；在同一条件下，当 $n_{(O_3)}/n_{(HCHO)}=3$ 时，室温下反应甲醛的去除效率达到 81.2%，并且能稳定地维持 80h。

7.3　复合技术净化设备

油烟污染净化技术的一个主要发展方向是采用复合方法获得各种独特的处理效果，利用组合法原理将两种或两种以上的除油烟机理加以综合运用，以达到强化设备性能、提高油烟气去除效率的目的[134]。复合油烟净化技术已被证明是一种安全环保的处理方法，有关研究近十几年来也是非常热门，越来越多的专家学者以及油烟净化设备生产厂家潜心于复合油烟净化技术和设备的设计研发。例如，离心分离技术(用于去除油烟废气中的油)与过滤吸附技术(用于去除油烟废气中的难溶气体和小粒径的固体微粒）的联用[135]。

本节将介绍几款应用复合油烟净化技术的油烟净化装置，希望读者能够从原理设计角度和实际应用价值角度了解这几款专利设计，拓展自己的思维，激发自己的设计灵感。

徐洁和王杰[136]考虑到目前静电吸附式油烟净化器中的静电吸附板条（数量较多，分布紧密）在使用一段时间以后，油渍污染物沉积过厚就会影响吸附过滤工段的实际效率，造成后期人工清理工作繁重，而且维护周期非常短，增加了使用成本。为有效地清理油烟颗粒或者让油烟颗粒尽可能少地沉积在静电吸附板条上，他们设计出一款通过静电吸附板组旋转离心过滤的方式来清理油烟中的颗粒物，再集中回收的静电吸附式油烟净化器。该技术方案中，除了设置在桶式结构壳体内腔中的由一组相间排列的与正电源连接的阳极板和与负电源连接的阴极板构成的静电吸附板组（可以是扇形、圆形或者方形），关键在于阳极板和阴极板是相间设置在转轴上（使得静电吸附板的转速保持在100～120r/min），并借助轴向的连接件固定为一体式结构，阳极板和阴极板分体设置在两个相邻的丝杠上。这样设计的好处是：借助电机的转轴带动静电吸附板组做离心运动，使得油烟粒子进入桶式结构壳体后还未凝固，即被吸附到静电吸附板组上，然后在离心力作用下被分离出来，最后流入内壁底部的油滴收集装置中。后期人工维护时，仅需倒掉油滴收集装置中的废油即可，清理和维护方便、省时省力。

张涛[137]设计出一款结构简单、造价较低、除烟效果佳的对民用住宅屋顶烟道的油烟进行净化和除味的装置。该装置采用的是静电高压吸附技术，其设备在金属外壳的下端设有油烟进风口，上端设有油烟出风口，关键在出风口上设有一无动力通风器，被处理过后的油烟经过无动力通风器再排入大气，达到净化的目的。进风口上方设有电离板（通过电离板支架安装），在电离板上方设置有正、负极吸附板（通过吸附板支架安装）；进风口下方设置有油烟探测器。金属外壳侧面装有设有保护罩的控制器，从而控制着金属外壳内部的电离板、正负极吸附板和油烟探测器。保护罩的作用是防止油烟对控制器的污染和损坏。

侯鑫等[138]为了解决传统高压静电除油烟装置的油烟净化效率难以提升等技术难题，设计了一款磁场加强的商用静电厨房油烟净化器，净化器壳体内部吸附区内设置有静电极板，吸附区和正反向交替磁场区相叠加构成静电场和静磁场的双重作用。其基本原理是油烟颗粒在电离区被电离荷电，而后通过吸附区的正负交替的静电极板时，由于静电极板之间被施加正反向排列的静磁场（形成方式包含但不限定于带电线圈、永磁体），因此荷电油烟颗粒会受到静电磁场中洛伦兹力的作用而发生偏转，被电离的油烟颗粒物在静电场和静磁场双重作用下迅速被吸附在电极板上，可以达到高效去油烟的效果。该装置还可以适当放宽电极板间距，降低电压，使设备运行更加安全、节能和高效。

杨勃兴等[139]设计了一款可应用于家庭厨房处理 VOCs 的油烟净化装置——低温等离子体协同溶液除湿的油烟净化装置，具体包括低温等离子体反应模块、溶液除湿模块、混合排气模块以及电路控制模块。油烟净化装置工作时，厨房油烟自烟气进口进入除湿仓，在除湿仓内的油烟气通过一定规格的规整蜂窝填料与 LiBr 除湿溶液充分接触，完成首步除湿工段。除湿后的油烟气由反应仓内的多孔板分流进入多个线筒式低温等离子体反应管，完成 VOCs 的去除工段。除湿去 VOCs 的油烟气再进入气体混合仓，混合仓右侧的轴流式风机运转产生负压由前侧风管吸入换热空气，还有一部分空气自 LiBr 溶液再生仓进口流入，在再生仓内与吸湿过后的除湿溶液由蜂窝填料充分接触使除湿溶液再生浓缩，之后再进入混合仓，混合仓内除湿去 VOCs 后的油烟气与换热空气混合后再被排入大气环境中。该款油烟净化装置结合了溶液除湿和热泵系统，利用热泵系统蒸发器的冷量对除湿过程进行冷却，利用热泵系统冷凝器的排热量作为 LiBr 溶液浓缩再生的热量来源，同时实现了热泵系统蒸发器冷量和冷凝器热量的综合利用。除湿溶液之所以选择溴化锂(LiBr)溶液，是考虑到 LiBr 溶液可以使得换热空气的风量有所减小，以便选择低噪声的小型风机。

范瑞宇等[140]设计的同杨勃兴[139]一样，也是考虑到目前的油烟净化器主要应用在一些公众场所或者工业场合，忽略了家庭厨房的油烟排放。现有的应用于厨房的吸油烟机采用的是简单的排放方式，鲜有对油烟进行处理。而目前常用的高压静电式油烟净化装置通常需要外加电力驱动，不太适用于家庭。鉴于此，范瑞宇等[140]提供了一种基于物理冷凝与物理吸附的家用型外接式油烟净化装置，包括油烟冷凝室、油气分离室和废气处理室。其工作过程为：家用吸油烟机管道排出的油烟气进入发明装置的冷凝室通风口，从冷凝室的一侧流向另一侧，流动过程中流经冷凝管(垂直于油烟气的气流方向，多排设置)，经冷凝管的物理冷凝后液化为雾状，在重力作用下通过冷凝室下部开口落在由亲油材料制成的油板上，在油板的阻拦作用下，这些雾化的油滴逐渐汇集，未被冷凝的气体则进入分离片和油气分离室中的分离片组被改变气流方向，并再次汇集油滴，二次分离。这两步收集的油滴均落入油气分离室的倾斜设置的底板上，在重力作用下流动至出油口被排出。分离后的油烟气体进入废气处理室，其内装有多个生物质炭槽(废弃纤维材料经高温炭化制备而成)，可实现对气体中甲烷等有害气体的吸附，完成对油烟废气的净化。该装置中油板和分离片(组)都是由亲油材料制成，不仅可以多次改变油烟废气的气流方向，还可以吸附未被分离出的油滴，有了分离片的二次分离，油滴与油烟气分离更加充分。

许哲江[141]针对目前很多小型餐饮业只是通过吸油烟机将烹饪油烟简单处理后直接外排到大气中，其净化效率很低，不利于环境保护这一切实问题，提供了一款满足油烟去除效率要求、除烟去味一体式的紫外线光解等离子体复合式油烟净化器。其工作过程为：油烟废气经装置内孔网板(可以过滤掉大颗粒油烟废气污染物，还可以使得油烟废气均匀化)进入高压静电场内，高压静电场内的负极金属板表面或附近可以放出高速向正极运动的电子，电子运动过程中与气体分子碰撞并离子化。进入高压静电场内的油烟粒子在极短时间内碰撞这些离子化的气体离子，而导致自身荷电，在电场作用下向正极集尘板运动，达到分离的效果。经高压静电场处理后的仍含有一些粉尘颗粒和异味的油烟废气再进入位于高压静电场后端的低压静电场(阳极：接地阳极板；阴极：接通有高压直流电源的阴极线)内，由于阴极发生电晕放电，气体被电离，带负电的气体离子在电场力作用下向阳极板运动，在运动过程中与粉尘颗粒碰撞，使得粉尘颗粒荷电，荷电后的颗粒亦被电场力带向阳极板，这些粒子到达阳极板后放出电子而沉积在阳极板上，净化后的气体排出低压静电场进入紫外线光解工段。紫外线光作用于油烟中的污染物分子，切断分子链，形成微小的激发态污染物分子，在氧气作用下形成微量无烟性固体粉末、CO_2和H_2O，被风带走，完成最终除烟、去味。

李小梅[142]针对大型食堂、饭店、生产车间油烟排放问题，设计了一种复合式油烟气体净化装置，包括了多个净化模块。气体从进口到出口依次经过静电油烟净化器模块、臭氧紫外灯光催化模块、活性炭除味模块和引风机。其中，臭氧紫外灯光催化模块(波长185nm的石英灯管)采用微波等离子体诱导无极灯技术。油烟废气自进口进入静电油烟净化器模块，完成初步净化；在静电油烟净化器模块前端设有水平放置的真空紫外灯，可以促进大颗粒油烟分解成小颗粒油烟，增强了静电油烟净化器的极性吸附作用；同时也扩大了静电油烟净化器的吸附电场面积，提高了净化效率。随后，经过静电油烟净化器净化后的气体进入臭氧紫外灯光催化模块，完成具有污染性的VOCs的去除；油烟气再进入活性炭除味模块，不仅可以保证处理后的油烟气能达标排放，还可以避免由于前端模块工作异常或者是偶尔油烟浓度偏高引起尾气排放不洁的状况。

叶钟兴[143]针对目前现有单一油烟净化技术对油烟净化不够彻底的问题，设计了一款复合式油烟净化设备。该复合式油烟净化设备通过转动的扇叶增大油烟废气的流速，使油烟废气内的油烟颗粒与装置内的过滤网碰撞，并吸附在过滤网上，完成初步净化；雾化喷头将水箱中的碱水在加湿槽内雾化，初步净化后的油烟气中的剩余油烟颗粒和酸性气体在加湿槽内与碱水中和，使油烟得到二次净化，这样油烟的净化率得到相当程度的提升；石墨盒内部的石墨过滤油烟气中的异味，减少油烟对环境的污染。

江苏瑞丰科技实业有限公司利用其专利产品(蜂窝型多孔复合材料，可作为油烟净化设备中的净化模块载体)[144,145]，负载一种或多种食品级安全活性剂，如黄酮类、过氧化酶、大豆蛋白等物质，发明设计了一种可用于油烟净化设备的四级烹饪油烟分离与烟气净化技术。针对烹饪油烟气中的油滴颗粒物、固体颗粒物以及气态污染物，提供了一套常温常压下的四级油烟分离与烟气净化技术[146]。

(1) 被吸入的油烟废气通过高疏水性油网，由高密度纤维网、吸油棉或离心收集器等对油烟中的油颗粒进行第一阶段分离，目的在于分离油烟气中富含的油性颗粒，使其在分离后形成气凝胶并回收至油颗粒回收装置中，初步分离过滤后，油烟气中的油性颗粒被首先剔除，能防止油性颗粒直接接触蜂窝型多孔材料，覆盖并减小比表面积，降低对气态污染物的吸附净化的效果。

(2) 除油后的气体通过除固态颗粒物层，以高密度滤网或静电处理等方式，对随着油烟气进入排风管道中的 $PM_{2.5}$、PM_{10} 以及多环芳烃(PAHs)和杂环胺类(HCAs)中含有的有机大分子颗粒物为主的固态颗粒物为主要清除对象，主要采取物理分离的方式，将固态颗粒物进行分离，使油烟气经过第二层过滤后，基本属于无油、无颗粒的状态。

(3) 残余烟气通过除水蒸气层，对水蒸气进行处理时，冷凝管持续发挥作用，对烟气中的水分进行冷却，使水分在物理层面上脱离烟气，避免含有大量水分子的烟气直接接触蜂窝型多孔材料，造成多孔材料过度接触水分而过度吸水，对气态污染物的吸附净化作用降低；或使用干燥剂填充成为第三级过滤装置，使得含水分烟气通过时，水分被干燥剂迅速吸收，并需要保证这种干燥剂可以循环使用；回收的水分将直接进入连接的水回收装置中，并在装置中安装低温冷却装置，防止水分再一次沸腾，进入过滤系统，循环过程中占用吸水分离的通道，保证吸水效率最大化。

(4) 剩余烟气通过除气态污染物层，蜂窝型多孔材料为载体，负载食品级安全活性剂，如黄酮类、过氧化酶、大豆蛋白等物质，对特定的一种或多种烟气以吸附和分解相结合的方式进行净化处理，吸收剩余烟气中的气态污染物，如非甲烷总烃、多环芳烃及杂环胺类中含有的气体污染物，以及低沸点易挥发小分子、残余食物的异味等。通过蜂窝型多孔复合材料负载活性剂的滤芯，去除烟气中的挥发性分子、有害物质和各种气味。

四级油烟分离与烟气净化工段具有分层明确、反应快速、吸收吸附或分解高效、工作周期长等特点；可满足烹饪油烟，如炉灶常规做菜方式、微波炉、蒸箱、烤箱等烹饪用具在真实环境下长时间高效除油烟气的要求，从根本上分离油烟并将其净化。

7.4　小　　结

伴随着国内产业结构的调整，城市化进程的加快，餐饮行业的井喷式发展，油烟污染已成为城市三大污染源之一。油烟成分复杂，且各组分含量随食材、油品、烹饪方式等变化而改变，治理难度很大，如果采用单一的净化技术，净化效率就很难达到理想效果。

本章就上述问题对复合油烟净化处理技术作了详细介绍。复合油烟净化处理技术多种多样，主要集中在静电除尘技术、机械分离技术、催化净化技术、氧化燃烧技术、等离子体净化技术等几种油烟净化技术的有机组合。本章主要介绍了机械-静电油烟净化技术、湿式-静电油烟净化技术、吸附-光催化复合油烟净化技术、微波-光催化复合油烟净化技术、等离子体-催化复合油烟净化技术、臭氧-光催化氧化复合油烟净化技术等几种复合油烟净化处理技术；此外还介绍了几款运用复合油烟净化技术的油烟净化设备。结合复合油烟净化技术和油烟净化器，对复合油烟净化技术未来的发展方向给出预测。

参考文献

[1] 赵启超, 朱浩然. 国内饮食业油烟净化技术的现状及发展预测[J]. 中国环保产业, 2016(11): 23-25.

[2] 夏芳. 雾霾杀手大调查 餐饮业油烟占 $PM_{2.5}$ 比重达 11%[N]. 证券日报, 2003-12-12.

[3] South Coast Air Quality Management District Rule 1138: Control of Emission From Restaurant Operations[EB/OL]. (1997-11-14) [2019-08-10]. https: //ww3.arb.ca.gov/drdb/sc/curhtml/r1138.pdf.

[4] 国家环境保护总局. 饮食业油烟净化设备技术要求及检测技术规范(试行)(HJ/T 62－2001)[S]. 北京: 中国标准出版社, 2001.

[5] 国家环境保护总局, 国家质量监督检验检疫总局. 饮食业油烟排放标准(试行)(GB 18483－2001)[S]. 北京: 中国环境科学出版社, 2000.

[6] 环境保护部. 饮食业环境保护技术规范(HJ 554－2010)[S]. 北京: 中国环境科学出版社, 2010.

[7] Hoke J B, Larkin M P, Farrauto R J, et al. System and method for abatement of food cooking fumes[P]. USPatent: US5580535, 1996-12-03.

[8] 贾琳. 一种电碳碳化油烟混合物回收方法[P]. 中国专利: CN109692559A, 2019-04-30.

[9] 赵雪刚, 曹亚裙, 汤欣, 等. 一种与吸油烟机联动的厨房空调系统[P]. 中国专利: CN109695904A, 2019-04-30.

[10] 肖韩英. 一种多层过滤的油烟机[P]. 中国专利: CN208779508U, 2019-04-23.

[11] 江文, 郭杰. 一种静电式饮食业油烟净化设备[P]. 中国专利: CN208779509U, 2019-04-23.

[12] 陈小平, 司徒伟贤, 林勇进. 一种带油烟中多环芳烃检测功能的油烟机[P]. 中国专利: CN109654564A, 2019-04-19.

[13] 黄北洋, 杨吉, 蔡从斌. 静电除油烟机[P]. 中国专利: CN109550595A, 2019-04-02.

[14] 袁昌明, 杜水友, 郑建光, 等. 分子碰撞与惯性分离原理在油烟净化中的应用[J]. 工业安全与环保, 2005(10): 12-13.

[15] 李俊华. 超重力技术净化油烟实验研究[D]. 太原: 中北大学, 2007.

[16] 张秀东. 超重力法净化餐饮油烟技术研究[D]. 太原: 中北大学, 2009.

[17] 曲天煜, 曲奕安, 焦奕翔. 超重力微乳液吸收处理餐饮业油烟的实验研究[J]. 广东化工,

2019, 46(6): 87-89.

[18] 邵伟庆, 廖雷, 韩丽. 组合式油烟洗涤净化装置运行条件优化[J]. 环境科学与管理, 2007(4): 84-86, 107.

[19] 杨骥, 郭锐, 彭娟, 等. 新型液体洗涤法处理饮食业油烟装置的试验研究[J]. 环境污染治理技术与设备, 2006(8): 80-85.

[20] 姜威. 吸附法油烟处理研究[J]. 现代农业, 2009(5): 104-105.

[21] 刘超, 廖雷, 韦真周, 等. 油茶果壳炭对低浓度油烟的吸附行为[J]. 环境工程学报, 2016, 10(8): 4387-4390.

[22] 李晶, 肖文清, 李忠, 等. 湿度对油烟中易挥发有机化合物吸附的影响[J]. 化学工程, 2010, 38(8): 73-77.

[23] 刘超, 廖雷, 覃爱苗, 等. 生物法净化油烟废气的研究[J]. 环境科学与技术, 2015, 38(11): 27-32.

[24] 贾力强, 廖雷, 刘超. 投加优势菌强化降解液相油烟污染物的动力学研究[J]. 环境工程学报, 2017, 11(2): 1009-1014.

[25] 石春芳, 季祥, 吴小珍. 油烟污染物降解菌分离·降解特性的研究[J]. 安徽农业科学, 2010, 38(3): 1390-1391.

[26] 黄付平, 覃理嘉, 谢建跃, 等. 新型静电油烟净化设备的特点及应用[J]. 企业科技与发展, 2017(5): 136-137, 140.

[27] 王春旭. 高压静电分离油烟技术在家用吸油烟机中的应用[C]//2017 年中国家用电器技术大会论文集. 北京: 《电器》杂志社, 2017.

[28] 龚文抗. 西方国家的化学加工技术[M]. 北京: 斯特林出版集团公司, 1997: 157-158.

[29] 柴美彤, 张润铎. 餐饮油烟催化净化技术的研究进展[J]. 工业催化, 2018, 26(5): 12-19.

[30] 马洪玺, 何双荣, 杨座国. 油烟气催化氧化净化过程研究[J]. 高校化学工程学报, 2019, 33(1): 228-236.

[31] 刘贤博. 催化臭氧氧化餐饮油烟中 VOCs 的研究[D]. 哈尔滨: 哈尔滨工业大学, 2014.

[32] Zhang D C, Liu J J, Chen R Q, et al. Decomposition of cooking oil fume by UV, VUV and VUV/O_3[J/OL]. 4th International Conference on Building Energy, Environment, 2018, 462-465[2019-08-03]. http: //www.cobee2018.net/assets/pdf/p/156.pdf.

[33] 王京. 餐饮业油烟污染危害及控制策略[J]. 贵州化工, 2011, 2(1): 41-42.

[34] 黄滨辉, 司传海, 王玉红, 等. 我国餐饮业的油烟污染与净化技术[J]. 中国环保产业, 2018(12): 38-40.

[35] 曾学福, 丘好华. 餐饮油烟净化处理技术对比[J]. 环境, 2014(S1): 58-59.

[36]中国烹饪协会. 数据分析 2019年全年餐饮收入46721亿元完美收官[EB/OL]. (2020-01-17). http: //www.ccas.com.cn/site/content/204225.html.

[37] 王春顺. 油烟净化处理技术现状及今后发展方向[J]. 大庆师范学院学报, 2005, 25(4): 110-112.

[38] Pledger W A. Kitchen stove ventilator[P]. US Patent: US2577150A, 1951-12-04.

[39] Suter H R, Ruff R J. Catalytic fume incineration[P]. US Patent: US2658742A, 1953-11-10.

[40] Kuechler I R. Apparatus for removing fumes from the space above a cooking appliance in a restaurant[P]. US Patent: US3943836A, 1976-03-16.
[41] 佚名. 中国厨具发展史[EB/OL].(2010-01-09)[2019-07-25]. https: //wenku.baidu.com/view/9e27f526bb68a98270fefa0d.html.
[42] 启绿环保. 厨房静电油烟净化技术的发展过程[EB/OL]. (2016-01-27)[2019-07-25]. http: //www.dgqlhb.com/news-515.html.
[43] 孙媛媛, 傅磊, 孙灵丽. 油烟净化技术专利分析[J]. 科技经济导刊, 2018, 26(25): 124.
[44] 吴学军, 余新明. 餐饮油烟净化处理技术与发展趋势[J]. 江汉大学学报(自然科学版), 2004, 32(4): 73-75.
[45] 赵建伟, 许德玄, 李晓军. 饮食业油烟污染与治理技术现状[J]. 环境污染治理技术与设备, 2003, 28(2): 63-65.
[46] 刘少怀. 黏性油烟气吸附剂[J]. 技术与市场, 1999(8): 13.
[47] 李琛, 于俊洋. 海泡石的改性及其在铅锌冶炼废水处理中的应用[J]. 科学技术与工程, 2013, 13(30): 9153-9157.
[48] 张巍. 海泡石及改性海泡石在水污染治理中的研究与应用进展[J]. 有色金属科学与工程, 2018, 9(5): 72-83.
[49] 张彬, 迪莉拜尔·苏力坦. DATB 改性吸附剂的表征及处理石油废水研究[J]. 精细化工, 2010, 27(7): 709-714.
[50] 张林栋, 李军, 王阳. 用改性海泡石处理含磷废水[J]. 化工环保, 2007(3): 268-270.
[51] Özcan A, Özcan A S. Adsorption of Acid Red 57 from aqueous solutions onto surfactant-modified sepiolite[J]. Journal of Hazardous Materials, 2005, 125(1–3): 252-259.
[52] 潘婷, 戴文灿, 朱翼洋, 等. 精氨酸修饰磁性海泡石对 Pb^{2+}的吸附研究[J/OL]. 应用化工, [2019-08-01]. https: //doi.org/10.16581/j.cnki.issn1671-3206.20190514.020.
[53] 梁伟朝. 海泡石改性及其吸附挥发性有机物机理与过程研究[D]. 石家庄: 河北科技大学, 2016.
[54] 韩静, 段二红, 尹丽鲲, 等. 改性海泡石对丙酮的吸附特性研究[J]. 河北工业科技, 2017, 34(5): 381-388.
[55] Mendioroz S, Guijarro M I, Bermejo P J, et al. Mercury retrieval from flue gas by monolithic adsorbents based on sulfurized sepiolite[J]. Environmental Science & Technology, 1999, 33(10): 1697-1702.
[56] 邢泳. 海泡石净化油烟及其活化废酸综合利用的研究[D]. 长沙: 湖南大学, 2003.
[57] 李彩亭, 肖辰畅, 李珊红, 等. 海泡石颗粒的制备及其吸附油烟效能的研究[J]. 环境科学与技术, 2006(4): 16-18, 115-116.
[58] 左勤勇. 海泡石制作耐高温纸及食用油滤纸的初步研究[D]. 天津: 天津科技大学, 2005.
[59] 王绎涵, 李丝华, 王馨培, 等. 镁铝双金属氧化物复合丙烯酸酯系吸油树脂的合成及吸附性能研究[J]. 化工新型材料, 2015, 43(12): 236-238, 240.
[60] 钮劲涛. 纤维素基高吸油树脂的制备及应用研究[D]. 阜新: 辽宁工程技术大学, 2011.
[61] 丁社光, 陈盛明, 秦礼红, 等. 吸附烹饪油烟丙烯酸酯树脂的研制[J]. 塑料工业, 2010,

38(1): 76-79.
[62] 高龙娜, 姚大虎, 李旭阳, 等. 丙烯酸酯类高吸油树脂的合成及其吸附性能[J]. 化工环保, 2013, 33(5): 453-456.
[63] 王晓环. 新型聚丙烯酸酯吸油树脂的合成[D]. 青岛: 青岛科技大学, 2016.
[64] 张超. 改性丙烯酸酯类复合吸油树脂的合成与性能研究[D]. 镇江: 江苏大学, 2017.
[65] 张茜. 改性氧化锰复合高吸油树脂的合成及性能研究[D]. 秦皇岛: 燕山大学, 2014.
[66] 毛盼盼. 三元高吸油性聚电解质丙烯酸酯树脂的制备及其性能研究[D]. 天津: 天津大学, 2012.
[67] 茅培森, 程军, 罗源钦. 静电与机械式油烟净化设备技术性能的探讨[J]. 甘肃环境研究与监测, 2003, 16(S1): 48+60.
[68] 周春霄, 孙伊帆, 蒋仁宝, 等. 百叶窗对静电除尘器二次扬尘的抑制效应[J]. 科学技术与工程, 2019, 19(15): 365-371.
[69] 徐亚权, 史志龙, 冷国术. 电除尘器反电晕的产生及处理对策[J]. 黑龙江电力, 2003(4): 303-305.
[70] Bapat J D. Application of ESP for gas cleaning in cement industry—with reference to India[J]. Journal of Hazardous Materials, 2001, 81(3): 285-308.
[71] 向晓晴. 水浸布卷帘湿式电除尘器的净化特性研究[D]. 武汉: 武汉科技大学, 2019.
[72] 祁丽, 施晓波, 王在福. 舰船厨房油烟净化技术现状及发展方向[J]. 沪东中华技术情报, 2014(2): 22-25.
[73] 伍勇辉. 喷嘴雾化特性及对电除尘性能的影响[D]. 秦皇岛: 燕山大学, 2012.
[74] Huneiti Z, Balachandran W, Machowski. The study of AC coupled DC fields on conducting liquid jets[J]. Journal of Electrostatics, 1997, (40-41): 97-102.
[75] Noymer P D, Garel M. Stability and atomization characteristics of electrohydrodynamic jets in the cone-jet and multi-jet modes[J]. Journal of Aerosol Science, 2000, 31(10): 1165-1172.
[76] 丁志江, 伍勇辉, 肖立春. 电除尘器中水雾雾化特性及对除尘性能的影响[J]. 环境工程, 2013, 31(S1): 354-356, 343.
[77] Kraemer H F, Johnstone H F. Collection of aerosol particles in presence of electrostatic fields[J]. Industrial and Engineering Chemistry, 1955, 47(12): 2426-2434.
[78] Pilat M J, Prem A. Calculated particle collection efficiencies of single droplets including inertial impaction, brownian diffusion, diffusiophoresis and thermophoresis[J]. Atmospheric Environment, 1967, 10(1): 13-19.
[79] 亢燕铭, 王明星. 荷电雾滴表面带电尘粒捕集的数值分析[J]. 中国环境科学, 2001(1): 61-64.
[80] Pilat M J, Jaasund S A, Sparks L E. Collection of aerosol particles by electrostatic droplet spray scrubbers[J]. Environmental Science & Technology, 1974, 8(4): 360-362.
[81] Dwivedi P, Gaur V, Sharma A, et al. Comparative study of removal of volatile organic compounds by cryogenic condensation and adsorption by activated carbon fiber[J]. Separation and Purification Technology, 2004, 39(1–2): 25-37.

[82] Qu F, Zhu L Z, Yang K. Adsorption behaviors of volatile organic compounds (VOCs) on porous clay heterostructures (PCH) [J]. Journal of Hazardous Materials, 2009, 170 (1): 7-12.

[83] Chen Y S, Liu H S. Absorption of VOCs in a rotating packed bed[J]. Industrial & Engineering Chemistry Research, 2002, 41 (6): 1583-1588.

[84] Liu Y J, Feng X, Lawless D. Separation of gasoline vapor from nitrogen by hollow fiber composite membranes for VOC emission control[J]. Journal of Membrane Science, 2006, 271 (1–2): 114-124.

[85] Deshusses M A, Johnson C T. Development and validation of a simple protocol to rapidly determine the performance of biofilters for VOC treatment[J]. Environmental Science & Technology, 2000, 34 (3): 461-467.

[86] Bannai M, Houkabe A, Furukawa M, et al. Development of efficiency-enhanced cogeneration system utilizing high-temperature exhaust-gas from a regenerative thermal oxidizer for waste volatile-organic-compound gases[J]. Applied Energy, 2006, 83 (9): 929-942.

[87] Kim S C, Shim W G. Catalytic combustion of VOCs over a series of manganese oxide catalysts[J]. Applied Catalysis B: Environmental, 2010, 98 (3–4): 180-185.

[88] Alberici R M, Jardim W F. Photocatalytic destruction of VOCs in the gas-phase using titanium dioxide[J]. Applied Catalysis B: Environmental, 1997, 14 (1–2): 55-68.

[89] Urashima K, Chang J S. Removal of volatile organic compounds from air streams and industrial flue gases by non-thermal plasma technology[J]. IEEE Transactions on Dielectrics and Electrical Insulation, 2000, 7 (5): 602-614.

[90] Ni M, Leung M K H, Leung D Y C, et al. A review and recent developments in photocatalytic water-splitting using TiO_2 for hydrogen production[J]. Renewable and Sustainable Energy Reviews, 2007, 11 (3): 401-425.

[91] Sakthivel S, Neppolian B, Shankar M V, et al. Solar photocatalytic degradation of azo dye: comparison of photocatalytic efficiency of ZnO and TiO_2[J]. Solar Energy Materials and Solar Cells, 2003, 77 (1): 65-82.

[92] Fujishima A, Eiichi S, Kenichi H. Photosensitized electrolytic oxidation of iodide ions on cadmium sulfide single crystal electrode[J]. Bulletin of the Chemical Society of Japan, 1971, 44 (1): 304.

[93] Kim J W, Lee C W, Choi W Y. Platinized WO_3 as an environmental photocatalyst that generates OH radicals under visible light[J]. Environmental Science & Technology, 2010, 44 (17): 6849-6854.

[94] Li L L, Chu Y, Liu Y, et al. Template-free synthesis and photocatalytic properties of novel Fe_2O_3 hollow spheres[J]. The Journal of Physical Chemistry C, 2007, 111 (5): 2123-2127.

[95] Tada H, Hattori A, Tokihisa Y, et al. A patterned-TiO_2/SnO_2 bilayer type photocatalyst[J]. The Journal of Physical Chemistry B, 2000, 104 (19): 4585-4587.

[96] 任海涛. 碳量子点的制备及其在光催化中的应用[D]. 兰州: 兰州大学, 2018.

[97] 贺林. 卟啉–富勒烯/碳纳米管给受体模型的构筑及其光诱导电子转移研究[D]. 天津: 南开

大学, 2012.
[98] 张兆刚. 碳纳米管/半导体异质结的电子结构和光学性质研究[D]. 长沙: 湖南大学, 2017.
[99] 张雪莹. 硼氮掺杂的碳纳米管体系的非线性光学性质的理论研究[D]. 长春: 吉林大学, 2017.
[100] 周永红, 田玉鹏, 吴杰颖. 碳纳米管的光学性质及其在光限幅中的应用[J]. 化工时刊, 2007(2): 40-43.
[101] Woan K, Pyrgiotakis G, Sigmund W. Photocatalytic carbon-nanotube-TiO_2 composites[J]. Advanced Materials, 2010, 21(22): 2233-2239.
[102] Kim Y K, Kang E B, Kim S H, et al. Visible light-driven photocatalysts of perfluorinated silica-based fluorescent carbon Dot/TiO_2 for tunable hydrophilic-hydrophobic surfaces[J]. ACS Applied Materials & Interfaces, 2016, 8(43): 29827-29834.
[103] Wu C H, Kuo C Y, Chen S T. Synergistic effects between TiO_2 and carbon nanotubes(CNTs) in a TiO_2/CNTs system under visible light irradiation[J]. Environmental Technology, 2013, 34(17): 2513-2519.
[104] 戴业欣. TiO_2/ACF 复合材料吸附耦合光催化去除甲苯的研究[J]. 石油学报(石油加工), 2019, 35(4): 685-695.
[105] 夏兰艳, 顾丁红, 董文博, 等. 无极紫外灯及其在环境污染治理中的应用[J]. 四川环境, 2007(4): 107-112, 118.
[106] Rufino A R, Biaggio F C, Santos J C, et al. Screening of lipases for the synthesis of xylitol monoesters by chemoenzymatic esterification and the potential of microwave and ultrasound irradiations to enhance the reaction rate[J]. International Journal of Biological Macromolecules, 2010, 47(1): 5-9.
[107] Gerbec J A, Magana D, Washington A, et al. Microwave-enhanced reaction rates for nanoparticle synthesis[J]. Journal of the American Chemical Society, 2005, 127(45): 15791-15800.
[108] Dudley G B, Richert R, Stiegman A E. On the existence of and mechanism for microwave-specific reaction rate enhancement[J]. Chemical Science, 2015, 6: 2144-2152.
[109] Zhang X W, Wang Y Z, Li G T. Effect of operating parameters on microwave assisted photocatalytic degradation of azo dye X-3B with grain TiO_2 catalyst[J]. Journal of Molecular Catalysis A: Chemical, 2005, 237(1–2): 199-205.
[110] 叶招莲, 周全法, 罗胜利, 等. 微波无极准分子灯处理废水的装置与灯的配气系统[P]. 中国专利: CN101857283A, 2010-10-13.
[111] 夏东升, 施银桃, 曾庆福, 等. 新型微波无极紫外光源用于光化学反应的综合评述[J]. 自然杂志, 2005(3): 147-150.
[112] 李锐. 微波光化学协同催化降解油烟中 VOCs 研究[D]. 北京: 北京化工大学, 2016.
[113] 马兴冠, 马莹, 陈琪, 等. 微波无极紫外碘灯净化低浓度挥发性有机物的研究[J]. 环境污染与防治, 2011, 33(7): 54-57.
[114] 汪剑锋. 无极紫外灯光解氧化去除恶臭气体中硫化氢的研究[D]. 哈尔滨: 哈尔滨工业大

学, 2010.

[115] Revalde G, Skudra A. Optimization of mercury vapour pressure for the high-frequency electrodeless light source[J]. Journal of Physics D: Applied Physics, 1998, 31: 3343-3348.

[116] 邵辉丽, 朱燕舞, 余磊, 等. ^{202}Hg 高频无极汞灯的发光机理和研制方法[J]. 上海工程技术大学学报, 2006, 20(1): 8-10.

[117] 陈磊, 任甲泽, 李刚, 等. 低温等离子体–吸附技术在某印刷厂废气净化系统中的应用[J]. 现代矿业, 2016, 32(11): 241-242, 244.

[118] 郭海倩, 缪晶晶, 姜理英, 等. 低温等离子体–生物耦合系统对复合 CVOCs 的降解[J]. 环境科学, 2018, 39(2): 640-647.

[119] Durme J V, Dewulf J, Leys C, et al. Combining non-thermal plasma with heterogeneous catalysis in waste gas treatment: A review[J]. Applied Catalysis B: Environmental, 2008, 78(3–4): 324-333.

[120] 郭玉芳, 叶代启. 废气治理的低温等离子体–催化协同净化技术[J]. 环境污染治理技术与设备, 2003(7): 41-46.

[121] 姚鑫. 等离子体协同催化去除烹饪油烟污染的研究[C]//第九届全国环境催化与环境材料学术会议——助力两型社会快速发展的环境催化与环境材料会议论文集(NCECM 2015). 中国化学会催化委员会: 中国化学会, 2015.

[122] 胡祖和. 等离子体协同吸附催化净化室内甲醛的研究[D]. 淮南: 安徽理工大学, 2016.

[123] 姚超坤. DBD 协同光催化降解有机废气实验研究[D]. 西安: 西安理工大学, 2018.

[124] Ibáñez M, Gracia-Lor E, Bijlsm L, et al. Removal of emerging contaminants in sewage water subjected to advanced oxidation with ozone[J]. Journal of Hazardous Materials, 2013, 260: 389-398.

[125] Scheminski A, Krull R, Hempel D C. Oxidative treatment of digested sewage sludge with ozone[J]. Water Science & Technology, 2000, 42(9): 151-158.

[126] Masaoka T, Kubota Y, Namiuchi S, et al. Ozone decontamination of bioclean rooms[J]. Applied and Environmental Microbiology, 1982, 43(3): 509-513.

[127] 陆建海, 朱虹, 顾震宇. 催化臭氧氧化有机废气处理技术研究进展[J]. 工业催化, 2014, 22(9): 654-659.

[128] 叶苗苗, 陈忠林, 沈吉敏, 等. 臭氧提高纳米 TiO_2 光催化剂活性的 ESR 分析[J]. 影响科学与光学, 2008, 26(6): 460-467.

[129] Zhao L, Ma J, Sun Z Z. Oxidation products and pathway of ceramic honeycomb-catalyzed ozonation for the degradation of nitrobenzene in aqueous solution[J]. Applied Catalysis B: Environmental, 2008, 79(3): 244-253.

[130] 何永兵. 臭氧协同 TiO_2 光催化氧化餐饮油烟中 VOCs 的研究[D]. 哈尔滨: 哈尔滨工业大学, 2014.

[131] Li Y H, Cheng S W, Yuan C S, et al. Removing volatile organic compounds in cooking fume by nano-sized TiO_2 photocatalytic reaction combined with ozone oxidation technique[J]. Chemosphere, 2018, 208: 808-817.

[132] Teramoto Y, Kosuge K, Sugasawa M, et al. Zirconium/cerium oxide solid solutions with addition of SiO_2 as ozone-assisted catalysts for toluene oxidation[J]. Catalysis Communications, 2015, 61: 112-116.

[133] Jia W L, Pan K L, Sheng J Y, et al. Removal of formaldehyde over $Mn_xCe_{1-x}O_2$ catalysts: Thermal catalytic oxidation *versus* ozone catalytic oxidation[J]. Journal of Environmental Sciences, 2014, 26(12): 2546-2553.

[134] 张宝刚. 复合式厨房油烟净化设备中过滤段的实验研究[C]//全国暖通空调制冷 2006 年学术年会论文集. 中国建筑学会暖通空调分会、中国制冷学会空调热泵专业委员会: 中国制冷学会, 2006.

[135] 付爱民, 王云飞, 贾琳琳. 饮食业油烟废气污染净化技术分析研究[J]. 环境科学与管理, 2016, 41(9): 105-108.

[136] 徐洁, 王杰. 一种静电吸附式油烟净化器[P]. 中国专利: CN205056222U, 2016-03-02.

[137] 张涛. 一种静电高压吸附型油烟净化器[P]. 中国专利: CN206001568U, 2017-03-08.

[138] 侯鑫, 倪俊杰, 邓中, 等. 一种磁场加强的商用静电厨房油烟净化装置[P]. 中国专利: CN208170485A, 2018-11-30.

[139] 杨勃兴, 张峰, 王瑞婧, 等. 低温等离子体协同溶液除湿的油烟净化装置[P]. 中国专利: CN109855145A, 2019-06-07.

[140] 范瑞宇, 冯鑫, 张林, 等. 一种基于物理冷凝与物理吸附的家用型外接式油烟净化器[P]. 中国专利: CN208920140U, 2019-05-31.

[141] 许哲江. 一种 UV 光解等离子复合式油烟净化设备[P]. 中国专利: CN208799930U, 2019-04-30.

[142] 李小梅. 一种复合式油烟气体净化设备[P]. 中国专利: CN207680372U, 2018-08-03.

[143] 叶钟兴. 一种复合式油烟净化设备[P]. 中国专利: CN208186458U, 2018-12-04.

[144] 杜峰. 多功能高效一体式空气污染处理材料[P]. 中国专利: CN105080498A, 2015-11-25.

[145] 杜峰. 一种多功能空气净化蜂窝复合材料[P]. 中国专利: CN109865424A, 2019-06-11.

[146] 杜峰. 一种油烟分离与烟气净化技术[P]. 中国专利: CN109405018A, 2019-03-01.

8 油烟净化技术应用

目前市场上应用的相关油烟净化技术，在性能、成本和安全性等方面都有继续提升的空间，实际应用效果也不能一概而论。目前我国油烟净化技术的发展在国家、地方政府规范引领下，将环境保护放在事关经济社会发展全局的战略位置上，服务于全面推进生态文明建设目标的创新、绿色发展之路。随着科技发展，油烟净化技术和设备也不断在更新，为进一步推动餐饮油烟治理工作提供技术支持。

8.1 油烟分离过程

8.1.1 油烟分离过程机理

家里的吸油烟机用的时间久了，拆开外面板后可以看到内部黏附了大量油烟污渍，既不美观也难以清洗。据科学测定发现，一般家庭厨房使用煤气时，在不排油烟的情况下燃烧 20min，氮氧化物和一氧化碳污染物分别超标 9 倍、10 倍以上，对人体的危害非常大[1]。在使用厨房吸油烟机之后，二氧化硫、氮氧化物和一氧化碳等气体污染物的“抽离”效果明显。一般有经验的烹饪人士在烹调结束后不会立即关闭吸油烟机的电源按键，而是选择再适当延长吸油烟机工作时间，目的是将残留在厨房内由燃料燃烧产生的有害污染物和烹饪油烟气尽可能“抽离”干净。然而，油烟机功能不应局限于仅仅将油烟“抽离”排出，“油烟分离”才应是吸油烟机最大的功用。本节将对吸油烟机的基本结构、基本原理和油烟分离过程机理进行简单介绍。

1. 吸油烟机的基本结构

国家标准《吸油烟机》(GB/T 17713－2011) 中定义吸油烟机是安装在炉灶上部，用于收集、处理被污染空气的电动工具，其中处理后的空气可以返回到房间内或经管道排放到室外。吸油烟机主要由外壳、电机、风叶(叶轮)、风叶腔体(风道)、滤油装置、照明装置、悬吊装置和控制系统等单元组合而成[2,3]。其内部抽风机系统是整台吸油烟机的心脏，决定了吸油烟机的功率大小，通常由电机、风叶和导风框等部件构成；滤油装置主要由过滤网和滤油腔构成；照明装置主要由内设小灯泡及电路系统构成；集烟罩主要由机壳形成；外壳和悬吊装置一般采用不锈钢材料打造而成，可以耐高温、耐腐蚀；控制系统则负责控制吸油烟机的工作工况。

2. 吸油烟机的基本原理

吸油烟机的结构比较简单，其工作原理也并不复杂。吸油烟机主要运用的是空气动力学原理：位于吸油烟机风道内的风叶，在电机高速运转的带动下，其周围形成了一个涡流负压区，在外界大气压力的作用下，这个负压区会被外界大气压填充。自然位于机壳周围混杂在空气中的烹饪油烟废气会被吸进这个负压区，在电机高速的运转下，烹饪油烟就会源源不断地被“抽离”到室外。

3. 吸油烟机的分类

从吸油烟机的工作原理出发，可以设计出不同结构、不同类型的产品。目前，市场上比较主流的吸油烟机大致可以分为欧式、中式(薄型及筒型)、侧吸式(近吸式)几类。欧式吸油烟机和中式吸油烟机从安装位置来看，基本属于“吊顶式”吸油烟机(ceiling type suction exhauster)。一般而言，欧式吸油烟机的吸油烟效果不如中式吸油烟机。前者更多的是应用在开放式厨房之中，而后者比较适合经常煎炸烤炒的中国家庭，这其实也是由不同饮食烹饪文化所引起的吸油烟机结构设计的不同。虽然早期的欧式吸油烟机样式新颖、外形美观、触屏控制、噪声较小，而传统中式吸油烟机易碰头、滴油、厚重感较强、噪声较大，正逐步被淘汰，但随着科技的发展，我国吸油烟机也正向“轻巧化、智能化、高效化、低价化”稳步发展。侧吸式吸油烟机是一种采用从侧面进风及油烟分离的技术达到油烟抽净效果的机器。在 2008 年前后，侧吸式吸油烟机销量逐渐走俏，这也意味着人们对吸油烟机的要求也越来越高。目前，岛式[4]、抽拉式[5]、嵌入式、分体式、升降式[6-8]等不同设计风格的吸油烟机也逐渐开发出来。

从吸油烟机的风机数量来看，可以区分为单头和双头。单头机器只有一个风机和一个吸气孔，双头机器则有两个风机和两个吸气孔，可分别由左风道风机和右风道风机按键控制；从吸气的方式可区分为顶吸式和侧吸式(含斜吸式)；从积停沥油方式可分为双油路、三油路(气室沥淅油、防护罩沥淅油及风运沥淅油)；从集烟室结构分有单层(三油路)和双层内胆式(双油路)[9]。

4. 油烟分离过程

油烟分离过程主要是利用油分子与烟尘的质量不一(油分子质量略大于烟尘的质量)而实现的。吸油烟机机体内的电动机驱动蜗壳中的叶轮旋转，在进风口区域形成一定的负压，通过集烟腔的引流，从而在灶台周围一定的空间范围内形成负压区，上升的高温油烟废气被负压吸引到达滤网，产生旋转摩擦，经过初步过滤分离出大部分油雾颗粒，达到一定程度的油烟分离。其余气体进入油烟机内部的离心风机系统，经过风机叶轮的高速旋转，由于油烟中的油分子密度和体积较气体分子大，在风轮高速旋转所产生的离心力作用下，密度大的油分子从烟气中分离出来甩到内壁上，实现二次油烟分离，分离出来的油经过导油系统流入集油槽，而净化后的烟气沿蜗壳弧线变径方向顺着导风管排出。

随着根据科技的发展，现代化的吸油烟机已经搭载了越来越多的油烟分离技术来满足消费者更高的需求。针对不同油烟分离技术，油烟分离过程产生的差异将在后文详细介绍。

8.1.2 油烟分离技术

油烟中含有大量气溶胶粒子，比重比空气略重，其物理特征如下[10-12]：

(1) 良好的流动性。油烟是一种流体，具有良好的流动性，能从压力较高的地方向压力较低的地方流动。从微积分的角度说明的话，只要无限接近的两个邻近空间存在着压强差，油烟气都会在两者之间产生流动。

(2) 膨胀性。油烟受热后体积会膨胀，遇冷后体积又会收缩。

(3) 黏性。因受分子间力的作用，油烟在流动中表现出一定的黏性。油烟会因许多因素的影响而附着在物体的表面。气体黏性的表征一般称为“黏度”，黏度会随着温度的改变而变化。一般而言，油烟温度越高(例如油烟受到炉灶、油锅的烘烤，或者油烟在高速流动中发生气体分子间的碰撞以及与吸油烟机导流面的摩擦)，黏度值也越高，而黏度增加，则会影响到油烟的顺利流动。

(4) 形成边界层(附面层)。油烟机在工作时，是以密度比空气大、黏度比空气大的混合油烟气为介质的。因此，油烟气在流动过程中，与导流面表面会形成边界层(附面层)。边界层中的油烟流速较低，会对油烟的流动及油滴凝结产生一定影响。

(5) 凝结黏附性。油烟的凝结黏附是油烟流动的特有现象。具体表现在油烟的扩散过程或在被吸油烟机排出室外时，温度较高的油烟气遇到周围温度较低的空气会进行热量交换，从而导致油烟气温度下降，这时原以气体形式存在或以悬浮微粒存在的物质(水蒸气、油蒸气等)会携带各种固体微粒沉积、黏附在室内物体以及吸油烟机的表面之上，快速形成凝油层，久而久之凝油层会逐渐加厚，形成油垢层，影响油烟机正常使用。

一旦吸油烟机长时间工作之后性能下降，噪声明显，甚至出现抖动现象，就要考虑是否是风轮上的油污导致的。美国环境工作组研究发现，吸油烟机机体内沉积大量油垢，遇热挥发后不仅会产生让人极不舒服的气味，同样也富含大量致癌物质。因此，油烟在进入风机前需要得到有效过滤和分离，尽量少与风轮接触，所以油烟分离技术的开发和应用显得尤为重要。

油烟分离是将油烟气中重/轻油粒子与气体混合物尽量分离，重油离子就是附着在传统烟机油网、电机、内腔上的物质。分离方式一般分为前端分离和末端分离。

1. 油网分离技术及其应用

油网作为油烟机的第一道防线，拆洗安装较为容易。油网是阻隔油烟的一道屏障，留住了油烟中的部分油颗粒和水蒸气。

油网可以根据吸油烟机的不同结构而设计，形状也各式各样。在吊顶式吸油烟机中，大多数都接近漏斗状从而便于黏附在油网上的油滴在重力作用下滑落到集油槽内(图 8-1)。在侧吸式吸油烟机中，一般会根据侧吸式吸油烟机构造将油网设计成弧形管状(图 8-2)，其工作原理是：油烟从油网的孔进去后，部分油脂撞击在弧状的卷板上面，由于卷板交叉自然形成旋涡式通道，另外一部分油脂被甩在对侧的卷板上面，最后在重力作用下，油滴顺着油路流到油盒当中[13]。

图 8-1　某型号的吸油烟机用漏斗状油网

图 8-2　侧吸式油烟机用弧形油网

油网网孔的大小、稀疏、分布都会影响油烟分离技术的应用。油网稀疏，油烟分离效果差，就会造成涡轮、油烟机内壁、烟道管内残留很多的油滴；油网过于密实，具有黏性的油滴则容易堵住网眼，也不利于烟气通过。

油网分离技术在实际应用方面，有以下几种典型应用：

(1)采用双层油网[14]。内层抛弃式油网的过滤能将油烟中的油脂有效分离出来，避免油烟机内部积油；外层为72等分的导油柱，以38°分布排列，能更好地将油滴导入油杯，清洁更方便。

(2)采用负压中置技术[15]。吸油烟机前面设置一块圆形面板，起着第一步冷却油烟的作用。圆盘实现360°吸油烟，进风口出安装卡入式0.03cm^{2}菱形网孔，过滤掉大部分油烟。风道与进风口密封处理，采用负压中置技术，吸力很强。

(3)采用同向双层叠排过滤板，圆形截面导油条设计[16]。双层过滤板的阻碍使空气改变方向两次，因而过滤效果远远超过单层板式过滤网，因此进入风机系统的油烟要比单层板式过滤网少很多，延长了风机系统的免维护时间。叠排结构使自上而下的垂直穿透率为0%，对来自内部的油滴实现100%拦截。

(4)使用钛铝合金制作油网[17]，质量较轻、散热较快、表面光滑无毛刺。油网通风面积超过90000cm^2，不仅减小了吸油烟阻力，还可以加快凝油速度，充分过滤油烟，不会出现吸附油污阻碍风力的现象。

2. 油烟分离板分离技术及其应用

有些吸油烟机内还会设置油烟分离板来解决油烟分离问题。例如，侧吸式吸油烟机。油烟分离板解决了吊顶式烹饪猛火炒菜油烟难清除的问题，油烟分离板一般采用不锈钢或者铝合金等材料。从净化效果上看，不锈钢材料不如铝合金材料，主要是因为：第一，铝合金材料的散热效果更佳。厨房烹饪油烟废气的温度一般较高，遇冷液化可以达到油烟分离的目的，因此需要材料散热性能好；第二，铝合金表面张力很强，油分子碰到油烟分离板能够快速凝结成液滴流走，很少依附在板壁上，减少了分离板的污染。但铝合金材料硬度不够，单片容易变形。

吸油烟机油烟分离板，属于空气净化设备的附件。其工作机理是：当油烟分子高速地经过油烟分离板时，在板内的无数涡流作用下，在分离板内高速转折碰撞，使得油烟的流程和流向瞬间发生物理变化。由于油分子的密度大、体积大，在这样的变化中被离心力分离，直接甩在分离板上；热的油烟遇到温度较低的油烟分离板冷凝成液态，并逐渐聚集起来形成油滴，油滴受到重力影响顺着分离板滑落至集油器。被分离后的脱油烟气向上流动，绕过分离板小孔径直接流向烟道。因此，经过油烟分离板排出室外的不是油烟，而是气。油烟分离板的设置是利用了油烟气的流动特性和分离板的接触冷凝相变起到油烟分离的目的。

设置油烟分离板分离油烟，加速了油烟分离，提高了油烟分离率和排出油烟的洁净度。搭载了油烟分离板的吸油烟机主要有两大优势：第一，适用于利用率高、油烟气流量大的厨房以及开放式厨房。因为在这些情形下，油烟去除效率和油烟净化率是首要目标。带油烟分离板的吸油烟机即使在爆炒辣椒时也闻不到炝味，且产品油烟去除效率及油烟净化率均能够达到九成以上。第二，带油烟分离板的吸油烟机解决了油烟吸净率低、不能分离净化油烟、清洗不便等问题。如果是单层挡板，后面没有过滤纸或其他截挡油烟的设备，是不具备油烟分离功能的。

油烟分离板的存在，虽然增强了油烟分离效果，提高了油烟净化率，但也存在着一定的弊端：容易使吸油烟机走烟，造成吸油烟能力大打折扣。如果油烟分离板的缝隙过宽，油烟可以在没有经过任何碰撞的情况下直接穿透分离板到达烟腔，被直排出去，长时间使用后整个烟腔将沉积大量油烟，影响电机性能，导致烟机抽烟功能下降。从产品设计来说，一款高效、不走烟的油烟分离板不仅能完成油烟分离工作，而且还不应对烟腔洁净度构成威胁。因此，如何设计出一款高效、不走烟的油烟分离板已成为各大油烟机生产厂家的关注点和着力点。

3. 全动态离心分离技术及其应用

全动态离心油气分离净化技术[18]采用动态机械屏蔽和物理离心脱离的方法来实现油烟分离。具体指的是利用高速旋转网盘高效捕获烹饪油烟，使油烟气体中的油颗粒和烟尘颗粒物被高速旋转的合金丝撞击切割拦截而改变方向，并在离心力的作用下，沿着合金丝径向甩向四周，被旋转网盘外围的集油槽收集，完成油烟拦截和回收，整个过程为全机械物理过程[19]。

其技术关键在于：①净化网盘以每分钟上千转的速度高速旋转，形成一种物理式屏蔽，油烟废气在流经高速旋转网盘时，大量的油烟微粒被拦截，气体可自由穿过；②采用动态滤油、离心脱离的方法，改变了传统定态滤油、被动脱离的模式，使得油气分离更加彻底[19]。

4. 三重油烟分离技术及其应用

目前市场上出现了一种应用在集成灶上的油烟分离技术——三重油烟分离技术，研究和应用较广。集成灶也称为环保灶或集成环保灶，是一种集吸油烟机、燃气灶、消毒柜、储藏柜等多功能于一体的厨房家电，具有节省空间、油烟吸净率高、节能环保、低能耗等优点。集成灶运用微空气动力学，一般采用深井下排或侧吸下排，下排风产生流体负压区的原理，让油烟从低处被吸走。

集成灶的三重油烟分离技术具体指的是：第一重，特殊疏水疏油涂层材料的过滤分离，例如特氟龙滤网的过滤分离。由于集成灶吸风口距离烹饪油烟较近，油污还是较大颗粒的时候便被吸入集烟腔。此时，油和烟的重量差异最大，经过疏水疏油材料制成的过滤网时，在滤网拦截作用下，初步实现重油分子在滤网上的过滤分离；特氟龙涂层等疏水疏油材料的处理可以避免油烟在油烟机内部附着，既提高了油烟机油烟吸净率，又保证了机器的使用寿命。第二重，负压腔冷凝分离。因为烟道距离比较长，油烟遇到冷的钢板就会凝结住，这一步类似油烟机的分离板作用。市场上有些集成灶采用特制的微晶冷凝板[20]，初步过滤分离过后的热油烟气体接触到冷凝板后液化，在重力作用下流入油孔，形成第二次油烟分离；也有些集成灶会采用双层不锈钢分离油网进行分离[21]，双层油网采用了进烟孔错位设计，在超强负压作用下，油烟分子在经过第一层油网时，一部分油烟中颗粒物碰触到油网被过滤掉，未被过滤掉的颗粒物可在经过第二层油网时完成二次分离，双层油网的设计使得九成以上的油烟分子被过滤掉。第三重，离心涡轮离心力分离。由于颗粒物与气体分子质量差异较大，油烟中少量粒径较小的微颗粒被卷入高速旋转的风轮后在风轮离心力作用下实现甩排分离。需要说明的是，这三重油烟分离技术的技术顺序不是固定不变的，每一家生产厂商会根据研究结果和自家产品结构来自行组合设计。

不仅仅是集成灶，三重油烟分离技术也能应用于吸油烟机中。油烟进入进风口时，因压力的增加油烟会加速吸入，由于油与烟的密度不同，受到离心作用产生一次分离；油烟进入内腔后，发生旋涡运动，由于腔内与腔外存在较大温差，油烟和腔壁接触产生二次分离即旋涡分离；最后，油烟穿过滤网，在滤油柱上产生第三次冷凝分离[22]。

5. 四重油烟分离技术及其应用

市场上还有一种四重油烟分离技术[23]：首先利用大平面冷凝板冷凝油脂，油脂分离度达到约55%；其次在内外油网交叉处，转角离心分离，油脂分离度约10%；然后内油网冷板冷凝，油脂分离度约20%；最后内油网中心进行离心分离，油脂分离度约10%。经过这四重油烟分离，油脂分离度能够达到96.5%以上。

在油烟分离技术不断发展驱动下，油烟分离虽然能够做到高油脂分离度（在规定的实验条件下，从油烟气体中分离出油脂的能力）、高气味降低度（在规定的实验条件下，降低室内异常气味的能力）、低污染排放，但并不意味着搭载了分离板的净化设备，就可以完全净化油烟。这是因为，吸油烟机在工作时，排风时必然有一部分油烟被带进油烟机内。这部分油烟一般有三个去处：一是附着在油烟机机腔内；二是进入电机壳，被离心式电机叶片甩出，顺着导油管流到油槽里；三是少量未被处理的油烟会被排放至室外。

8.2 油烟水蒸气去除技术

8.2.1 油烟水蒸气介绍

油烟水蒸气虽然并不会对人体和环境造成危害，但是如果处理不当，也会对油烟净化设备造成一定程度的损坏。水蒸气对某些吸附剂、催化剂和等离子体的产生是有一定影响的，因此，搭载了这些净化技术的油烟净化设备应尽可能规避水蒸气的影响。

水蒸气对某些吸附剂的吸附能力有一定的抑制作用。有相关研究表明，当油烟气中存在着高浓度的水蒸气时，吸附剂(如活性炭)对吸附质的穿透曲线、相应的穿透时间以及吸附剂的吸附容量都表现出对水蒸气的高度敏感性。一般认为，吸附质本身的物化性质和吸附剂的选择吸附性等都是影响VOCs吸附机理的关键因素，但目前还没有一个简单的规律可以描述水蒸气与 VOCs 吸附量的相互作用关系。Martin[24]曾考察了废气相对湿度(RH)对活性炭吸附三氯乙烯(trichloroethylene)的吸附性能影响。研究发现，当三氯乙烯的初始浓度最低(300mg/m^3)时，85%RH(最大值)对活性炭吸附三氯乙烯的影响最大；而当 RH 降低为最低值 5%时，同样在 300mg/m^3 的初始浓度时，活性炭吸附三氯乙烯的吸附量是前者的 11.1 倍。当三氯乙烯初始浓度调到 1000mg/m^3 和 1300mg/m^3 时，废气的相对湿度(25%)的影响几乎可以忽略。Mark 等[25]利用重量天平结合气相色谱/质谱仪探讨了水蒸气是否会对活性炭布吸附可溶解的丙酮废气和不可溶解的苯蒸气产生影响。对 350ppmv 和 500ppmv 的丙酮蒸气流而言，即使蒸气流相对湿度高达 90%，活性炭布吸附丙酮的能力几乎没有下降。与此同时，对 500ppm 的苯蒸气流而言，在 RH ≤65%时，活性炭布吸附苯蒸气的能力虽然几乎没有下降，但是随着相对湿度值增长后，活性炭布对苯蒸气的吸附能力急速下降。这是因为高浓度的水蒸气易在活性炭布吸附剂的孔道内毛形成细凝聚，从而导致活性炭布吸附苯蒸气的能力减弱。他们还发现随着气流中苯浓度的降低，水蒸气对苯吸附的抑制作用增强。水蒸气不仅会影响吸附剂的吸附性能，甚至会破坏吸附剂的结构使其不再具备吸附性能。沸石作为一种常用吸附剂，在气体净化方面有着广泛应用，但在高温条件下，水蒸气可使沸石结构脱铝，破坏其骨架结构，使吸附能力大幅降低[26]。

此外，水蒸气还会对某些催化剂产生毒性作用，使催化剂逐渐失活。近年来，有关油烟催化净化研究的报道[27-31]和产品设计[32-37]已越来越丰富，油烟净化设备搭载催化燃烧技术已成为一种趋势。但是油烟中水蒸气的存在可以对某些催化剂产生催化毒性——使催化剂慢慢失活。王向宇实验组对油烟净化用催化剂进行了相关研究[38-41]，考察了不同负载量的 Pt、Pd 单组分、双组分催化剂及添加 CeO_2

后的 Pt、Pd 催化剂，添加非贵金属助剂(Ni、Zn、Mn、Zr、Na_2O、CeO_2 等)的 Pd 催化剂及一些钙钛矿型氧化物催化剂对油烟的净化性能。实验结果发现，在较低温度下，Pt 的氧化活性高于 Pd 的氧化活性，而在较高温度下则相反。Pt-Pd 催化剂由于两者之间产生了协同效应，催化活性增强。添加 CeO_2 助剂之后的 Pd，其在载体上分散性更优，储氧能力加强，催化性能优化。虽然有些非贵金属添加剂降低了 Pd 的催化活性，但某种程度上可以提高催化剂的抗中毒性能。同实验组的周凌雁等[42]在这些实验基础上，考察了水蒸气对油烟催化净化性能的影响，利用蜂窝陶瓷载体在铝溶胶和活性氧化铝配制成的悬浮液中浸渍、晾干、烘干、焙烧，从而制得 10%Al_2O_3/蜂窝陶瓷，再用其分别等体积浸渍相应的金属盐溶液，晾干、烘干、焙烧制得所用的催化剂。实验采取两种方式引入水蒸气来考察油烟净化性能，第一种是将水蒸气与油烟混合，通过催化剂；第二种是预先通入含一定浓度水蒸气的空气对催化剂进行处理。实验结果表明：①在一定的水蒸气浓度范围内，贵金属 Pd(添加 3%CeO_2 助剂)催化剂具有较好的水蒸气稳定性，但是 V_2O_5 催化剂和稀土多组分催化剂 $La_{0.7}Ag_{0.3}Fe_{0.5}Co_{0.5}O_3$ 的油烟净化能力明显下降，意味着后两者催化剂的水热稳定性相对较差。虽然如此，但是将这两种催化剂进行焙烧处理，却能获得与初始相近的油烟净化率，说明这两种催化剂具有较好的再生性能，也就是说水蒸气对这两种催化剂的影响是可逆的；②在一定水蒸气浓度(2.47%)下，当水蒸气预处理催化剂的时间分别是 0.0h、0.5h、1.0h、1.5h 时，添加 CeO_2 的 Pd 催化剂随着水蒸气处理时间延长，对油烟的净化效果明显降低，表明水蒸气对贵金属催化剂有毒性；③从钒催化剂(2%V_2O_5)的表面结构来看，水蒸气浓度加大，其颗粒逐渐长大，甚至可以引起结构塌陷、颗粒聚集黏连而导致活性组分表面积减小、活性下降。

李悦[43]考虑到油烟中水含量较高，VOCs 初始浓度也会产生时效性的变化，选取与实际油烟相近的水汽含量(2%～10%)，初始浓度为 20ppm、40ppm、60ppm 的正己醛进行研究。结果发现：①在正己醛初始浓度较低的条件下，水汽含量能够提升正己醛的转化率。这是因为作为极性分子的正己醛分子和 H_2O 分子，前者极性大于后者，在较低的正己醛初始浓度 20ppm 条件下，H_2O 分子占据了 Cu_xMn_y/TiO_2 催化剂表面的活性位，从而产生了较多的羟基自由基•OH，促进了催化氧化过程的发生；②随着正己醛初始浓度的增加，且当水气浓度升高到 6%以上时，水蒸气对正己醛的降解产生了一定的抑制作用。这又是因为，正己醛分子和水分子在吸附剂表面形成了竞争吸附，逐渐在催化剂表面形成水膜。水分子含量不断升高之后会优先与催化剂晶格氧相结合，•OH 也会快速填充到催化剂表面氧空穴内，占据晶格氧空穴，从而抑制了催化剂活性氧的流动性，导致正己醛催化降解率明显下降；③如果将水气含量跟反应温度结合考虑后发现，在温度较低时，水气含量对催化剂催化活性有绝对性的抑制作用，随着反应温度的上升，水气含量对油烟净化性能的影响逐渐下降[44]。

对于低温等离子体净化油烟技术，水蒸气的存在也会或多或少地影响油烟净化设备的净化效率。研究发现低温等离子体催化技术对水蒸气亦比较敏感[45-47]，当水蒸气含量高于 5%时，有机污染物处理效率及效果将受到影响[48]。

水蒸气除了对上述几种油烟净化技术有影响之外，对静电除尘技术也有一定的影响。水蒸气的存在，不仅会影响微细颗粒的凝聚[49]，也会影响静电除尘器的伏安特性。Nouri 等[50]发现随着入口烟气相对湿度的增加，静电除尘器放电电流时均值会减小。彭泽宏等[51]探讨了水蒸气对电场电离与粉尘粒子荷电的影响规律。实验发现，含湿量增加，不同烟气温度对 $PM_{2.5}$ 除尘效率的提高，速率有所波动。可能的原因是：一方面，如果烟气温度升高，水分子能量升高，核外电子被高速电子撞击而逃逸所需要的活化能降低，因而促进电离过程。同时，温度升高加剧了水分子的热运动和自由电子的迁移速率，使水分子与自由电子的扩散碰撞机会增多，也促进自由电子与气体分子的结合；但另一方面，当电晕区内的水分子达到一定含量之后，气体分子与自由电子的碰撞概率增大，迫使自由电子在电场中加速的平均自由程缩短，不利于电子的扩散碰撞，造成碰撞出的电子到达电晕外区的概率降低，电晕外区荷电减弱[52]。

8.2.2　油烟水蒸气处理技术

在油烟进入净化模块之前，使用吸附剂进行预处理可以有效降低油烟中水汽含量。一些比较常见的吸附除湿剂，例如硅胶、多孔活性铝、活性 3Å 分子筛[53]等。硅胶因为其表面积大、表面性质优异，在较宽的湿度范围内对水蒸气均有较好的吸附特性；多孔活性铝一般选择 γ-Al_2O_3，与硅胶相比，虽然其除湿能力稍差，但更耐用，且成本更低。此外还可以用除湿模块对油烟进行除湿：在油烟净化装置工作时，厨房油烟自烟气进口进入装置内的除湿仓，在除湿仓内油烟气通过一定规格的规整蜂窝填料与 LiBr 除湿溶液充分接触，完成初步除湿[54]。

如果油烟中的水蒸气含量较高，造成油烟净化器爬电、拉弧等严重情况，可以在油烟净化器前端安装一个除雾器，以除去油烟中的大部分水蒸气。

8.3　小　　结

本章首先介绍了油烟分离的过程及相关分离技术，对油烟分离机理进行简单描述，重点讨论了油网分离技术、油烟分离板分离技术、全动态离心分离技术、三重油烟分离技术和四重油烟分离技术这五种油烟分离技术。随后概述了油烟中水蒸气的产生及危害并对油烟中水蒸气的治理方法进行简要介绍。

烹饪作为我国饮食文化的重要组成部分，在为老百姓提供丰盛美味佳肴的同时也不可避免地产生了烹饪油烟、厨房噪声和厨余垃圾等问题。为此，国家相关部门和单位制定了一些油烟相关的排放标准，有些地方标准对油烟排放的要求也日趋严格。虽然目前开发出来的油烟净化技术仍有进步空间，但随着科技的不断发展以及研发人员的不懈努力，油烟废气污染的问题在未来一定能够得到彻底的解决。

参考文献

[1] 李亮. 吸油烟机[M]. 广州: 广东科技出版社, 2007.
[2] 《下乡家电选购、使用与维修丛书》编委会. 热水器、电饭煲、灶具、吸油烟机、饮水机[M]. 成都: 电子科技大学出版社, 2010.
[3] 刘杭生, 邓秋农. 净油烟机和电风扇选用与维修[M]. 北京: 人民邮电出版社, 1996.
[4] 廖雪玲, 杨俊, 成建设. 一种中岛式吸油烟机[P]. 中国专利: CN208139349U, 2018-11-23.
[5] 唐雷, 卜咏, 许忠诚. 电动线性传动机构、抽拉式吸油烟机门和吸油烟机[P]. 中国专利: CN202579847U, 2012-12-05.
[6] 陈丽双. 一种升降式吸油烟机[P]. 中国专利: CN207365135U, 2018-05-15.
[7] 汪海滔. 一种升降式吸油烟机[P]. 中国专利: CN208205138U, 2018-12-07.
[8] 张厚德, 易树钊. 升降式吸油烟机[P]. 中国专利: CN203421763U, 2014-02-05.
[9] 言小艾. 吸油烟机的分类及原理[J]. 大众用电, 2011, 27(11): 41.
[10] 王毓慧. 油烟在吸油烟机内的流动状态探讨[J]. 家电科技, 2003(5): 64-68.
[11] 龚延风, 陈丽萍, 国君杰. 住宅厨房集中排烟道内烟气流动特性分析[J]. 南京建筑工程学院学报, 2002(3): 8-12.
[12] 张帮鸾. 不同洗涤剂净化油烟气溶胶实验研究[D]. 桂林: 桂林工学院, 2008.
[13] 茹雅慧. 什么是吸油烟机的油网?[EB/OL]. (2017-10-08) http: //www.ruyahui.com/chouyouyanji-youwang.html.
[14] 尹宏羽. 樱花 SCR-3983S 吸油烟机 从免拆洗的原点开始[EB/OL]. (2012-03-27)[2019-08-11]. https: //tj.home.fang.com/news/2012-03-27/7340948_2.htm.
[15] 搜狐焦点家居. 大吸力 小而精——老板 iCook 油烟机 26A5S 评测[EB/OL]. (2018-03-28)[2019-08-11]. http: //www.sohu.com/a/226573609_116082.
[16] 曹亚裙. 净畅网——油烟机的 1 号“守门员”[J]. 家电科技, 2009, 269(5): 31-32.
[17] 冯黔军, 徐茂青. 油烟机油网技术分析与探讨[J]. 家电科技, 2013(6): 84-86.
[18] 武汉创新环保工程有限公司. 全动态离心油-气分离净化及节能技术[J]. 中国环保产业, 2014(1): 57.
[19] 武汉创新环保工程有限公司. 餐厨油烟全动态离心分离技术[EB/OL]. [2019-08-13]. http: //www. 3ipet.cn/m/index.php?f=supply_show&id=1153.
[20] 加加集成灶. 集成灶的三重油烟分离技术是什么?[EB/OL]. (2019-02-27)[2019-08-12]. http: //www.sohu.com/a/298019040_120086599.
[21] 新品天罗. 三重油烟分离，延长整机使用寿命[EB/OL]. (2019-04-22)[2019-08-12]. http: //

www.sohu.com/a/309656506_120044315.

[22] 牛春成. 近吸式精品 方太 CXW-189-JX10E 简评[EB/OL]. (2011-10-29)[2019-08-12]. http: // jd.zol.com.cn/256/2564111.html.

[23] 慧聪家电网. 万和四重油烟分离技术 彻底和油烟 BYE-BYE[EB/OL]. (2014-08-29) [2019-08-12]. http: //info.homea.hc360.com/2014/08/2908461014360.shtml.

[24] Martin W D. The effects of relative humidity on the vapor phase adsorption of trichloroethylene by activated carbon[J]. American Industrial Hygiene Association Journal, 1985, 46(10): 585-590.

[25] Mark C P, Mark R J, Susan L M. Removal of VOCs from humidified gas streams using activated carbon cloth[J]. Gas Separation & Purification, 1996, 10(2): 117-121.

[26] 龙英才, 杨海, 孙尧俊, 等. 高温水蒸汽处理硅沸石(Silicalite-1)的结构及吸附性质的影响[J]. 复旦学报(自然科学版), 1995(1): 1-9.

[27] 洪伟良, 邱晋卿, 刘剑洪, 等. 负载 $La_{0.8}Sr_{0.2}MnO_3$ 催化剂对油烟燃烧的催化作用[J]. 环境化学, 2004(3): 247-251.

[28] 党乐平, 王向宇, 苏运来, 等. 金属铝整体式载体催化剂的油烟净化性能研究[J]. 复旦学报(自然科学版), 2003, 42(3): 290-294.

[29] 王健礼, 王康才, 曹红岩, 等. $Pt/\gamma\text{-}Al_2O_3/Ce_xZr_{1-x}O_2$ 催化剂低温催化燃烧去除饮食油烟[J]. 物理化学学报, 2009, 25(4): 689-693.

[30] 王健礼, 廖传文, 陈永东, 等. 整体式 $Pt/\gamma\text{-}Al_2O_3/Ce_{0.5-x}Zr_{0.5-x}Mn_{2x}O_2$ 催化剂低温催化燃烧饮食油烟[J]. 催化学报, 2010, 31(4): 404-408.

[31] Yang J, Jia J P, Wang Y L, et al. Treatment of cooking oil fume by low temperature catalysis[J]. Applied Catalysis, B: Environmental, 2005, 58(1–2): 123-131.

[32] 周建军. 油烟净化一体机(UV 光催化型)[P]. 中国专利: CN305237629S, 2019-06-28.

[33] 楼刚, 张箭健, 叶慧群, 等. 一种光催化分解油烟的光导结构[P]. 中国专利: CN208711441U, 2019-04-09.

[34] 刘兴明. 一种 UV 光解油烟净化装置[P]. 中国专利: CN207755993U, 2018-08-24.

[35] 刘红霞, 张郅帛, 章剑羽, 等. 一种光催化油烟净化器[P]. 中国专利: CN207674525U, 2018-07-31.

[36] 张居兵, 吴映辉, 张博锋, 等. 一种基于 TiO_2 光催化氧化的模块式厨房油烟净化装置[P]. 中国专利: CN106345296U, 2017-01-25.

[37] 陈小平, 司徒伟贤, 林勇进, 等. 一种具有油烟催化降解功能的油烟机及油烟催化降解方法[P]. 中国专利: CN109621599U, 2019-04-16.

[38] 叶长明. 油烟的催化净化研究[D]. 郑州: 郑州大学, 2002.

[39] 党乐平. 烹饪油烟净化的催化剂制备和放大试验[D]. 郑州: 郑州大学, 2004.

[40] 刘文举. 钒、钴氧化物催化剂在微波场中的油烟净化性能研究[D]. 郑州: 郑州大学, 2006.

[41] 周凌雁, 党乐平, 王向宇, 等. 微波场下非贵金属催化剂油烟催化净化活性[J]. 材料导报, 2007(S2): 55-57.

[42] 周凌雁, 王向宇, 靳鹏, 等. 水蒸气对催化剂的油烟净化性能影响[C]//第五届全国环境催

化与环境材料学术会议论文集. 中国化学会催化委员会、烟台大学化学生物理工学院、烟台大学应用催化研究所、化工制造工程山东省重点实验室: 中国化学会, 2007.

[43] 李悦. 微波光化学协同催化降解油烟中 VOCs 研究[D]. 北京: 北京化工大学, 2016.

[44] Li H F, Lu G Z, Dai Q G, et al. Efficient low-temperature catalytic combustion of trichloroethylene over flower-like mesoporous Mn-doped CeO_2 microspheres[J]. Applied Catalysis B: Environmental, 2011, 102(3–4): 475-483.

[45] Shimizu K, Hirano T, Oda T. Effect of water vapor and hydrocarbons in removing NO_x by using nonthermal plasma and catalyst[J]. IEEE Transactions on Industry Applications, 2001, 37(2): 464-471.

[46] Wu J L, Xia Q B, Wang H H, et al. Catalytic performance of plasma catalysis system with nickel oxide catalysts on different supports for toluene removal: Effect of water vapor[J]. Applied Catalysis B: Environmental, 2014, 156–157: 265-272.

[47] Thevenet F, Guaitella O, Puzenat E, et al. Influence of water vapour on plasma/photocatalytic oxidation efficiency of acetylene[J]. Applied Catalysis B: Environmental, 2014, 84(3–4): 813-820.

[48] 郭玉芳, 叶代启. 废气治理的低温等离子体–催化协同净化技术[J]. 环境污染治理技术与设备, 2003(7): 41-46.

[49] 徐昭然. 干湿静电技术中蒸发对湿电场颗粒物脱除影响研究[D]. 济南: 山东大学, 2017.

[50] Nouri H, Zouzou N, Moreau E, et al. Effect of relative humidity on current–voltage characteristics of an electrostatic precipitator[J]. Journal of Electrostatics, 2012, 70(1): 20-24.

[51] 彭泽宏, 楼波, 孙超凡. 含湿量对电除尘器内 $PM_{2.5}$ 除尘效率的影响规律研究[J]. 电站系统工程, 2015, 31(2): 41-43.

[52] 胡满银, 赵毅, 刘忠. 除尘技术[M]. 北京: 化学工业出版社, 2006.

[53] Williams D B G, Lawton M. Drying of organic solvents: Quantitative evaluation of the efficiency of several desiccants[J]. The Journal of Organic Chemistry, 2010, 75(24): 8351-8354.

[54] 杨勃兴, 张峰, 王瑞婧, 等. 低温等离子体协同溶液除湿的油烟净化装置[P]. 中国专利: CN109855145A, 2019-06-07.

后　记

随着国民经济的飞速发展和人民的生活水平日益提高，餐饮业作为第三产业中不可或缺的一部分，让城市经济的发展更加充满活力，也形成了许多独特的美食文化。相应地，饮食业的蓬勃发展带来餐饮业油烟污染不断加剧，影响室内外空气质量，危害人体健康。烹饪时高温环境下食用油、各种配料和食材都会发生不同的化学反应生成脂肪酸、烷烃、烯烃、醛类、羧酸类、固醇类、多醇类以及具有强烈致突变、致癌性的多环芳烃和杂环胺等化合物。

目前，餐饮油烟废气大部分是通过吸油烟机直接排入大气中，这种方法只实现了污染物质的转移，并没有使油烟废气得到有效处理，并且产生的油烟黏附在油烟机上，造成清洗异常困难。此外，餐饮油烟废气中含有多种有害物质，这些有害物质未经任何处理就排入大气，使环境空气质量恶化。而且油烟成分复杂多样，极大地增加了油烟净化和实时监测的难度。因此，餐饮业油烟废气污染已成为一个亟待解决的社会问题，采取有效措施防止油烟废气污染，已经成为城市环境保护的一个重要课题。

经过全社会长时间的努力，油烟净化技术已经取得长足发展，国家和各省市也相继出台了油烟排放标准和规范，为油烟净化行业的发展指明了方向。同时，广大科研工作者和油烟净化设备生产商也一直在致力于各种复合油烟净化技术和设备的开发设计与研制，目前已发展出多种油烟净化技术，如催化燃烧法技术、金属丝网过滤、活性炭吸附、静电沉积技术等，虽然这些技术对油烟污染具有一定的处理能力，但是每种方法都存在一定的局限性，仍有很多问题需要进一步的研究和解决。复合式油烟净化技术通过结合不同技术的优点已成为油烟净化技术的发展方向。

国家对饮食业污染防治的要求逐年提高，1995年环保局和工商局发布《关于加强饮食娱乐服务业企业环境管理的通知》，要求饮食企业必须设置收集油烟、异味的装置，并通过专门的烟囱排放，禁止利用居民楼内的烟道排放；2000年后原国家环境保护总局又相继发布了饮食业污染排放标准及设备技术规范，如《饮食业油烟排放标准》(GB18483－2001)、《饮食业油烟净化设备技术要求及检测技术规范》(HJ/T 62－2001)、《饮食业环境保护技术规范》(HJ 554－2010)和《环境保护产品技术要求　便携式饮食油烟检测仪》(HJ 2526－2012)等，2000年生态环境部发布的《关于加强饮食业油烟污染防治监督管理的通知》(环发〔2000〕191号)，要求所有新建或改建、扩建的饮食业单位，必须按照排放标准安装符合要求的油烟净化设备，严格执行环境保护“三同时”制度；2017年住房和城乡建设部发布的《饮食建筑设计标准》(JGJ64—2017)提出饮食建筑设计应因地制宜，与当地的经济和技术发展水平相结合，符合安全卫生、环境保护、节地、节能、节水、节材等的有关规定。

随着国家标准和相关法规的出台，各省市也相继发布了饮食业油烟排放标准，增加了污染物监测种类，同时对污染物的排放限值也要求得更严格。但这些标准都将居民家庭烹饪大气污染物的排放排除在标准适用范围之外，人们大部分时间在室内度过，家庭油烟排放与人们的生活密切相关，对人体健康的影响也是长期的，因此有关部门还要针对家庭油烟这种影响范围广的污染源制定相应的油烟排放标准，并且严格按照《吸油烟机》(GB/T 17713－2011)的要求对家庭厨房环境中的吸油烟机进行性能测试，对产品进行质量认证，建立严格的市场准入制度，加大对烹饪油烟污染综合治理的力度。

在油烟净化方面，应从以下方面着手：

1. 合理规划，加强管理

政府在编制城区总体规划时，应因地制宜，规划好餐饮布局，将餐饮企业实行相对集中安置。对于新建和在建的楼盘要按照功能要求，配套建设专用油烟管道，专用烟道必须与主体工程同时设计，同时施工，同时验收。各级政府部门对现有餐饮单位加强监督与管理，对未安装油烟净化设施的餐饮企业，限期安装；对安装过油烟净化设施的企业应经常抽查，监测油烟的排放浓度和设备的净化效率，确保油烟能达标排放。另外环保部门应要求餐饮单位与油烟净化设施厂家签订清洗、维护合同，以保证油烟净化设备能正常运行[2]。

2. 政府机构联合整治

政府部门分工协作，联合整治餐饮油烟污染，形成一个完整的体系，部门间应加强信息联系，兼顾餐饮业主和广大群众的利益，提出有利于治理油烟污染的措施。

3. 做好公众访问和油烟监测

环保部门或者餐饮协会定期组织人员进行民意调查，从居民的反映中得知是否有餐饮企业没有按照规定进行油烟净化，或者油烟净化设备噪声扰民等问题。政府部门应积极加快建设餐饮油烟监测机制，建立油烟在线监控督察网络，既要确保餐饮企业油烟净化设备开机使用，还要确保其正常运作，实时公布督查结果，接受人民群众的监督。

4. 严格餐饮市场准入

对于改、扩及新建餐饮业，相关部门一定要严格执行“三同时”制度和建设项目环境影响评价审批手续。只有通过环保、卫生部门审批，才能办理营业执照。要求改、扩和新建的餐饮企业一定要将环境保护设施安装到位，并于开业前由相关环保部门审批验收，验收不合格或者未验收的企业，不得私自投入生产。

5. 研究油烟净化技术

现在市场上的油烟净化设备大多在使用初期净化效果极好，使用一段时间后如果不进行清洗和维护，其净化效果将大大降低。我国油烟净化技术研究和开发起步较晚，许多技术和设备尚待提高和完善。因此，开发效率高、运行稳定、投资少、占地小、运行费用低、操作维护简单的油烟净化技术和设备仍然是我国控制油烟污染的研究重点。

6. 规范油烟净化设施的市场

有关部门要加强对油烟净化设施的监管，严把质量关，进一步提高油烟排放标准和产品认证技术要求。规范和引导市场，营造一个依靠技术取得竞争力的市场。同时政府部门采取资金鼓励措施引导餐饮业选择处理效率高的净化设施，使质量低劣的产品自动退出市场。

7. 多样化宣传，加强人们环保意识

加强餐饮油烟污染危害及其防治宣传教育工作，提高餐饮业主和广大民众的环保意识。首先，要增强餐饮业主防治油烟污染的意识；其次，充分发挥电视、报纸和互联网等公共媒体的舆论导向作用，普及油烟对健康危害的科普教育，提高基层群众对油烟污染的认识，鼓励消费者依法维护自己的合法权益。

8. 加强校企合作，推进新技术的开发

随着我国社会的不断发展和人们对优质空气的需求，净化餐饮油烟污染的重要性会越来越明显，油烟净化设备生产企业要深化与研究所和高校之间的交流合作，不断革新技术，并将新技术产品化。

生物降解法、等离子体法、热氧化焚烧法和催化氧化法均能将油烟中的有害成分转化为无害物质，其中大多数适用于大中型餐饮业。我国现有的家庭油烟净化设备多为吸油烟机，根据中经网统计数据库的数据，2018 年我国家用吸排油烟机产量为 2948.76 万台，未经有效净化的油烟废气如果直接被抽排到大气中，则会对环境空气造成严重污染，因此效果显著的可应用于吸排油烟机的油烟净化技术将成为今后研究发展的主要方向和目标。对普通家庭而言，催化氧化法比较合适，日本油烟净化对该法的成功应用也证实了催化净化法的家庭适用性。由于烹饪手段的差异，中国式烹饪产生的油烟浓度较高，催化剂的选择不仅要考虑净化效率问题，还要考虑毒性和使用寿命问题。中国稀土储量居世界首位，其中的La、Ce等金属具有较强的氧化作用，其复合催化剂已有取代贵金属催化剂应用于汽车尾气净化的趋势。稀土复合催化剂来源广泛，催化能力较强，在油烟催化净化方面将会有良好的应用前景。

复合净化法可以取长补短，充分发挥各种方法的优点，也是油烟净化技术发展的大方向。目前来说，前端机械过滤模块、中段高压静电模块和后端紫外灯管模块配合使用的三级油烟净化方式是市场主流的油烟净化方式，市场占有率很高，实际治理效果很好，但复合式净化技术还需解决技术稳定性、设备安全性、结构合理性、制造成本以及后期维护便捷性等问题，是企业和科研院所研发的重点。